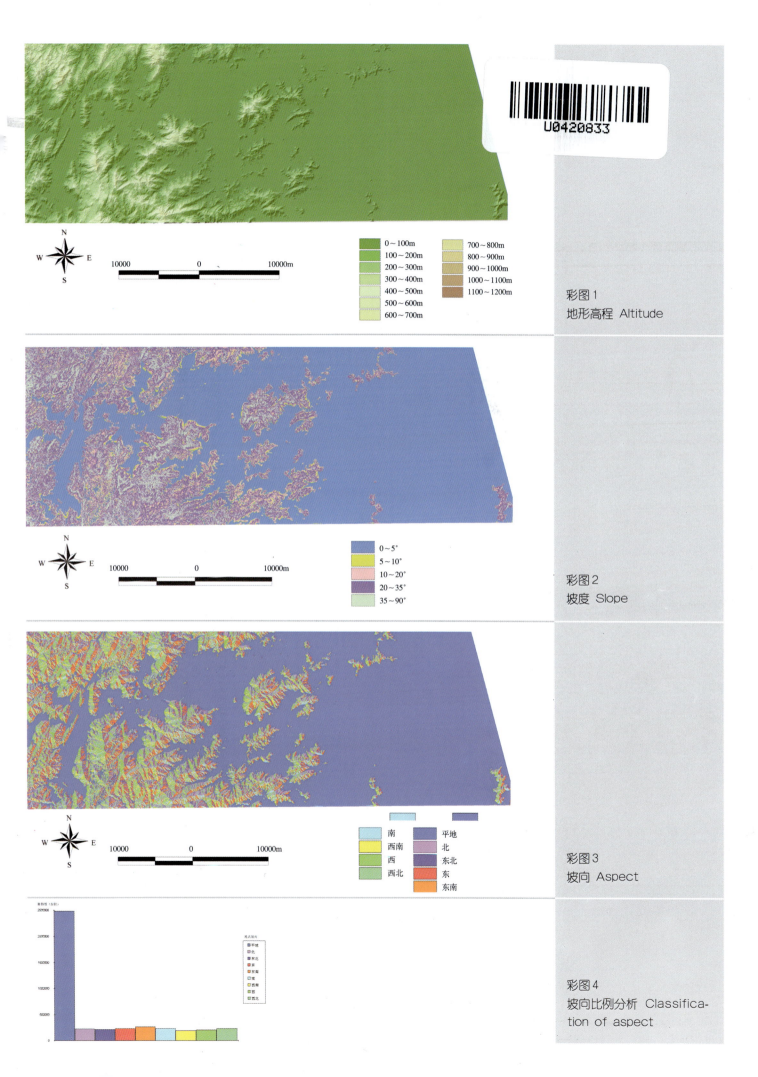

彩图1 地形高程 Altitude

彩图2 坡度 Slope

彩图3 坡向 Aspect

彩图4 坡向比例分析 Classification of aspect

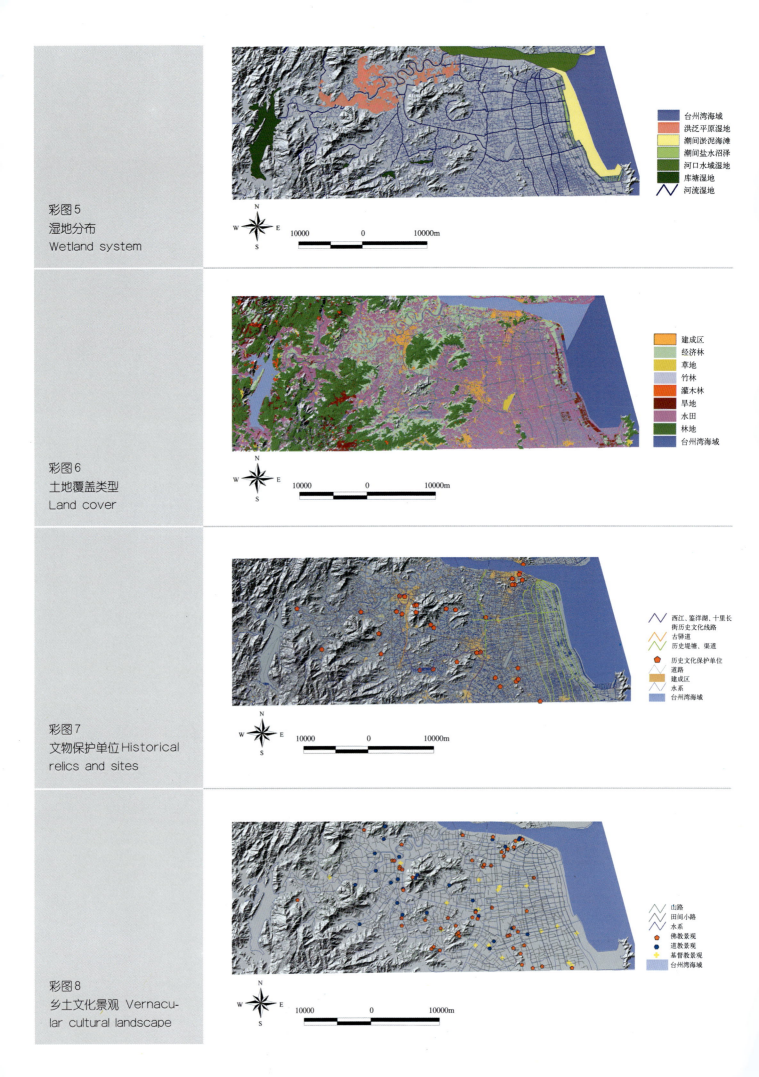

彩图5 湿地分布 Wetland system

彩图6 土地覆盖类型 Land cover

彩图7 文物保护单位 Historical relics and sites

彩图8 乡土文化景观 Vernacular cultural landscape

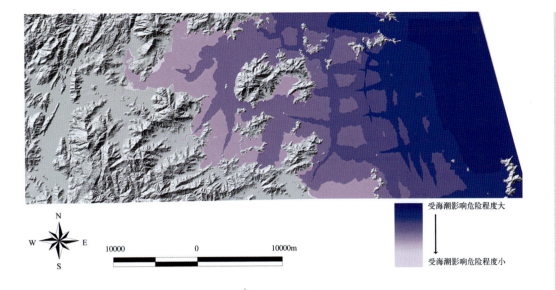

彩图9
海潮淹没分析 Tide submerge analysis

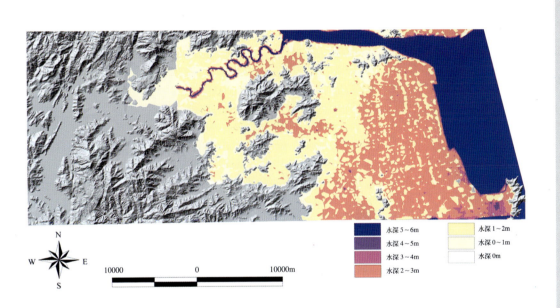

彩图10
积水及低地分析 Lowlands and seeper analysis

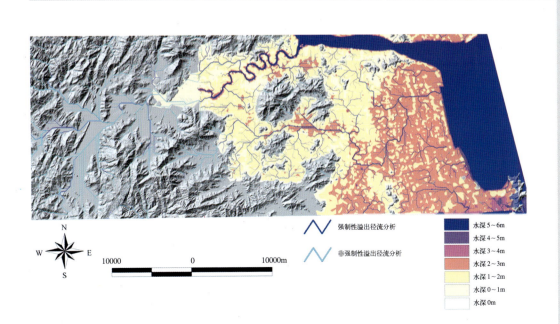

彩图11
积水与径流分析 Seeper and surface flow analysis

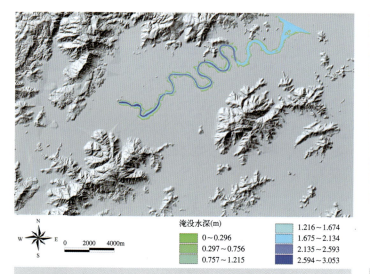

彩图12
永宁江防洪安全格局（10年一遇） Yongning River flood Security pattern SP at a lower secure level

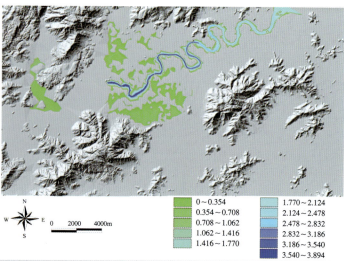

彩图13
永宁江防洪安全格局（20年一遇） Yongning River flood Security pattern SP at a moderate secure level

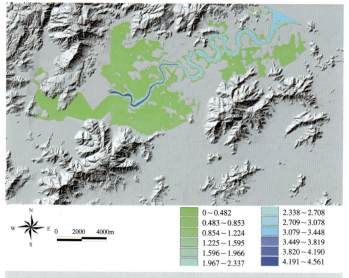

彩图14
永宁江防洪安全格局（50年一遇） Yongning River flood Security pattern at a higher secure level

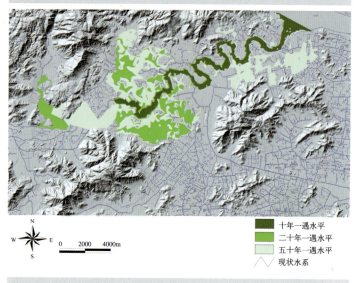

彩图15
永宁江防洪安全格局（三种级别叠加） Overlapped flood SP of various secure levele for Yongning River

彩图16
黑嘴鸥栖息生境适宜性分析 Habitat suitability analysis for Larus saundersi

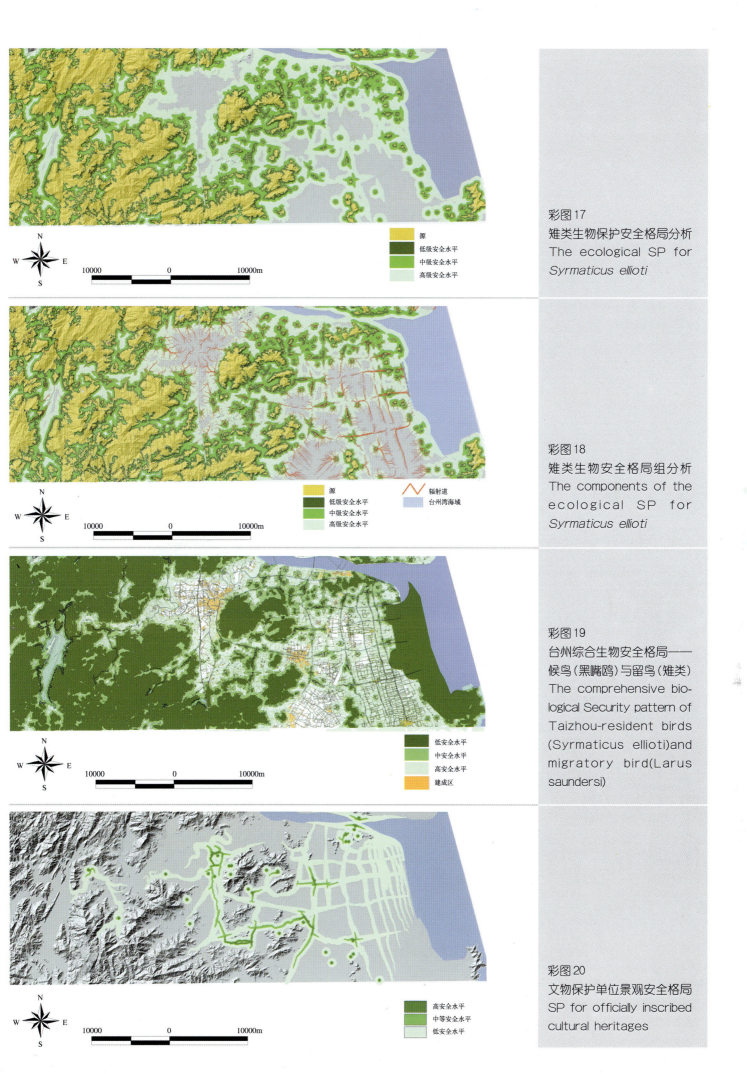

彩图17
雉类生物保护安全格局分析
The ecological SP for *Syrmaticus ellioti*

彩图18
雉类生物安全格局组分析
The components of the ecological SP for *Syrmaticus ellioti*

彩图19
台州综合生物安全格局——候鸟(黑嘴鸥)与留鸟(雉类)
The comprehensive biological Security pattern of Taizhou-resident birds (Syrmaticus ellioti)and migratory bird(Larus saundersi)

彩图20
文物保护单位景观安全格局
SP for officially inscribed cultural heritages

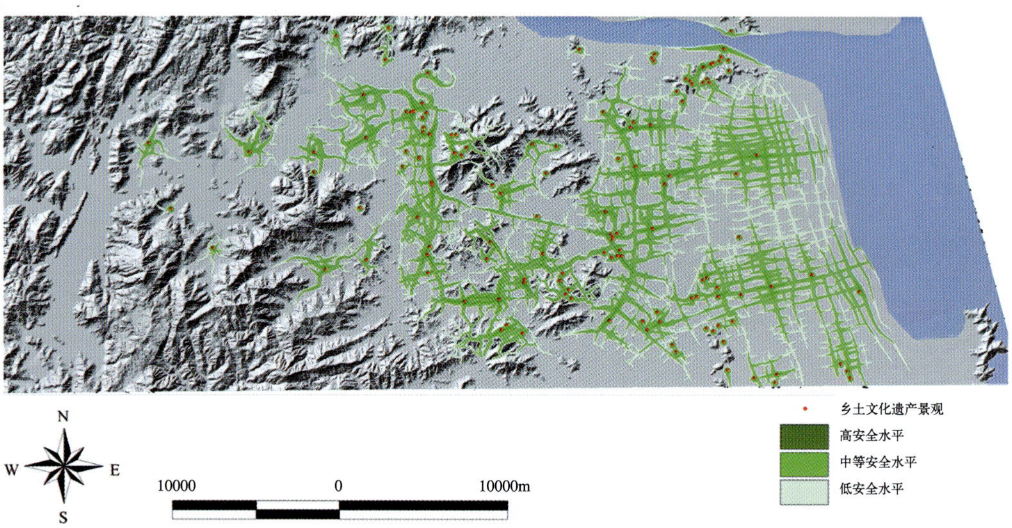

彩图21
乡土文化景观安全格局（基于线性景观元素）SP for the vernacular cultural landscapes (based on linear landscape elements)

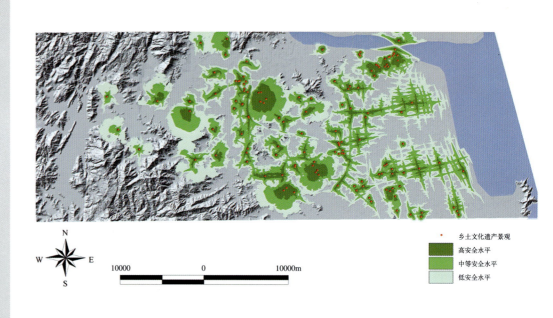

彩图22
乡土文化景观安全格局（基于线性景观元素和土地覆盖）SP for the vernacular cultural landscapes (based on linear landscape elements and landcover)

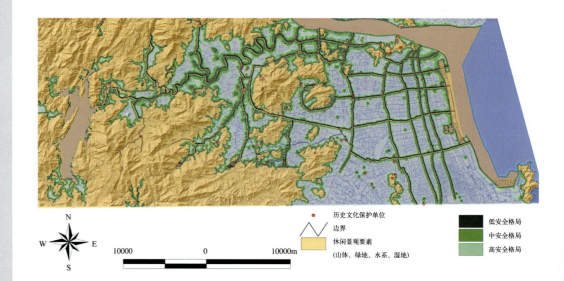

彩图23
游憩安全格局 Recreation SP

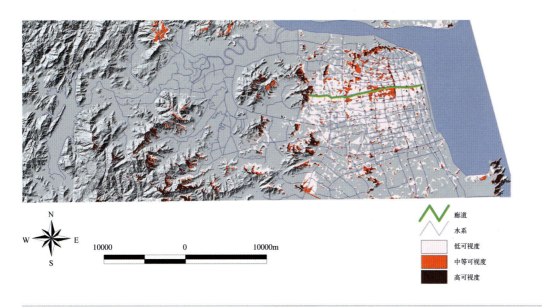

彩图24
洪家场浦视觉安全格局 Visual SP of Hongjiachangpu corridor

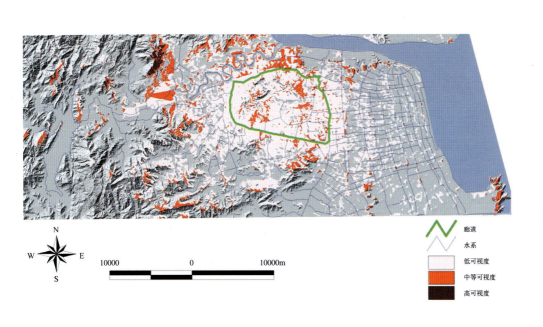

彩图25
绿心环河视觉安全格局 Visual SP of ring corridor of greenheart

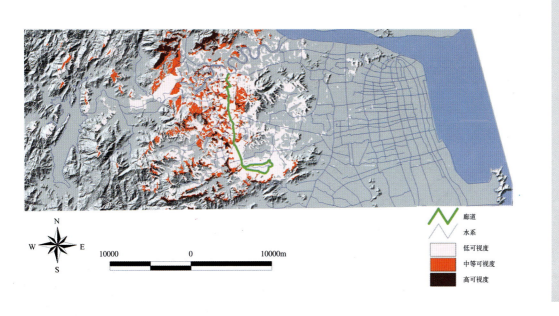

彩图26
西江—鉴洋湖廊道视觉安全格局 Visual SP of Xijiang-Jianyanghu corridor

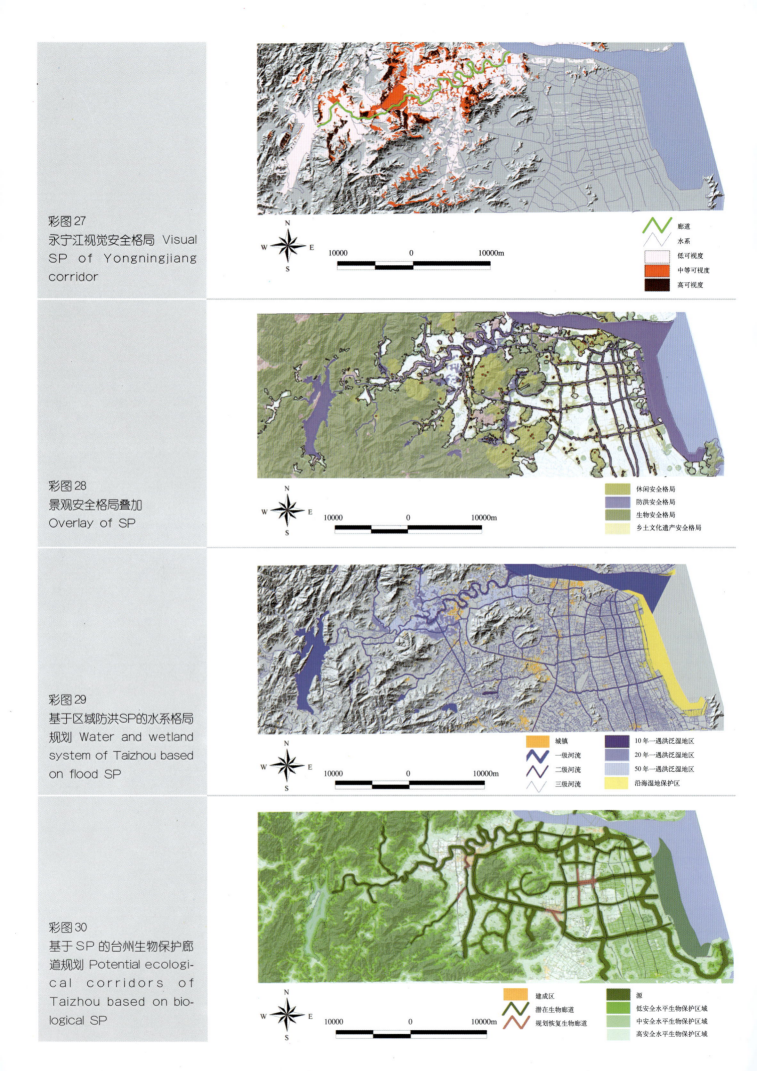

彩图27 永宁江视觉安全格局 Visual SP of Yongningjiang corridor

彩图28 景观安全格局叠加 Overlay of SP

彩图29 基于区域防洪SP的水系格局规划 Water and wetland system of Taizhou based on flood SP

彩图30 基于SP的台州生物保护廊道规划 Potential ecological corridors of Taizhou based on biological SP

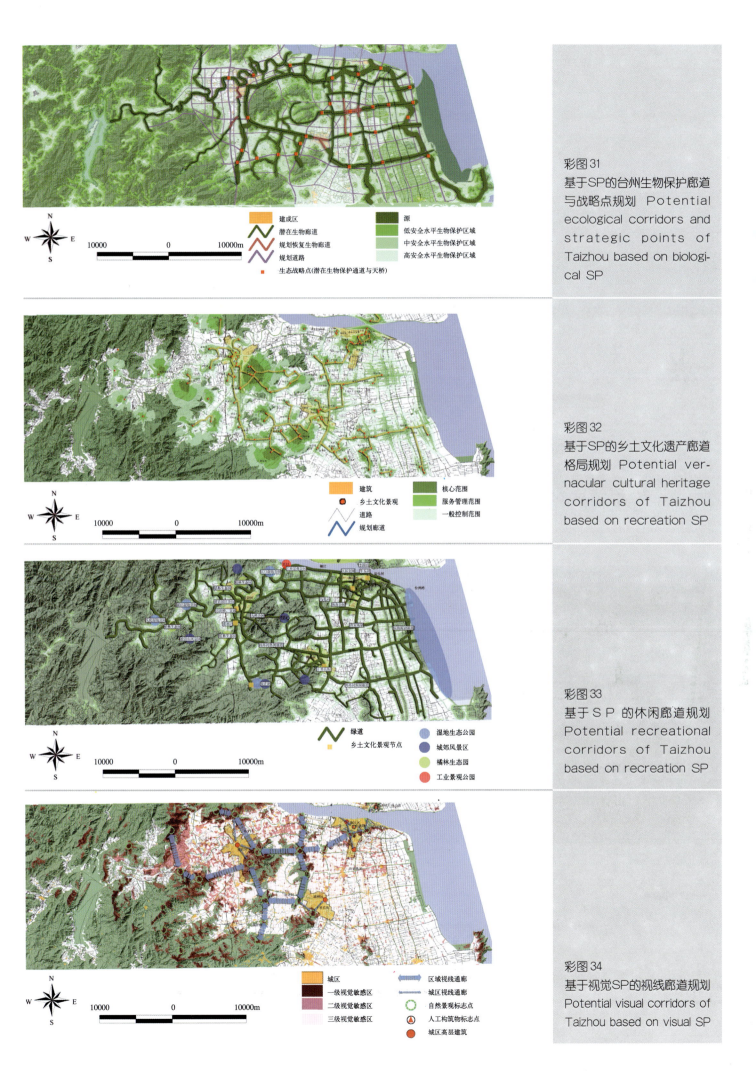

彩图 31 基于SP的台州生物保护廊道与战略点规划 Potential ecological corridors and strategic points of Taizhou based on biological SP

彩图 32 基于SP的乡土文化遗产廊道格局规划 Potential vernacular cultural heritage corridors of Taizhou based on recreation SP

彩图 33 基于SP的休闲廊道规划 Potential recreational corridors of Taizhou based on recreation SP

彩图 34 基于视觉SP的视线廊道规划 Potential visual corridors of Taizhou based on visual SP

生态基础设施

彩图 35
生态基础设施功能分区 The zoning of EI

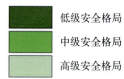
低级安全格局
中级安全格局
高级安全格局

彩图 36
生态基础设施综合成果 Master plan of EI

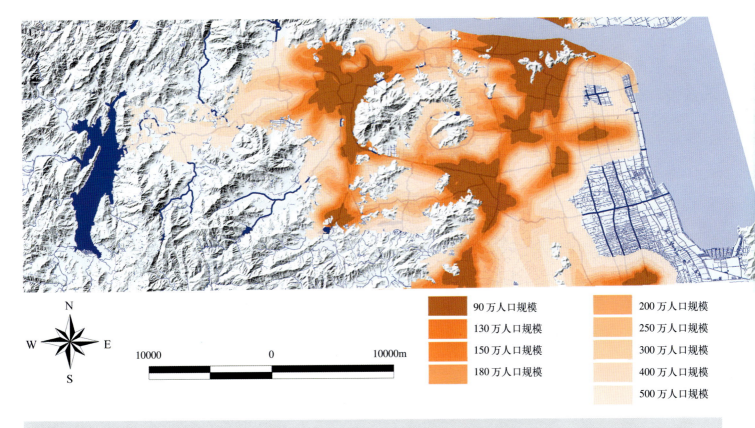

彩图 37
不考虑生态基础设施情况下不同人口规模的城市格局
City pattern at various population but without considering EI

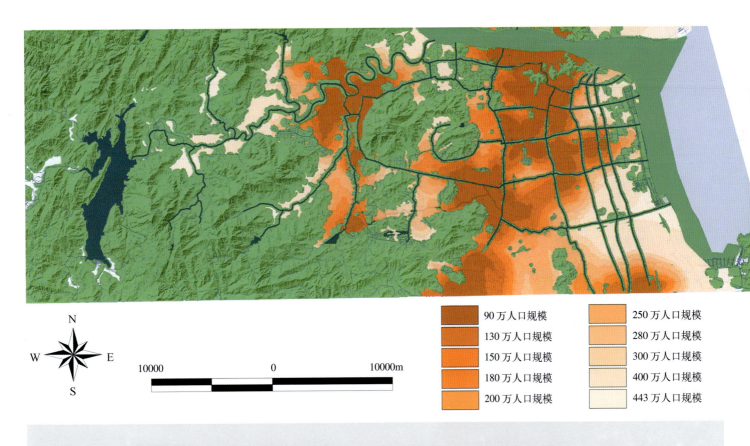

彩图 38
低水平生态基础设施与不同人口规模下的城市格局 A lower level EI framing a city of various populations

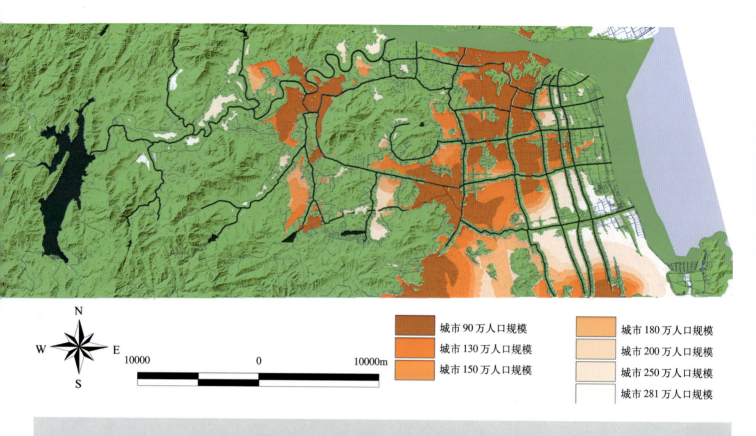

彩图 39
中水平生态基础设施与不同人口规模下的城市格局 A moderate level EI framing a city of various populations

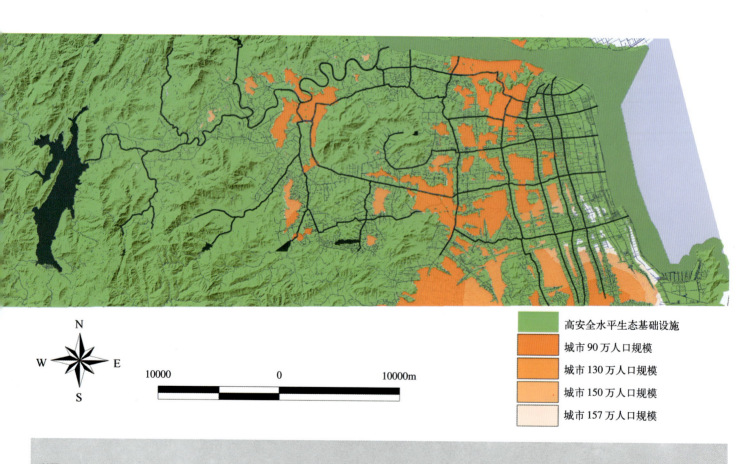

彩图 40
高水平生态基础设施与不同人口规模下的城市格局 A higher level EI framing a city of various populations

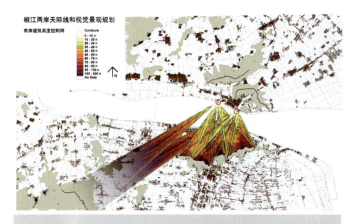

彩图 41
椒江南岸建筑高度控制网 The building height control network of southern bank of Jiaojiang River

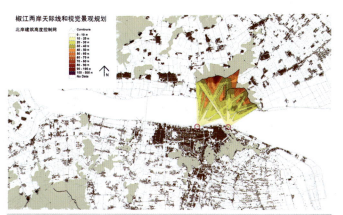

彩图 42
椒江北岸建筑高度控制网 The building height control network of northern bank of Jiaojiang River

彩图 43
各节点建筑高度控制网叠加 Overlapped building height control networks at various nodes

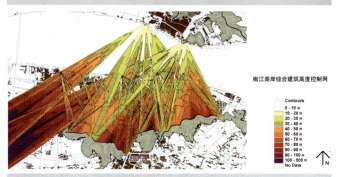

彩图 44
椒江南岸综合建筑高度控制网 Integrated networks for building height control of southern bank of Jiaojiang river

彩图 45
椒江区开放空间总体规划概念结构 The concept of open space planning of Jiaojiang District

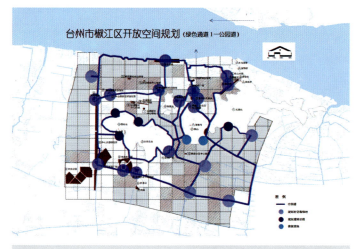

彩图46
椒江区绿道——公园道 The parkway of Jiaojiang District

彩图47
椒江区绿道——历史文化廊道 The heritage corridor of Jiaojiang District

彩图48
椒江区绿道——生态廊道 The ecological corridor of Jiaojiang District

彩图49
椒江区绿道——通勤廊道 The commuting corridor of Jiaojiang District

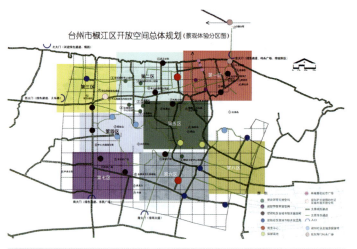

彩图50
椒江区开放空间景观体验分区 The zoning map of the open space for human experience of Jiaojiang District

彩图51
椒江区E暨开放空间总平面 The master plan of open space of Jiaojiang District

彩图 52
路桥区开放空间总体规划概念结构 The concept of open space planning of Luqiao District

彩图 53
路桥区绿道——生态廊道 The ecological corridor of Luqiao District

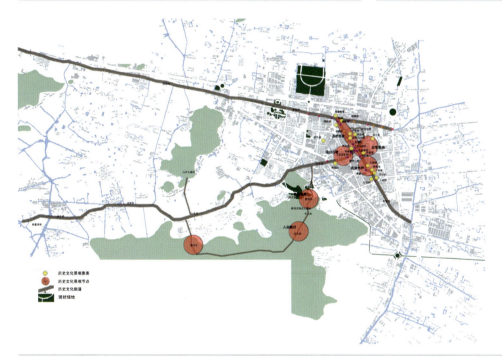

彩图 54
路桥区绿道——历史文化廊道
The heritage corridor of Luqiao District

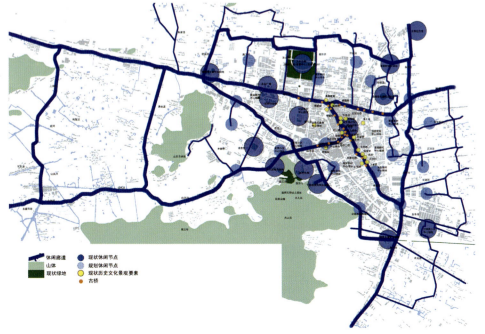

彩图 55
路桥区绿道——游憩廊道
The recreation corridor of Luqiao District

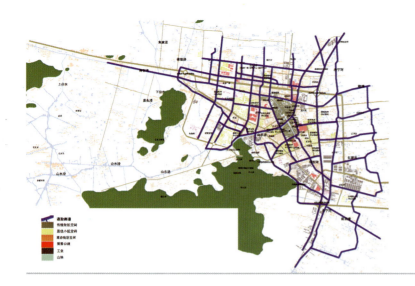

彩图56
路桥区绿道——通勤廊道
The commuting corridor of Luqiao District

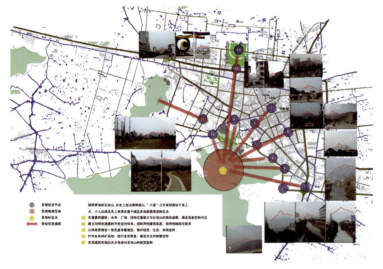

彩图57
路桥区绿道——视线廊道
The visual corridor of Luqiao District

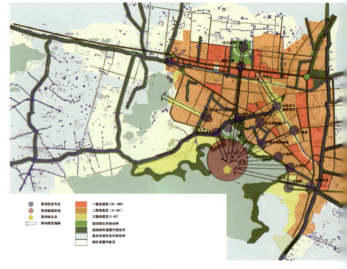

彩图58
路桥区高度控制分区 The building height control network of Luqiao District

彩图59
路桥区EI暨开放空间总平面
The master plan of the EI and open space of Luqiao District

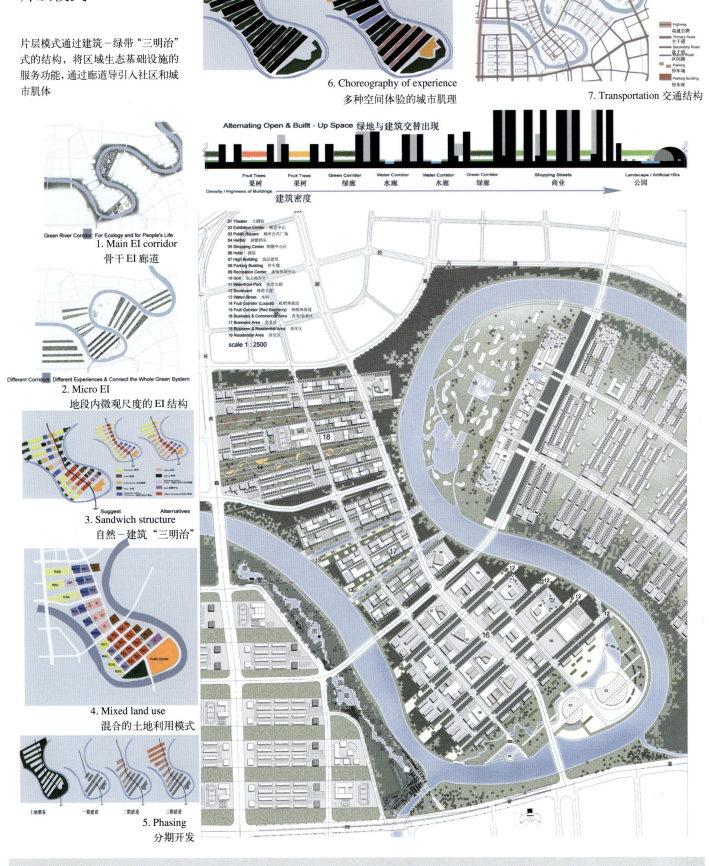

彩图60
基于EI的城市地段开发模式之一：片层模式 The EI based land development model: the slice model

The Grid Model
网格模式

网格模式通过不同级别的绿干、绿枝、绿脉和绿叶网（斑块），将区域生态基础设施的服务功能导入城市肌体。

6. landuse plan based on EI
基于EI的土地利用规划

7. transportation system based on EI
基于EI的交通系统

1. green trunk (regional EI)
绿干（区域EI廊道）

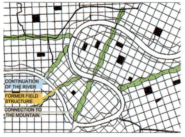

2. green stems (connected to regional EI)
绿枝（与区域EI相连接的绿带）

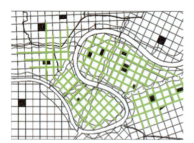

3. green vein (let ecosystem services penetrate into the urban fabric)
绿脉（将生态系统的服务功能导入城市肌体）

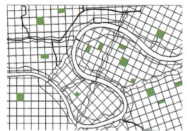

4. green leaves (pocket parks to retain and deliver ecosystem services)
绿叶（公园绿地斑块，配送和滞留生态服务功能）

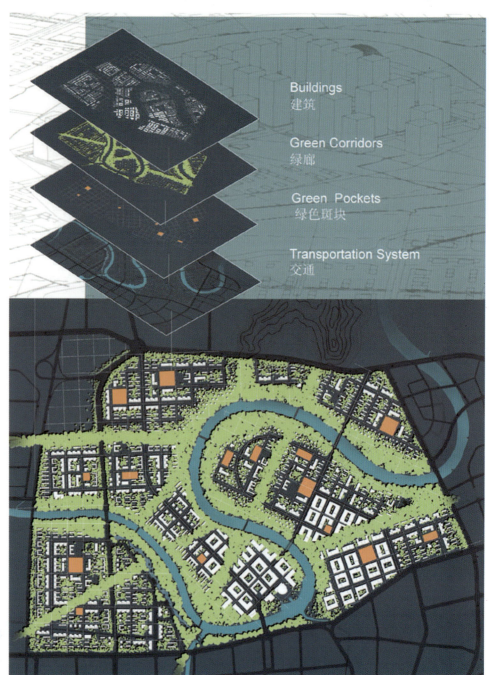

彩图61
基于EI的城市地段开发模式之二，网格模式 The EI based land development model: the grid model

The Water Town Model
水乡模式

通过水的分流而不是渠化和高堤来防洪和进行雨洪管理，使一条大河变为十条小溪，并使小溪成为配送生态服务功能的廊道，使区域EI的生态服务功能进入每家每户

6. Transportation 交通模式

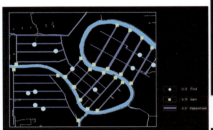

1. Water network 水网

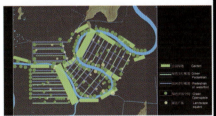

2. EI based on water network
基于水网的场地 EI

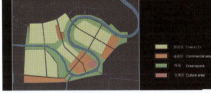

3. Land use 土地利用

4. Water street-1
水巷模式之一

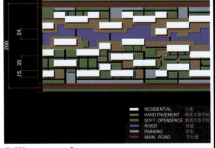

5. Water street-2
水巷模式之二

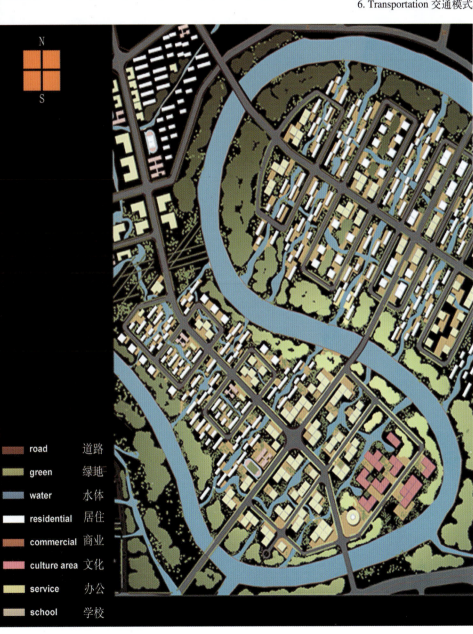

彩图 62
基于EI的城市地段开发模式之三，水乡模式 The EI based land development model: the water town model

The Necklace Model
串珠模式

利用永宁走廊蜿蜒曲折等特点，在每个半岛的中心建立中央公园，并使之与永宁和EI廊道建立辐射状联系，围绕每个绿心，进行城市开发，使区域EI的生态服务功能通过绿心进入城市肌体

1. Regional EI on the site
场地的区域合作EI特征

4. Land use 土地利用

3. Central park
围绕绿心的建筑

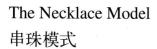

2. Development bounded by EI
EI环绕的开发

5. Transportation 交通

彩图63
基于EI的城市地段开发模式之四，串珠模式 The EI based land development model: the necklace model

本研究获全美景观设计师协会2005年度规划荣誉奖(Winner of 2005 ASLA Honor award, Planning and Analysis)

"反规划"途径

俞孔坚　李迪华　刘海龙　著
北京大学景观设计学研究院

中国建筑工业出版社

图书在版编目(CIP)数据

"反规划"途径 / 俞孔坚，李迪华，刘海龙著.—北京：
中国建筑工业出版社，2005（2024.1重印）
ISBN 978-7-112-07397-9

Ⅰ.反… Ⅱ.①俞…②李…③刘… Ⅲ.城市环境：
生态环境—环境规划—研究 Ⅳ.X21

中国版本图书馆CIP数据核字（2005）第043135号

责任编辑：郑淮兵 杜 洁
责任设计：赵 力
责任校对：李志立 刘 梅

"反规划"途径

俞孔坚 李迪华 刘海龙 著
北京大学景观设计学研究院

中国建筑工业出版社出版、发行（北京西郊百万庄）
各地新华书店、建筑书店经销
北京嘉泰利德公司制版
廊坊市海涛印刷有限公司印刷

开本：880×1230毫米 1/16 印张：13½ 插页：10 字数：430千字
2005年9月第一版 2024年1月第十五次印刷
定价：48.00元
ISBN 978-7-112-07397-9
(13351)

版权所有 翻印必究
如有印装质量问题，可寄本社退换
（邮政编码 100037）

序

我国是世界上人口最多的国家，城镇人口的总数居世界第一，但目前我国的城市化水平仅为30%左右，今后几十年里，我国的城市化水平还将会大幅度提高，城镇人口还将继续增长、城镇数量和规模也会继续扩大。然而，我国自然环境先天不足，西部的干旱、半干旱区占国土面积的52%，山地占国土面积的2/3，脆弱的自然条件和严酷的生存环境难以承受庞大的人口规模和快速的经济发展所带来的压力。同时，由于我国人口基数巨大，自然资源，特别是土地资源、水资源和能源相对贫乏；所有这些都为城市化的发展形成了制约的因素。再加上不合理的人类活动，我国各类生态系统的整体功能下降，生态恶化的范围不断扩大，危害程度加剧。在迅速膨胀的能源及资源需求压力下，在环境污染不断加剧的威胁下，中国城市化过程中如何维护大地生命系统的完整和健康，保障城市和居民获得可持续的生态服务功能，同时使城市得到可持续发展，实现人与自然、发展与环境的和谐，已成为国土生态安全的严峻挑战，这是一个关系到民族存亡的大问题，也是国家最高决策机构最近提出的关于构建和谐社会的最根本的命题之一。

本书正是针对这一重大命题展开的。

作者首先从哲学和土地伦理的高度，把自己提出的"反规划"途径和生态基础设施方法论隐喻为一个"寻找土地之神"的旅程，是再造秀美山川的必由之路。作者既没有陶醉于对中国农业时代田园牧歌的怀旧之中，也没有迷信当代科学技术的万能；而是鲜明地提出，我们既不能寄托于前科学时代的生态经验和土地神来解救当代中国的国土生态安全危机，同时，我们也不能完全依赖现代科技将自己武装成"超人"和"超人"的城市——用钢筋水泥构造一个远离自然过程的安全堡垒。而是主张，让现代科技插上土地伦理的翅膀，成为"播撒美丽的天使"。"反规划"途径正是这样一位"天使"。

作者的"反规划"提法是有针对性的，即针对以往城市建设和开发规划中对自然系统缺乏认识和尊重，以牺牲自然过程和格局的安全、健康为代价的城市化途径而言，针对中国快速城市化和由于不明智规划而导致自然系统严重破坏的警世之语。读者只要理解作者的出发点，就可以原谅这一关键词可能会带来的某种争议。事实上，从辩证法的视角来讲，如果我们的建设规划都能像本书所强调的那样尊重自然过程，以地球生命系统的安全和健康作为发展规划的前提，以自然系统的生态服务功能作为城市建设的基础，那么，规划的意义是完整的，也就无所谓"反规划"和"正规划"了。

关于"生态基础设施"的概念，虽然以前国内外相关的概念和研究很多，但本书作者在城市与区域规划领域中系统而明确地阐述这一概念，并作为规划的一种途径和城市物质空间形态的框限，使之成为生态和规划两大学科之间的一座桥梁。城市空间通过绿地来隔离和限定的设想由来已久，可以追溯到霍华德的田园城市理论。而生态基础设施概念的重要意义在于，它被赋予了生态和文化遗产保护及游憩的功能，而不仅仅是城市扩展的限定工具。正如本书作者所定义的：相对于城市和区域的市政基础设施为城市发展提供了必不可少的社会经济服务，城市的生态基础设施为城市及其居民提供持续的生态服务。从这个意义上说，生态学家所关注的自然系统的生态服务功能，通过生态基础设施这种景观和空间语言，变为在城市建设中可以被规划和控制的过程。这个概念中的三个关键词：生态、基础和设施，生动而全面地说明了：它是提供生态服务的、基础性的、战略性的景观体系，是需要规划加以保护和人工完善的系统。

基于对土地伦理、"反规划"的思想方法和建立生态基础设施的规划目标的系统论述，作者继而提出用景观安全格局的方法通过对自然过程、生物过程和人文过程的分析，来判别和建立生态基础设施。整个逻辑是清晰而可操作的。

几年前我就知道俞孔坚教授和他的研究团队长期从事景观生态规划的理论与方法研究，并完成了大量的规划设计工程实践，取得许多可喜的成绩。我有幸与作者在多个场合有所接触，并对他将生态学的理念与城市规划实践有机融汇的活跃的创新思维留下了深刻的印象。从10年前"景观安全格局"理论的产生到最近几年的"生态基础设施"与"反规划"思想的提出，作者试图阐明传统的城市与区域规划理论与方法体系中存在的一系列问题，并针对城市与区域景观生态建设提出了一套系统的规划理论与方法。本书综合景观设计学、景观生态学、城市与区域规划、遗产保护等理论，以浙江省台州市为例，从宏观、中观和微观三个层次对区域生态基础设施的建设理论与方法进行探讨。本书是在作者近些年多项研究成果的基础上的完善与提高，并使之上升到理论和方法论的高度。这是一部系统性很强的论著，同时又具有可操作性。

城市与区域可持续发展问题涉及诸多学科和问题，研究难度非常大，从多学科的角度进行研究还有很多问题有待进一步地研究和探索。我认为，本书的重要价值在于其思想和方法论的探索，而不在于具体的计算模型或具体案例的规划成果。在我国目前城市与区域生态建设需求迫切、理论相对贫乏的状态下，本书无疑是雪中送炭。

中国工程院院士
欧亚科学院院士　　李文华

鸣　谢

本工作从2003年初夏开始，历时两年。期间经历了全国性的SARS恐慌（2003年春夏），也经历了台州历史上罕见的高温干旱（2003年盛夏），当时研究团队正骑车考察台州全境，和罕见的"云娜"风暴（2004年8月，当时正在台州汇报成果）。

作为一个探索性的方法和案例研究，本项工作承蒙台州市人民政府和规划局的信任和委托，特别感谢规划局局长程进和相关主管陈桂秋、沈磊、顾群、吴恒志、李沧粟等的大力支持和积极参与。没有他们的远见卓识和求实创新的热情以及慷慨的资助，这样的工作是很难开展的。本工作得到当地的土地、水利、环保、交通、农业、林业、绿心办等各个部门的大力协助和积极参与，从而使一个研究工作能与实际的规划功能紧密结合。

课题研究由俞孔坚、李迪华全面负责，组织了一支由北京大学的科研人员和博士、硕士研究生为主体的队伍。在这个团队里，每个参与者都在互相学习和积极贡献中扮演着不可或缺的角色。所以，本书是集体劳动和智慧的结晶，工作过程中的分工只是相对的，以下是各个部分主要参与者及其贡献的大略：

宏观研究的主要参与者：刘海龙、李春波、裴丹、韩西丽、黄刚、方琬丽、王潇潇；

中观研究的主要参与者：韩西丽、张蕾、刘海龙、李伟、姜斌、宋志生、刘敏；

微观研究的主要参与者：张蕾、朱强、姜滨、郭凌云、王建武、李伟、韩西丽、方琬丽、刘海龙、杨江妮、王潇潇。

在工作的早期阶段，我们邀请了德国柏林技术大学的老师和学生主要参与了微观层次的城市设计的研讨。由Rainer Schmidt教授和Antjie Stokman女士带领，与中国团队紧密合作。参加的学生有Tibor Fuchs, Ronny Brox, Morena Neumann, Boris Salazar和Roman Franz。在这过程中北京土人景观规划设计研究所提供了全面的支持，张志文、刘君等同仁给以积极帮助。

永宁公园的设计则主要由北京土人景观规划设计研究院完成，首席设计师俞孔坚，主要参与人员有刘玉杰、刘东云、宁维晶、凌世红、李鸿、金园园、张培、阆镇清、蔡红梅、葛旻昱等。浙江黄岩滨江指挥部的郑刚主任，梁太龙等当地领导在项目实施完成过程中给以全面的支持。

我们对所有参与和支持这项工作的人士表示衷心的感谢。

中国建筑工业出版社长期以来都关注和热情支持北京大学景观设计研究院的工作，并为本书的出版给予极大重视，尤其感谢张惠珍女士和郑淮兵先生为本书出版所付出的艰辛劳动，谨表衷心感谢。

目　录

序（李文华）
鸣谢
引言　寻找"土地之神" 1
　　0.1　四点思考 1
　　0.2　充满"神灵"的土地——灾难经验演绎文化景观 3
　　0.3　放下斩杀大地"女神"的屠刀，重构新的土地伦理 4
　　0.4　"超人"的力量不能替代自然系统的生态服务 5
　　0.5　再造秀美山川，五千年难得之机遇——"反规划"途径建立生态安全格局 ... 6
　　0.6　视洪水为"朋友"的伦理——"反规划"实践 7
　　0.7　"神"的复活，人也将永续 7

上篇　理论与方法——"反规划"、景观安全格局与生态基础设施

1　一种思想方法——"反规划"与生态基础设施 11
　　1.1　关于"反规划" 11
　　　　1.1.1　反思中国城市状态 11
　　　　1.1.2　反思规划方法——理性建设规划的谬误 15
　　　　1.1.3　"逆"向的规划程序——让理性复活 18
　　　　1.1.4　"负"的规划成果——生态基础设施 19
　　1.2　关于生态基础设施 20
　　　　1.2.1　生态基础设施作为自然系统的基础结构 20
　　　　1.2.2　生态基础设施作为生态化的人工基础设施 20
　　　　1.2.3　廊道作为生态基础设施的主要结构 21
　　　　1.2.4　生态基础设施作为健全和保障生态服务功能的基础性景观格局 ... 25

2　一种途径——景观安全格局 27
　　2.1　景观安全格局途径是景观生态学与城乡物质空间规划之间的一座桥梁 ... 27
　　2.2　景观安全格局作为景观生态规划的途径 28
　　　　2.2.1　关于景观生态规划 28
　　　　2.2.2　景观安全格局途径作为景观生态规划的发展 29
　　2.3　景观安全格局途径和生态基础设施规划的基本步骤 30

2.3.1	第一步　景观表述	30
2.3.2	第二步　过程分析	30
2.3.3	第三步　景观评价	31
2.3.4	第四步　景观改变	31
2.3.5	第五步　影响评估	32
2.3.6	第六步　景观决策	32

3 三种尺度上的生态基础设施——宏观–中观–微观 … 33

- 3.1 宏观——生态基础设施总体规划 … 33
- 3.2 中观——生态基础设施控制性规划 … 33
- 3.3 微观——EI修建性规划及基于EI的城市地段开发模式 … 34

下篇　台州案例

4 台州"反规划"研究框架 … 37

5 宏观——台州市区域EI及基于EI的城市空间发展格局 … 39

- 5.1 景观表述——台州区域现状 … 39
  - 5.1.1 自然景观特征 … 39
  - 5.1.2 生物景观特征 … 40
  - 5.1.3 人文景观特征 … 42
- 5.2 景观过程分析——台州区域的自然、生物与人文过程 … 44
  - 5.2.1 自然过程分析 … 44
  - 5.2.2 生物过程分析 … 48
  - 5.2.3 人文过程分析 … 50
- 5.3 景观评价——台州现状区域景观生态服务功能评价 … 54
  - 5.3.1 河流自然过程受到严重干扰 … 54
  - 5.3.2 区域生物过程的安全和健康面临威胁 … 56
  - 5.3.3 乡土文化景观保护及游憩过程前景堪忧 … 57
- 5.4 景观改变——台州区域EI总体规划 … 57
  - 5.4.1 防洪安全格局 … 58
  - 5.4.2 生物保护安全格局 … 62
  - 5.4.3 乡土文化景观安全格局 … 67
  - 5.4.4 游憩安全格局 … 70
  - 5.4.5 视觉安全格局 … 71
  - 5.4.6 区域整体生态基础设施与实施导则 … 72
- 5.5 评估与决策：基于区域EI的城市空间发展格局预景 … 75
  - 5.5.1 不同EI标准下的城市发展规模和空间格局 … 75
  - 5.5.2 基于EI的城市空间发展格局多解比较 … 76

6 中观——分区生态基础设施及重要廊道控制性规划 … 79

- 6.1 永宁江、椒江生态廊道规划 … 80
  - 6.1.1 景观表述 … 80
  - 6.1.2 过程分析 … 80

6.1.3 景观评价	86
6.1.4 景观改变	89
6.2 洪家场浦游憩廊道规划	106
6.2.1 景观表述	106
6.2.2 过程分析	107
6.2.3 景观评价	108
6.2.4 景观改变	108
6.3 西江遗产廊道规划	114
6.3.1 景观表述	114
6.3.2 景观过程	116
6.3.3 景观评价	119
6.3.4 景观改变	121
6.4 椒江区生态基础设施暨开放空间控制规划	126
6.4.1 景观表述	126
6.4.2 景观过程	128
6.4.3 景观评价	130
6.4.4 景观改变	133
6.5 路桥区生态基础设施暨开放空间控制规划	144
6.5.1 景观表述	144
6.5.2 景观过程	145
6.5.3 景观评价	150
6.5.4 景观改变	152
6.6 影响评估	155
7 微观——EI修建性规划及基于EI的城市地段开发模式	159
7.1 基于EI的城市地段综合设计——永宁江沿岸典型地段开发的多解方案	159
7.1.1 场地表述	159
7.1.2 场地过程分析	161
7.1.3 场地评价	162
7.1.4 景观改变——多解方案	163
7.1.5 影响评估——对方案的影响评价	180
7.2 局部EI的详细设计——永宁公园案例	181
7.2.1 景观表述	181
7.2.2 过程分析	182
7.2.3 现状评价	184
7.2.4 改变：永宁江公园设计	186
7.2.5 结语：效果评价	194
参考文献	197
1 地方基础资料和相关规划与研究	197
2 文献	198

引言
寻找"土地之神"

这是一场发生在"天堂"里的灾难,2004年12月26日,由地震引起的海啸吞没了印度洋沿岸的美丽海岸和近30万当地人以及来此寻找梦幻"天堂"感受的世界各国的度假者(图0-1,图0-2)。

印度洋海啸灾难在国际范围内引起了广泛的讨论,涉及科学、宗教、哲学等各个方面。国内在这方面较为严肃的讨论尽管不多,却庆幸看到一些科学家与环境保护人士关于对自然是否应"敬畏"的争论。我觉得应该更全面而深入地展开,这对唤起全民族的国土生态安全的危机意识、澄清人地关系的大是大非、认识"科学发展观"的真正含义都是非常有益的。我是一个城市规划师和景观规划师,而景观规划以协调人地关系为宗旨。所以,我今天也主要从这个角度来讨论。

思考所基于的事实是:灾难发生在一个文明时代的"天堂"里,美丽的花园、豪华的酒店,瞬间成为废墟;夺走了近30万人的生命,其中不乏受现代科学知识武装的文明人群;相比之下,偏远岛屿上孑遗的史前部落却能在大难中安然无恙;科学家检测到了地震的发生,科学知识也告诉此后必有海啸,却未能使陶醉的人群免于死难。

当然,海啸灾难只是个引子,更多的是想借题发挥,展开关于中国当今城市化背景下的国土和城市生态安全问题的讨论。

图0-1,图0-2 这两张12月30日发布的卫星图片显示的是印度尼西亚亚齐省首府班达亚齐海滨地区受海啸袭击前后的情形。其中,上图拍摄于6月23日,下图拍摄于12月28日(转引自新华网)
The tsunami disaster around the India Ocean

0.1 四点思考

思考之一 国土生态安全乃头等大事。几千年的文明并没能使人类摆脱自然灾难的威胁,它们随时都在身边发生,甚至可以在"天堂"里发生。华裔美国地理学家段义孚在20世纪70年代写了一本书叫:《景观的恐怖》(Tuan, Y.-F. 1979),讲述我们今天看到的所有景观:森林、沙滩、河流、城市,实际上都潜伏着灾难的恐怖。世界上的许多文明是在突然降临的自然灾难中消失的。中华文明发展的历史在某种程度上说就是一部认识和应对自然灾害的历史。特别是洪水灾害，史学家认为，中国第一个奴隶制王朝夏的形成，在很大程度上就因为组织治理洪涝灾害的需要而发育形成的，而夏族首领大禹也恰恰是因为治水有功而被拥戴的。

国土生态安全，是继人口问题之后，当代中国面临的最严峻的挑战。我们挑战了中国传统的家族伦理和西方宗教的伦理，靠避孕套、手术刀、开荒斧，还有"袁隆平"成功地应对了人口问题，那么，谁是保障这片超载土地上生态安全的"土地之神"？

思考之二　"超人"意识和虚拟世界导致灾难临头。面对30万文明人群的尸体，和史前部落的逃生奇迹，我们不禁要问：在应对自然灾难方面，人类是进步了还是退化了？

美国有一部关于星球大战的电影，描绘人类在面对外星人时，是如何大规模出动飞机、大炮和装甲车来壮胆的。结果，在外星人的神秘武器下瞬间灰飞烟灭，倒是人间柔弱、优美的音乐，最终将外星人制服。

我们通过机器强化和延伸了四肢，通过电脑和信息处理技术扩展了大脑，使自己成为"超人"；近现代技术使我们生活在一个越来越虚拟化的、高度抽象化的世界中：500年一遇的水泥防洪堤团团包裹着城市，以至于在河边而看不到水枯水满，在海边而听不见潮涨潮落；我们渠化和管化大地上的水系，以至于不知道水从河来、水边还应有生物；我们斩山没谷，"三通一平"，以至于忘记了地势之显卑。我们对真实而完整意义上的自然越来越陌生，不再有机会像史前人那样，像田里的农民那样，像海边的渔民那样，感受她的呼吸，领会她的喜怒表情，对大难来临前的种种预兆漠然置之。

所以，现代人在应对自然灾难的能力方面退化了。间接的书本学习永远代替不了真实自然存在的体验。因此，如何让城市与自然系统共生，使现代城市人能感受自然的过程，重新找回真实的人，是塑造新的和谐人地关系的基本条件。

人类对大自然有天生的敬畏和热爱之心，敬畏是因为千百万年她不断予人以灾难，并在其基因上打上了深深的烙印；热爱，是因为大自然赐人以食物和庇护。人类这种天然之心正是萌生"神"与宗教的土壤，也是大地景观吉凶意识和审美意识的本源。如果我们过分依赖近现代科技赋予我们的"超人"能力，而将千百万年进化而来的自然人的能力抛弃，将"神"或敬畏之心彻底埋葬，灾难必然降临。演绎哲学家们的话说："超人"诞生宣判了"神"的死亡，"神"死了，则人不得不死(海德格尔，1996)。承认人需要对自然力和超感性世界的敬畏，与我们信奉唯物主义是一致的。

所以，我们在拯救人类之前，须首先让"神"复活，而神的复活有赖于放弃"超人"意识，回到真实的、平常的"人"。

思考之三　文化遗产价值的再认识。史前部落在海啸灾难中的安然无恙，显示了乡土文化遗产的价值。文化遗产分为非物质遗产和物质遗产（在这里特指大地上的文化景观）两类，人类关于自然灾害的经验往往通过它们保留了下来。前者如祖先的遗训、风俗习惯、某些听似神秘的禁忌等。后者是大地上的乡土文化景观，是人地关系实验的产物，是千百年来当地人与自然力的不断较量、调和过程打在大地上的烙印，值得我们保护和珍惜。

但同时，必须认识到，在一个巨大的人口与资源压力下的城市化时代，我们不能指望前科学的"巫"与"神"及其留下的文化景观来保障当代中国13亿人的生命安全，新时代需要新的"神"。

思考之四　科学技术是干什么的？有了科学技术，还缺什么？

"泰坦尼克"的沉没不是因为船不够坚，而是因为太相信它的坚硬了。中国古代关于大禹和其父鲧的不同治水哲学及后果似乎妇孺皆知了，但我们何尝又不在重蹈鲧的覆辙呢？当今我们的国土和城市生态安全战略恰恰是在用巨大的人类工程、片面的科学技术，打造对抗自然过程的"铁甲车"。考察中国近代洪灾的历史，可以看到，造成最严重灾难后果的恰恰是因为人力与自然力长期对抗和较量之后，而最终因为人类"铁甲车"的失误而带来的，如决堤、决坝导致的洪水灾难。

印度洋海啸灾难中，科学似乎没有责任，因为科学家已经检测到地震并告诉人们它将伴随着海啸。所以，不是因为科学没有价值，而是科学并没有完整地、全面地进入人们的信仰和伦理体系。在前科学时代，有限的经验知识，通过宗教和伦理的媒介，牢牢寄生于人们的道德规范和行为中。自然中的所有现象，都被视为"吉"或"凶"的预兆（俞孔坚，1998）。比如，中国古代"风水"相信曲折蜿蜒和连续的河流才是"吉"的，才可安居；现代景观生态学的研究表明蜿蜒的自然河流有利于削减洪水能量、避免洪水灾害，可我们当今的防洪工程恰恰逢河必坝，遇弯必裁。科学知识，完整意义上的关于自然的知识，并没有变成我们明智地利用、适应和改造自然的实践，而是被片面地、"断章取义"地误用。

概之，人地关系的哲学不应该是斗争的哲学，而是"和合"的哲学；科学技术不是用来制造"超人"对抗自然力的，而应该是在全面、完整的意义上，用来协调人与自然力关系的；科学必须插上伦理的翅膀，才会成为播撒美丽的天使，否则只能是毁灭自然和人类的"撒旦"。

基于以上思考，展开关于中国国土和城市生态安全问题的讨论。总的观点是：我们必须在关于自然的科学技术、关于灾难经验的文化遗产和关于土地的伦理中，寻找当代护佑我们免受自然灾难的"土地之神"。

0.2 充满"神灵"的土地——灾难经验演绎文化景观

约4000年前，一幕震撼人心的惨剧场面（图0-3）：在一侧墙角，一个妇女怀中抱着幼子，双膝跪地，仰天呼号，祈望救世主出现；在黄河岸边的喇家遗址中，一双惨烈的尸骨，记载了一场突然袭来的灾难，凝固了将人类在自然面前无助和对超感知的"神"的企望。北京大学教授夏正楷等人的研究揭示，正是一起包括洪水、山洪和地震在内的大规模群发性灾害事件，导致喇家遗址的毁灭（夏正楷、杨小燕，2003）。

类似的灾害经验在古代中国相当频繁。基于以无数生命为代价的灾难经验，对大地山川进行吉凶占卜，和进行趋吉避凶、逢凶化吉的操作，是中国五千年人地关系悲壮之歌的主旋律。

这期间不乏有通神灵、有神功的大巫大神者，如大禹："左准绳，右规矩，载四时，以开九州，陂九泽，度九山"，堪称中国古代最早的大地规划师；也有因治一方水土有神功而被奉为地方之神者，如修建都江堰的李冰父子，他们与神为约，深掏滩，低作堰，以玉人为度，引岷江之水，满不过肩，竭不过膝；更有遍布大小城镇和村寨的地理术士们，"仰观天象，俯察地形"，为茫茫众生卜居辨穴，附之山川林木以玄武、朱雀、青龙、白虎及牛鬼蛇神。遍中国大地，无处不为神灵所居。

在云南哀牢山中，分布着一个古老的水稻民族即哈尼族。在这里，海拔2000m之上是世代保

图0-3 呼唤"神"的降临——4000年前青海黄河岸边喇家遗址中的惨剧场面（夏正楷提供）The flood disaster by the Yellow River 4000 years ago

护的丛林，高山截流了来自印度洋的暖湿气流，云雾弥漫，是属于"神"的"龙山"；中部是属于居住和生活的场所，海拔在1500～2000m之间。来自"龙山"的甘泉，流淌过家家门前，涤尽生活垃圾和牲畜粪便，灌溉下部的梯田；寨子以下则是层层的梯田，那是属于人与自然和谐共处的。在天地-人-神的关系中，人获得了安栖之地。

在贵州省的都柳江两岸，分布着许多侗族村寨。每个寨子都无一例外地分布在蜿蜒江水的凹岸坡地上，寨后山上是一片比寨子更古老的"风水"林，这是一片禁地，里面停放着祖先的遗体或骨灰，寨规是"伐一棵树，罚一头牛"；每寨必临一片卵石滩地，这里水涨水落，鹅鸭与儿童共欢；而耕种的梯田却在对岸的山坡上，或者在被绿色的"风水林"隔开的同一面山坡上。尽管山地的塌方和泥石流时有发生，而寨子却几百年来安然无恙（图0-4）。

就在本书所选案例研究的温州和台州地区的山地中，分布着大大小小的河谷盆地，盆地里是难得的高产农田，几乎所有村庄都尽可能沿盆地边沿山坡分布，而把每一分耕地，都留给了后代，以免受饥馑之灾。山上是浓密的"风水"林，山脚是蜿蜒的溪流，道道低矮的石堰将清流引入家家户户。这是一种告诉我们如何处理人居与耕地以及山水关系的乡土文化景观。

大小乡村的景观规划是如此，古代城镇的设计无不以山水为本，依山龙水神，而求安宁和谐之居。早期西方传教士们视盛行于中国的巫风卜术为邪恶，但对其造就的大地景观却大为感叹："在中国人的心灵深处必充满着诗意"。科技史家李约瑟更是充满深情，赞不绝口（Needham，1956，P361）。20世纪初，一位德国飞行员伯叙曼在华夏上空飞行考察三年后，用"充满诗情画意的中国"来描绘和赞美（Boerschman，1906）。

我们庆幸，在科学的光芒并没普照大地之前，这些维护国土生态安全，而又充满诗意的文化景观，在经历了大大小小无知无畏的"战天斗地"之后，得以或多或少地幸存。

然而，面对新一轮的城市化和基础设施"建设"高潮，我们不禁要问：在被"科技"和机械力武装到了牙齿的"超人"面前，那些文化景观和自然生态格局，能否幸存？经过对全国数以百计城市的考察，我不能不坦陈我的忧虑。

进一步的问题是，在一个空前的城市化时代，在人口和资源危机日益严重的时代，我们能指望这些乡土的"神灵"一同"城市化"而进入现代城市使我们免于自然灾难吗？通过对全国包括最偏僻地区的探访，我也坦陈我的怀疑，因为，他们也正是"泥菩萨过河，自身难保"。

所以，一方面，我们应该尊重和善待前科学时代留下的文化遗产和文化景观，并从中获得经验和启示，另一方面，必须从田园牧歌式的怀旧中苏醒，不要指望过往的"神灵"能解决当代的生态安全问题。

0.3 放下斩杀大地"女神"的屠刀，重构新的土地伦理

1999年世界建筑师大会上，吴良镛教授等在《北京宪章》中描绘道：我们的时代是个"大发展"和"大破坏"的时代。我们不但抛弃了祖先们用生命换来的、彰显和谐人地关系的遗产即大地上那充满诗意的文化景观，也没有吸取西方国家城市发展的教训，用科学的理论和方法来梳理人与土地的关系。大地的自然系统即一个有生命的"女神"在城市化过程中遭到彻底或不彻底的摧

图0-4 贵州省的都柳江两岸，分布着许多侗族村寨 The location of traditional Chinese villages following Fen-shui principles

残（图0-5～图0-7，彩图1）。过去二十多年来的中国快速城市建设，在很大程度上是以挥霍和牺牲自然系统的健康和安全为代价的，而这些破坏本来是可以通过明智的规划和设计来避免的，包括：

（1）大地破碎化　无序蔓延的城市、缺乏环境考虑的高速公路网，各种方式的土地开发和建设项目、水利工程等，都使原来连续的、完整的大地景观基质日趋破碎化，自然过程的连续性和完整性受到严重破坏。

（2）水系统瘫痪　作为文化景观，几千年来人与自然过程共同作用下形成的水网系统的瘫痪——自然河流水系的填埋、断流和渠化；湿地系统的破坏。

（3）生物栖息地消失　自然地的消失，河流廊道植被带被工程化的护堤和"美化"种植所代替；农田防护林和乡间道路林带由于道路拓宽而被砍伐；池塘、坟地、宅旁林地、"风水林"等乡土栖息地及乡土文化景观的大量消失。

城市扩张和基础设施建设是必须的，土地也是有限的，但是，必须认识到，自然系统是有结构的。协调城市与自然系统的关系决不是一个量的问题，更重要的是空间格局和质的问题，这意味着只要通过科学、谨慎的土地设计，城市和基础设施建设对土地生命系统的干扰是可以大大减少的，许多破坏是可避免的。

图0-6　城市化席卷大地——台州城市景观，自然过程和格局被排斥在城市之外 Taizhou, a city expanding by excluding the nature

图0-7　城市化席卷大地——台州郊区景观，自然系统缺乏结构 The suburb of Taizhou, a land without structure

我们已经掌握了足够的科学和技术来这样做，关键在于我们是否有善待土地的伦理。

0.4 "超人"的力量不能替代自然系统的生态服务

我们研制各种物理和化学的合成物来抵抗生物的和非生物的致病因素，杀灭那些我们认为对人类肌体有害的东西，结果使人体的自我免疫能力每况愈下，世界卫生组织不断警告，新的病毒性流感，可能导致数以百万计的人死亡。因而，科学的人体抗病途径是强健体魄，增强生命机体自身的抵抗力。

城市亦然：我们用各种工程措施来捍卫我们的城市免受自然力的破坏，固若金汤的人类工程，如单一目标的防洪堤坝，不但耗资惊人，也将城市与大自然隔绝（图0-8，图0-9）。结果，自然的水平衡系统被打破，洪水的威力却越来越大，而稀缺

图0-5　破碎的大地——长三角大地景观，自然变成了城市化基地底中的碎块 The fragmented landscape of the east coast China

的雨水资源却瞬间被排入大海。在剩余的日子里，城市则面临淡水短缺的困扰，一些广为人知的数据告诉我们，中国的城市面临严重的水资源危机。目前在我国660多个城市中，有420多个城市供水不足，其中严重缺水的城市有110个。就连"千湖之省"的湖北，因城市扩张，也已经使四分之三以上的湖泊不复存在。

地球是一个活的"女神"（Gaia、Lovlok，1979），她不但具有生产功能，她还有消化和自净能力，同时她还能自我调节各种自然的盈余和亏缺，如调节旱涝，自我修复各种伤害等等，这些都是自然系统对人类社会经济系统的生态服务（Ecosystem service、Nature's service，Daily，1997）。然而，在城市规划和建设中，我们却没有领会和珍惜自然的这些无偿的服务，而用极其恶劣的方式，摧毁和毒害大地"女神"的肌体，使她丧失服务功能，包括：肢解她的躯体即大地上的田园和草原；毁损其筋骨即大地之山脉；毁坏她的肾脏即湿地系统；切断她的血脉即河流水系；毒化她的肺即林地和各种栖息地。最终使我们的城市不但难以避免类似印度洋海啸那样的特大自然灾难，就连一场小雪和暴雨都可以使整个北京城瘫痪；一个感冒病毒变种或一种SARS病毒，可以把全国的所有城市带入死亡的恐怖。

增强城市对自然灾害的抵御能力和免疫力，妙方不在于用现代"高科技"来武装自己，而在于充分发挥自然系统的生态服务功能，让自然做功，增强土地生命系统的免疫力。

0.5 再造秀美山川，五千年难得之机遇——"反规划"途径建立生态安全格局

1962年，景观规划师和生态规划先驱麦克哈格带领学生在美国东海岸研究海岸带的规划。结果让他们大吃一惊：许多富人正在争相建造美丽别墅的地带，恰恰是在一个下一轮海潮侵蚀中要被吞没的危险地带。于是，他警告那些自命不凡的人们赶紧搬离此地，否则将大难临头。遗憾的是，他的警告没有被理会。数月之后，强烈的海潮吞没了这些美丽的住宅。

于是麦克哈格呼喊："人们要听景观规划师的，因为他告诉你在什么地方可以居住，在什么地方不能居住，这正是景观设计学和区域规划的真正的含义……我们（景观规划师）就是要告诉你生存的问题，是来告诉你如何在自然面前明智地行动"（Miller and Pardal, 1992）。然而，对照印度洋的海啸，我们发现，历史总是在重演着同样的悲剧，而其根源在于人类的无畏加无知。

北京大学的一位澳大利亚籍客座教授目前正在印度尼西亚的海啸受灾地从事规划重建工作，

图0-8，图0-9 "超人"斩杀大地"女神"——过分依赖技术，营造固若金汤的工程与自然力抗争，而不是给自然以空间，利用自然做功。结果，城市面临灾难的危险性却越来越大（长江防洪大堤和"天堂"海南岛的滨海大堤） The creation of "super man" and "super city" using heavy engineering

前两天给我来信说，许多宾馆、城镇的受灾都是因为它们犯了规划上的"经典性"错误，也就是没有"设计遵从自然"。

这个地球给人类以足够的空间生活，我们并不是没有土地用来建城市，而是往往在不合适的地方，用不合适的方法来建城市。几乎所有的沿江和滨海城市都在与自然过程相对抗，用强堤高坝与洪水对抗，抢空间。灾难100年不发生，101年有可能就发生，"500年一遇"，并不意味着明天就不会发生。城市建设如果选错了地方，无论它的建筑多么漂亮，都可以一夜之间被摧毁。中国4000年前的喇嘛遗址是如此，古罗马的庞贝城也是如此，印度洋海啸灾难更是不可不吸取的教训。

根本的出路在于尊重自然过程，通过对自然过程和灾难过程的科学分析，建立一个安全的生态格局，它以全面而完整地维护大地生命系统及其生态服务功能为目的，而非单一目标功能为目的。

我们必须纠正现在规划和建设城市的方法即那种依据人口规模和土地需求来推算规模和扩张城市，然后再通过强固城市防御体系来对抗自然灾难的方法。而是应该完全反过来，即：根据自然的过程和她所能留给人类的安全空间来适应性地选择我们的栖居地，来确定我们的城市形态和格局。如果说过去我们的城市惯性地沿着一条危险的轨道滑向灾难的话，在今天这个五千年难得一遇的空前城市化进程中，在这大规模人地关系调整的机会中，我们有条件也必须逆向来做我们的城市发展规划，即进行"反规划"：首先建立国土和城市生态安全格局，以此来定义城市的空间发展格局。否则，灾难将迟早降临。

0.6 视洪水为"朋友"的伦理——"反规划"实践

2003年，在进行城市建设总体规划修编之前，浙江省台州市邀请北京大学进行城市生态安全格局规划，规划提出可能受到海潮侵袭的区域，并建议作为不建设区域。2004年8月12日，"云娜"台风来了，给台州市造成了上百亿的经济损失和100多人死亡，创历史之最。而值得欣慰的是，那些被划为不可建设区域的滨海湿地带，恰恰是受海潮侵袭最严重的地区。如果按通常的建设规划考虑，这些地带是建设区，面临这样的风暴潮的时候，灾难性后果将不堪设想。

有了这一经验，台州市政府充分认识到生态安全对这个滨海城市的重要意义，着手将这一保障国土和城市生态安全的非建设用地规划进行立法，使它们像前科学时代的"风水林"和"龙山"那样，得到永远的保护。这是一种了不起的政府行为。

在台州市的生态安全格局中，除了为海潮预留了一个安全的缓冲带以外，还为城市预留了一个"不设防"的城市洪水安全格局：一个由河流水系和湿地所构成的滞洪调洪系统。把洪水当作可利用的资源而不是对抗的敌人。并将其与生物保护、文化景观保护及游憩系统相结合，共同构建了城市和区域的生态基础设施，就像市政基础设施为城市提供社会经济服务一样，它成为国土生态安全的保障，并为城市持续地提供生态服务。

作为一个实践案例，它成功地改变了人们关于城市防洪的观念。当地领导接受了生态安全和生态规划的理念，特别是在永宁江治理工程中，果断地停止了正在进行中的河道的硬化和渠化工程；将已经硬化渠化的河段重新通过生态方法恢复成自然河道，建立起湿地公园，成为滞洪系统的有机组成部分；同时成为当地居民一个极佳的休憩场所。

0.7 "神"的复活，人也将永续

在美国快速城市化和环境极度恶化的年代，在"寂静的春天"里1962年卡尔森(Carson)发表了《寂静的春天》，唤起美国社会的环境危机意识，麦克哈格喊出了：为什么在我们的大都市中不能保留一些自然地，让她们免费地为人们提供服务？为什么城市中不能有高产农田来提供给那些需要食物的人们？为什么我们不能利用这些自然系统来构建城市开放空间，让城市居民世代享用？为什么我们在不该居住的地方居住，不能遵从自然的过程和格局来设计我们的家园，而总是与自然过程相对抗呢（McHarg,1969）？

所谓"置之死地而后生"，在经历了工业时代由于"超人"的鲁莽、自恃和不自信而杀戮大地"女神"，从而带来无穷的灾难之后，现代科学时代需要"神"的复活和再生。人类因为对自然的无知和恐惧产生了前科学时代的"神"，这些神或是青面獠牙而令人恐怖，或是高高在上而令人生畏，是为人之"主"的大写之"神"。但在科学和技术已经高度发达的今天，人类需要的是可以与之为友、与之交流的、可敬却又可亲的小写之"神"即自然的力量、自然的过程和规律——她仍然因为无边的能力而可敬，因为博大慷慨而可爱，但同时也因为柔弱而需关爱，因为可以被人们认识和揭示而可以与之交流。

与前科学时代因为蒙昧无知对"神"的迷信相比，人应该变得更自信了！是关于自然过程的更全面完整（而不是片面的以我为中心的）的科学认识给了他这种自信——人类没有必要、也不可能将自然力制服而自存，可以请她帮人类活得更好。这种人地关系的认识最终应体现为一种新的土地伦理。热爱和尊重自然过程和格局是这种新土地伦理的基础，并需上升为法规，像浙江台州市的人们正在做的那样，以规范人们关于土地的种种行为。

结论是：前科学时代的"神灵"难保当代城市人的生态安全，近现代工业铸造的"超人"也不能使我们免于自然灾难，只有将全面而完整的科学知识和理念与新的土地伦理的有机结合，才是当代国土生态安全的"土地之神"，由她来引领我们进行国土生态安全的设计。

最后，作为一个学者，一点技术外的认识是：国土的生态安全，与国防安全和国家的发展，具有同等的重要性；再造"秀美山川"需要动员国家机器在不同的尺度上系统地进行，它必须有一个类似国家军委或国家发展与改革委员会那样的权力系统来统筹；自然过程是没有行政边界的，在目前这样国土被条块式管理的状态下，显然不利于一个完善的国土生态安全格局的建立。在这里，中央倡导的"科学发展观"将会得到最充分的体现。

（*注：本文主要内容发表在：《中国青年报》，冰点周刊，2005年2月23日）

上 篇

理论与方法——"反规划"、景观安全格局与生态基础设施

1 一种思想方法——"反规划"与生态基础设施

贯穿本研究的一种思想方法是"反规划",指向是建立一个以生态基础设施作为城市建设规划的刚性框架。

1.1 关于"反规划"

"反规划"概念是在中国快速的城市进程和城市无序扩张背景下提出的（俞孔坚、李迪华，2003）。"反规划"不是不规划,也不是反对规划,尽管在某种意义上它可以被认为等同于"控制"规划方法(相对于"发展"规划的方法)(齐康,1997,187~188),也可以在某种意义上被认为是生态规划途径,可能在某种意义上也同样可以被称为"逆规划"或"负规划",它是一种景观规划途径,本质上讲是一种强调通过优先进行不建设区域的控制,来进行城市空间规划的方法论。之所以敢冒天下之大不韪,而用"反规划"概念,主要想传达更丰富的含义,包括以下四个方面:

第一,反思城市状态。它表达了对我国城市和城市发展状态的一种反思。

第二,反思传统规划方法论。它表达了对我国几十年来实行的传统规划方法的反思,是对流行的多种发展规划方法论的反动。

第三,逆向的规划程序。它表达了在规划程序上的一种反动,一种逆向的规划过程,首先以土地的健康和安全的名义和以持久的公共利益的名义,而不是从眼前的开发商的利益和发展的需要出发,来做规划。

第四,负的规划成果。在提供给决策者的规划成果上体现的是一个强制性的不发展区域及其类型和控制的强度,构成城市的"底"和限制性格局,而把发展区域作为可变化的"图",留给市场去完善。这个限制性格局同时定义了可建设用地的空间,是支持城市空间形态的格局。

1.1.1 反思中国城市状态

2004年底发生在南亚的由地震引发的海啸大灾难,以近30万人生命的代价再次警告我们,在自然力面前,人类和他们的城市是何等的脆弱。事实上我们的城市不但难以抵挡类似印度洋海啸那样的特大自然灾害,甚至连一场小雪和暴雨都可以使整个北京城瘫痪,一种小小的感冒病毒变种,可以使全国的城市进入恐怖状态。

且看以下几则发生在我们身边的、众所周知的新闻:

2001年12月7日中午时分,北京天空开始飘雪,到下午5点左右,这场不足10mm降水量的中雪致使北京的地面交通大面积瘫痪,整个城区的大街小巷似乎都成为了停车场,乘车出行的人在路上耗费的时间,比平时增长了5~10倍。数十万,甚至以百万计的北京人到深夜,有的甚至凌晨才蹒跚到家。据统计,因为路滑,仅4家医院就已经接待400余位在雪中的摔伤者（来源:新华网,2001年12月8日）。

2002年11月16日起,"非典"在我国广东首先爆发。随后,疫情便席卷我国内地24个省、区、市,波及266个县和市(区)。截止2003年8月16日10时,我国内地累计报告非典型肺炎临床诊断病例5327例,治愈出院4959例,死亡349例。"非典"成为继伊拉克战争以后,另一个引起世界关注的重大事件,被称为一场没有硝烟的战争,带来的经济损失难以估量,其留下的恐怖景象,将在整整一代人的心上留下难以抹去的阴影（来源：卫生部2003年4月21日通报）。

2004年2月27日，四川简阳市沱江里的鱼儿潮水般跳上岸来。紧接着，沱江沿岸出现大规模死鱼现象，总计达50万kg，直接经济损失上亿元。对沱江江水的监测结果表明：沱江简阳段氨氮指数超标40~50倍。同时，简阳市的自来水龙头里流出的自来水已呈黑色，并出现浓重异味。沿沱江约62km的污染带上的两岸城市也停止在沱江取水和供水，资中市、内江市民饮用水告急！居民只能远赴近40km外的自贡取水（来源：《华西都市报》2004年3月31日）……

2004年7月10日，一场并非特大的暴风雨袭击了中国北部最大的城市北京城，在几个小时内全市交通几乎濒临瘫痪，一辆辆熄火的汽车趴在水中央动弹不得，立交桥下的汽车更是被淹得只剩下了个车顶，行人们趟水在到处埋藏着危险的汪洋中探索着回家的路（来源：新华网，2004年7月10日）（图1.1.1-1）……

2004年7月4日，上千名下班回家的乘客遭遇大塞车，被堵在天通苑附近长达三四个小时，不少人到家时已是次日凌晨了。一站地开了三个小时：一位搭乘984路公交车的女乘客说，她昨晚6时50分就从城里坐上了车，等到达昌平西湖新村的家里时已是深夜11时30分！天通苑是1999年北京市首批开发建设的19片经济适用住房项目之一，规划面积约500万m²，总人口18万。现在已经竣工400万m²，建成了天通苑西区、东区、北区，入住人口达到11万。天通苑地区的居民几年来几乎每天都得在混乱拥堵之中出行，这样的痛苦难以承受却又不能不承受（来源：东方网7月5日）（图1.1.1-2）……

所有这些都反映了当代中国城市面临严重的问题，总体上说，这些问题集中体现为快速城市化对当代中国人居环境的以下几大挑战：

(1)挑战之一，关于区域景观格局、生态安全及城市扩张

在中国快速和大面积的城市化进程中，不明智的土地利用和工程建设使大地生命机体的结构和功能受到严重摧残。具体表现为大地景观破碎化、自然水系统和湿地系统的严重破坏、生物栖息地和迁徙廊道的大量丧失。

规划师不是绝对的环保主义者，我们必须认识到城市的扩张和市政基础设施的建设是不可避免的。但是，我们必须同时认识到，自然系统是有结构的，不同的空间构型和格局，有不同的生态功能；同理，同样的格局和构型，如果景观元素的属性不同，整体景观的生态功能也将不同。从这个意义上讲，协调城市与自然系统的关系决不是一个量的问题，更重要的是空间格局和质的问题。

因此，当代城市和区域规划的一个巨大挑战是如何设计一种景观格局，以便在有限的土地上，建立一个战略性的自然系统的结构，以最大限度地、高效地保障自然和生物过程的完整性和连续性，同时给城市扩展留出足够的空间。

图1.1.1-1 对当代城市抵御自然灾害能力的反思——暴雨之后的北京，被雨水淹没的城市道路和汽车（照片来源：新华网）Beijing got handicapped in a storm

图1.1.1-2 对当代中国城市功能组织及其有效性的反思——北京天通苑，一个习以为常的堵车镜头，（照片来源：天眼摄郎）Beijing in traffic jams

生态系统服务功能内容(MA Conceptual Framework, 2003)　　　　表 1-1
The content of ecosystem services　　　　　　　　　　　　　　　Table 1-1

产品提供 (Provisioning services)	食物与纤维，燃料，遗传资源，生物化学物，天然药物，装饰与观赏资源，淡水资源
调节服务 (Regulating services)	空气质量维持，气候调节，水文调节，水土保持，水净化，人类疾病的调节，生物控制，传粉，风暴的防护
文化服务 (Cultural services)	文化多样性，精神与宗教价值，知识体系，教育价值，灵感与启智慧，审美，社会联系，文化遗产价值，游憩和生态旅游
生命支持功能 (Supporting services)	初级生产，空气中氧气维持，土壤形成与保持，生物地化循环，水循环，提供生物生境

(2) 挑战之二，关于自然服务与城市生态安全

大自然给了我们足够的土地、空气和水资源来让众多的人口体面地生活。地球是一个生命系统，是一个活的"女神"(Gaiia)。她为人类的社会经济系统提供生态服务或自然服务（Nature's service)(Daily, 1997; MA Conceptual Framework, 2003)(表1-1)。但我们却过分依赖自己的机械和技术的力量来设计和创造一个人工的系统，试图来控制包括水和大气过程在内的一切自然过程，来满足城市人的需要，而不是给自然以空间，利用自然做功，让自然提供服务。结果，使自然的服务功能全面下降，最终导致城市和国土的生态安全危机。

所以，规划师所面临的另一大挑战是如何避免对自然系统造成更多的人为干扰，恢复和增强土地和自然系统的自我调节能力及全面的生态系统服务功能，让自然做功，以此增强城市对自然灾害的抵御能力和免疫力。

(3) 挑战之三，关于城市结构和功能

我们不但毁坏大地上的自然系统，同时我们也没有能够设计一个高效和谐的人工的城市系统。

1999年的《北京宪章》中把我们这个时代称做"混乱的城市化"时代，主要是以中国的现实为认识基础的。事实也正是如此，在毁掉一个作为城市母体的土地的生命的同时，我们并没有用我们的智慧去建设一个高效的城市肌体。相反，我们却看到了一个个结构畸形、功能混乱、行动别扭、体态丑陋的城市怪胎。世纪之交的中国城市所出现的结构和功能问题不幸地重演着西方国家半个世纪甚至一个世纪之前的情景。关于这些问题，早在1933年的《雅典宪章》中，和1977年的《马丘比丘宪章》中都相继已经有精辟的描述，可悲的是，我们的城市规划却毫不迟疑地重犯这些错误。更有甚者，我们不但继承了西方工业化时代的城市的弊病，我们还继承了西方城市化和汽车化时代的众多城市病，并且还附加了一些中国这个时代特有的城市弊病。归结起来，这些结构与功能的问题包括：

A. 机械的功能区划带来城市效率低下。《雅典宪章》把居住、工作、游憩与交通作为城市的四大功能，基于当时工业化带来的城市问题的认识，提出较为明确的功能区划分作为城市空间规划的基本要求，但正如1977年的《马丘比丘宪章》所指出的，过于机械的功能分区，破坏了城市的有机性，导致城市功能的低效率。这已被西方国家近一个多世纪的实践证明了。而中国的城市规划却仍然在沿用这种功能分区的规划方式，所谓CBD、科技园区、大学园区、居住组团、工业园区、行政中心区等等，单一功能的城市开发，导致城市过分依赖功能体间的交通，最终使本来作为工具的汽车变成了城市的主人。而市民日常工作和生活变成了依附。频繁见诸报端的各大城市的拥堵已造成巨大的直接经济损失。据权威经济学家估计，北京每年由于交通堵塞造成直接经济损失是60亿元(茅于轼, 2004)。

B. 交通对小汽车的依赖。我们紧随美国的汽车轮子追赶石油消耗攀升的曲线，很快"自豪"地说：中国的石油进口已成为全球第二，仅次于美国，于是，全球石油危机因为中国的出现而变得更加严酷。在不久的一天，我们很快就会看到，我们不再愿意开车上班了，不光是因为我们拥堵的道路已经令开车的速度不如步行者的速度，还因为

我们再也难以承担飞涨的油价了。这也许正是每一个环保主义者所期盼的。然而，可悲的是，我们当今城市的所有结构和功能布局都是围绕汽车时代的模式来设计的。我们不但毁弃了自行车和步行时代的路网结构，我们也在大规模的旧城改造和新城建设中，彻底放弃了半个多世纪来形成的混合型的"单位"制结构。所以，当一个西方国家正在追求的无汽车或少汽车时代终于到来时，却又意味着我们将重新调整我们的城市结构，重拾起绿色无机动车交通网络；这意味着我们将花更巨大的代价来改造那些刚刚建立的或正在建立的汽车主导的城市结构。

C. 化妆的城市代替功能的城市。尽管从上个世纪末开始，学者们就对形式化的城市化妆运动给予了严厉的批判（俞孔坚、吉庆萍，1999；陈为邦，2001；金经元，2002；俞孔坚、李迪华，2003），而且这种批判仍然不绝于耳，建设部等有关部门联合对"形象工程""政绩工程"给以有力的制止。但那种早在1933年的《雅典宪章》中就批判过的，从雄伟气派的概念出发，对于标志性建筑、景观大道、大型广场等庞大纪念性排场效果的设计，仍然被各个城市的规划和决策部门所追求。而这些城市化妆往往只能使得城市交通变得更为复杂，而对城市的经济、社会和生态状况的改善却并无益处。

D. 游憩系统的破坏。游憩作为城市的四大功能之一，在当代中国被忽视或被误解为旅游和观光。汽车占去了安全而方便的步行空间，除了一些被划定为风景园林地孤立地分布在城市和郊野外，大量的城市郊区的农田和自然地被分割、污染和侵占；城市和郊区的开放空间缺乏连续的系统性组织，缺乏人与人，人与自然的交流机会。

实际上，从1933年的《雅典宪章》开始，到近年来的新城市主义运动和绿色城市主义，以及所谓的精明增长及可持续城市发展的理念，近一个世纪西方国家的城市建设的经验和教训已经告诉我们，在城市的所有功能中，居住和生活是首要的功能，其他功能本质上都是为了人的生活而发生。所以，生活质量、人的需要是城市功能的最终衡量标准——作为自然人、社会人和文化人的生活场所和栖居地，即"宜居性"（Livable）。作为自然人，我们需要有安全和健康的物质环境，干净的空气和水，与自然接触的机会，需要有健康的食物与舒适的庇护；作为社会和文化的人，城市需要提供公平的机会、秩序的社会结构，人与人交流的场所，给人以认同感和归属感，提供教育和启智的氛围，审美的体验，等等。

当今中国城市结构混乱和功能低效的原因在于我们从根本上忘却了建设城市的居住和生活目的。相反，我们却把实现这种生活的工具，即生产和交通功能作为城市建设的目的，使机器和汽车成为城市的主人，而不是生活其中的城市居民。

所以，一个根本的问题和挑战是：依据什么来建立一个城市和谐的结构和功能的关系。如果承认自然服务是人类社会经济系统最根本的依赖，那么，我们就完全应该认识到，和谐的城市结构和功能关系，最终来源于人和土地的和谐关系，包括让土地告诉我们适宜的功能布局、适宜的居住地、绿色而快捷的交通方式以及连续而系统的游憩系统，甚至城市的空间形态。任何一个脱离土地和人的本质需要，而以当时的社会和技术条件为依据的理想城市模式，都不能实现这样一种和谐：弗兰克·劳埃德·赖特的广亩城没有实现这种和谐却导致了城市的蔓延，勒·柯布西耶的"快速城"也没有实现这种和谐却导致了一个长达半个世纪的大堵车时代，甚至连霍华德的田园城市也没有实现这种和谐却导致花园郊区的出现。

(4) 挑战之四，关于城市特色

如何在全球化背景下保持和发扬城市个性？

关于城市风貌特色的消失问题，学者们已有众多的讨论。仇保兴将问题的原因概括为五个方面：一是旧城改造方式不对，力度过大；二是领导的急速求变心理；三是对文化遗产和城市文脉缺乏重视；四是领导干部个人成见和乱指挥，崇洋仿洋；五是设计人员"克隆"成风，粗制滥造(2004d)。至于如何来应对这一挑战，仇保兴提出了六点对策，包括：采取有机更新的旧城改造方式；重新认识城市的风貌特色；对历史建筑，建立一票否决的制度；划定历史街区的紫线，强制管理；恢复控规的建筑风貌控制；对历史文化名城建立警告和淘汰制（2004d）。这些都非常全面地阐述了城市特色问题和对策。

所以，当前迫切要做的是如何使这些对策能通过规划途径，变为可操作的具体措施。特别是关于如何认识城市的风貌特色，如何评价那些没有被立为国家或省市级文物保护单位的文化遗产；如何来认识乡土文化景观的价值和意义；如何来进行文化遗产保护紫线的划定；对各种文化遗产和乡土文化景观如何来制定管理导则。

进一步需要强调的是，城市的特色不仅仅体现在它的历史人文景观和城市建筑风貌，她最终来源于地域景观的自然过程和格局，以及人对这些自然过程和格局的适应；适应的过程就是文化的过程，时间使这种适应过程积淀为乡土文化景观或历史文化遗产。特色不等于或不仅仅是传统，特色也包括当代：体现此时此地的人用此时此地的技术和经济、生态的途径来实现某种生活方式。任何复古的、照搬古典西方和现代西方帝国的建筑和城市景观，任何追求异域和奇特景观的城市建设，都只能使本来的地域特色丧失（俞孔坚，2003，2004）。所以，解读和重塑城市风貌，必须从认识地域的自然过程和格局入手，也必须从人地关系、从当地人对土地的格局与过程的适应机制入手，并最终归于重建当地人地关系的和谐。

简而言之，当代中国城市的众多问题，挑战我们如何用物质空间设计的途径，在区域和城市的尺度上来保全大地母亲的安全和健康，以便为城市和居民提供可持续的生态服务；让城市有完善的结构、和谐的功能，特别是应有一个安全健康和宜人的公共空间体系，实现真正宜居的城市；通过对自然与人文过程的认识，从人地关系入手，来理解和重建城市的特色。

面对上述问题和挑战，长期以来，我们习惯于采用头疼医头，脚痛医脚的办法，结果，这种单一目标的解决途径只能使城市的整体生存状态日趋恶化。在反思中国城市状态基础上，本书强调用一种全面系统的空间规划途径，来综合地解决上述问题，实现安全和健康的城市。

1.1.2 反思规划方法——理性建设规划的谬误

尽管造成上述问题的原因有很多，不可否认的是有很大一部分是由于城市规划的失误造成的，而且并不是在个别城市发生的，而是系统性的。这不能不使我们对现行城市规划方法论提出反思和质疑。

对城市规划方法论的反思是多方面的，与本书主题相关的主要是关于一直被中国规划界沿用至今的理性发展规划模式。作为计划经济的产物，几十年来城市规划在中国被当作国民经济和社会发展计划的延续和手段，即：先预测人口和经济发展趋势及规模，确定城市性质，然后根据国家规定的人均用地指标，确定城市的各类土地利用和基础设施规模，再应用一个理想的城市空间模式，进行城市的空间布局。对这个规划方法的质疑，至少可以从以下几个方面进行：

(1) 市场经济挑战传统规划方法

A. 来自实践的置疑

当计划经济被市场经济所取代时，以计划经济为前提的传统规划模式存在的合理性何在？

在中国目前形势下，一个不容回避的问题是，当计划经济体制本身不复存在或不作为主导时，这种城市规划模式还有没有继续存在的理由。事实上，不管是否中国已经进入国际认同的市场经济，市场经济的浪潮已经或正在主导中国社会和城市的发展。来自城市规划和管理一线的规划师们强力地感到现行城市规划体制已不能适应当前城市发展需要。基于深圳的规划控制实践，邹兵、陈宏军（2003）喊出：规划控制与市场运作错位，在市场经济下，城市发展面临的不确定性明显增加，规划根本不可能对未来做出完全准确的预测和判断，因此提出对传统的规划思想和技术手段进行深刻反思。基于多年的武汉市的规划实践，吴之凌（2004）感到：当前总体规划工作面临前所未有的挑战，一个最具说明意义的事实是，在上一轮总体规划编制审批完成不到5年(有的城市甚至更短)的情况下，一大批大中城市不得不采取各种手段对总规进行调整。

杨保军则以反省的口气感慨："回头看看我们

编制的总体规划,哪一个不是经过多方论证而出台的,最终的成果鉴定多半会有'科学合理'之类的评语,也一定要求地方政府严格按照规划实施……那时,我们对城市的未来必定满怀希望……20年后一定会出现规划所描绘的接近完美的图景。令人遗憾的是,这种希望从来没有实现过"(2003)。而正是规划师对非计划经济体制下的市场不甚了解的情况下,却想着要控制市场,从而导致规划的失灵。所以在市场经济条件下,中国的城市规划模式需要改变(孙施文,2001;周建军,2001;周冉、何流,2001;姚昭晖,2004;陈鹏,2005)。显然,计划经济体制下形成的规划制定、审批和执行程序已不能适应时代的需要,无论是政府官员还是学者,在这方面似乎已有明确无误的共识(陈秉钊,1998;雷翔,2003;吴良镛,2003;仇保兴,2004;杨保军,2003;唐凯,2004;俞孔坚、李迪华,2002、2003;赵燕菁,2004;陈岩松、王巍,2004;王洪,2004)。

B. 困惑中的探索

正是在对现行规划编制方法不适应社会发展现实的认识,对规划编制方法新途径的探讨也从来就没有停止过,尤其在面对市场经济冲击的20世纪80年代之后。进入21世纪之后,更加强烈的城市发展压力和对土地的需求,社会经济发展的不确定性,更加使传统的城市规划编制方法和规划成果陷入尴尬境地。因此才有近来的城市空间发展战略规划和近期规划的种种探讨。城市空间发展战略规划试图在纵向的时间轴和横向的空间轴构成的坐标系中,从宏观的社会经济发展趋势和区域关系及环境与资源特点中,把握城市发展方向的空间发展格局,由此来减少或消除规划对象和目标的不确定性,从而保全传统规划方法的合法性。最近的一些探讨见仇保兴(2003),邹德慈(2003),罗震东、赵民(2003),戴逢、段险峰(2003)。

而近期规划则试图从当前的可确定的目标和需求出发,制定可操作的近期实施规划,以便克服总体规划往往远离现实、不可操作的弊端。近期规划的倡导者认为:近期建设规划从认识论上看是由完备理性走向有限理性,由此可能带来规划理念与方法的转变。从实践上看,它因应了当前的形势,考虑了制度环境,兼顾了上下目标,体现了一贯的渐进式的改革思路,因而可能预示着总体规划变革的方向(杨保军,2003;王富海,2003)。

也正是在当前"非常规"的发展背景下,吴良镛(2003)提出了从"战略结构规划—行动计划—城市总体设计"三个方面对现有"正式的"规划体制进行完善的框架,从而重新使规划具有战略性、可操作性和地方性。并指出"在当前'非常规'的发展条件下,如果仍然以一般的方式照章办事,其结果将是非常危险的。应该实事求是,抓住大好发展机遇,不断突破陈规,开拓进取,甚至根据条件与环境的变化,逐步酝酿建立新的规划体制。"

而有的学者对上述改良式地进行规划体制改革显然表示了怀疑的态度(如赵燕菁,2003、2004),并尖锐地指出:"进入市场经济后,建立在规模估算基础上的规划体系发生了根本性的动摇。以"规模—性质"为依据的城市规划体系(总体规划—详细规划)愈来愈不适应市场经济多变的需求。规划师们徒劳地试图在老的体系内改进自己的工具(最典型的是最近颇为热门的"近期规划"),而对规划基础的改变却浑然不知。"(赵燕菁,2004)。

从建设部门的领导,到业内的权威人士,和广大的规划工作者和学者们,都已广泛地认识到:我们目前采用的城市和区域规划方法论亟待改进,科学发展观在呼唤与之相适应的规划理论和方法;人居环境的系统和整体观、城乡统筹、主动式的规划、人地关系的和谐、健康城市、生态城市、宜居城市等等,已成为新一代城市规划变革的关键词(李文华,2000,2004,2004a;汪光焘,2004a,2004b,2005;仇保兴,2004a,2004b,2004c;周干峙,2004,2005;吴良镛,2005;邹德慈,2003b,2005)。

"反规划"则正是在计划经济日益被市场经济所取代,在吸取众多仁人志士的探索经验基础上,提出的一条解决中国"非常发展时期"的规划途径。它将对传统的基于发展计划的规划在方法论上指出一条根本性的改革出路,它从建设规划方法论,转到不建设规划方法论;对规划师来说,从主要进行有计划的建设规划方案的制定,转到优先制定不建设规划;是从被动的因开发建设需要而进行的被动的规划,走向主动的为土地和城市整体的安全和健康而进行的规划;同时,政府和规划主管部门也将转向城市经营和城市管制(Governance)。正如仇保兴所描绘的(2004):"规划和管理的重点从确定开发建设项目,转向各类脆弱资源的有效保护利用和关键基础设施的合理布局。包括:推行四线管制,保护不可再生资源:绿线,紫线,蓝线,黄线(城市交通线)。"

(2) 对理性发展规划本身的质疑

A. 城市系统具有作为理性对象的先天缺陷

城市和城市发展是个复杂的巨系统(周干峙,2002),从国际范围来说,关于这样一个复杂的巨系统的总体规划的理性模式,早在上个世纪50年代,美国学者就提出了质疑,认为导致决策的规划过程决不是一个理性的寻求最优解的过程,这种理性过程只在解决单一目标或简单问题时有效。在处理复杂问题时,决策者通过演进的有限比较来找到答案(Successive Limited Comparisons),用邓小平的生动话语说是个"摸着石头过河"(Muddling Through)的过程(Charles, 1959)。人类的知识往往有其不完善性和不确定性。有人甚至认为知识尚不能完全告诉我们应该做什么(Davidoff, 1965)。这种观点得到Simon的认知学研究的支持(1957)。他认为人们在解决复杂问题时存在着许多局限性。没有一个决策过程完全符合理性的原则。人类并不需要完全的信息和同时考虑所有可能方案后再作决策。人类并不追求最优,而是追求满意的(Satisfying),并且基本上是可行的途径。

B. 理性规划的实践教训

对理性规划方法论的质疑不但来自理论的研究,更直接的是源于对实践的体会。如果一个理性的规划理想因为规划师与市场脱节而没能实现,是一件令人遗憾的事,而我则庆幸"幸好这些理性的理想没能实现",否则结果可能更糟(俞孔坚,1998b)。无论是在中国还是在前苏联,理性的社会经济发展计划的弊端是有目共睹的。在西方,理性模式的教训也比比皆是。从宏观上说,霍华德的"田园城市"(Howard, 1946)可以说是20世纪初规划师们的最完美的理性构想了,旨在通过发展卫星镇摆脱大城市的约束,利用农田和绿地阻隔城市的蔓延,使人与自然重新亲和。这一模式在英国成为新镇法(the New Town Act)的核心,在很大程度上也是欧洲和北美新社区发展的基本模式,其理性的光芒和权威性不容置疑。其结果不但没有改变城市这一藏污纳垢、恐怖暴力的场所,而且,大规模的郊区化使大自然被分割得支离破碎,人与自然本质上更加分离,大城市的扩展也并没有停止。

最近闵希莹和杨保军(2003)一篇关于北京绿化隔离带的研究报告已经告诉我们,那种基于田园城市模式的绿化隔离带理想在很大程度上是失败的:原规划为350km^2,已经减少到240km^2。问题在于这种完全基于规划师理想人工绿带计划明显低估了市场经济下大城市的强大吸引力;漠视国有土地和集体土地进入市场的不平等,留下了巨大的寻租空间;把绿化隔离带用作阻止发展的"工事",而本身缺乏存在和形成的本质理由。而同时,我们却看到那些本来可以成为绿地和本来就是绿地的自然河道、湿地却天天在消失,被城市的铺装和硬化工程所替代(俞孔坚、李迪华,2003;潮洛蒙,2003)。

同样,"广亩城"(Broadacre City)是建筑师和城市设计师赖特的理想城市,被称为是城市科学规划的一个模式(Pregill and Volkman, 1993),这里汽车代替了步行,独家住宅整齐分布,商业网点精心设计,其结果却出现泛滥的郊区化城市,整洁却是无人的街道,只可观摩而缺乏生活的社区,自然系统被分割和破碎化。

现代主义运动的主要倡导者,建筑与规划大师勒·柯布西耶的"光明城"(La Ville Radieuse)所带来的后果更使我们看到规划的理性与权威的谬误,在这个模式里,建筑和城市被当作机器,钢筋玻璃摩天楼矗立在公园绿地之中,为高速而设计的交通系统连接城市机器的每一部分,摩天楼围绕交通集散中心,这便是现代城市的形象,其中生活的现代人又体验到什么?它使城市最具魅力的街道生活不复存在(Hough, 1990),人在一个巨大的机器面前失去了场所(out of Place),快速的交

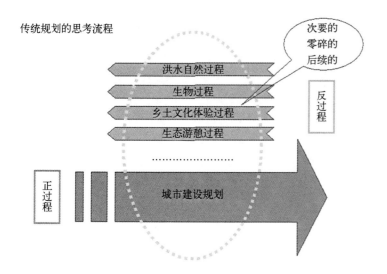

图1.1.3-1 正规划思考流程 The process of positive planning

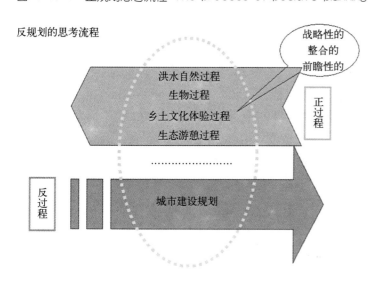

图1.1.3-2 反规划思考流程 The process of negative planning

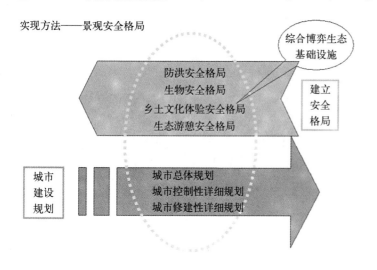

图1.1.3-3 景观安全格局方法与反规划 The SP methodology for negative planning

通系统成为自然人和社会人同生活与文化设施之间的障碍而不是通道,不但没有把人与自然之间的距离缩短,却把城市变得遥远而陌生,使人与人之间变得疏远。

如果城市发展规划问题不能用传统的理性规划途径来解决,那么,城市规划的科学性又何在?这个问题近来已引起了国内众多学者的关注(陈秉钊,2003;石楠,2003;邹德慈,2003a)。邹德慈(2003a)说得很清楚:城市规划是一门科学,科学性的对立面是主观随意性。而在现实中,规划师面对的就是"主观随意性"的甲方,具体讲是市长和开发商,或者更广泛意义上的社会发展要求。这种发展目标上的主观随意性实际上已非规划师所能掌控,在这种情况下又如何维护"规划是科学"的尊严?

1.1.3 "逆"向的规划程序——让理性复活

如果我们把目前常规的建设规划程序作为"顺"规划,那么"反规划"表达了在规划程序上的一种反动,一种逆向的规划过程。首先以土地的健康和安全的名义和公共利益的名义,而不是从眼前的开发商的利益和短期发展的需要出发来做规划;不过分依赖于城市化和人口预测作为城市空间扩展的依据,而是以维护生态服务功能为前提,进行城市空间的布局。基本的出发点是,如果我们的知识尚不足以告诉我们做什么,但却可以告诉我们不做什么。理性并没有死,只要将城市与生命的土地之间的"图-底"颠倒过来,理性便可复活(图1.1.3-1~图1.1.3-3)。

正如赵燕菁(2004)对深圳规划的成功经验的分析揭示的,一个规划的成功与否,恰恰不在其是否准确预测了社会经济发展规律和是否在此基础上制定完备的空间规划。作为规划依据的人口,深圳在1986年的规划中大胆地预测2000年的人口规模是110万,而实际上2000年却达到了700万。无论从哪一种检验方法来说明都是一个极其失败的预测。事实上也没有一种数学和预测方法能得到这样一个非常的数值。但恰恰是这样一个建立在相当"随意性"基础之上的规划,却成了当代中国城市发展史上的一个优秀楷模。其优秀之处一方面在于它的空间结构对"随意的"社会经济增长的适应能力和这种空间结构的生态健康性，相对于同一地区的广州和香港，深圳对2003年SARS病毒的免疫能力，说明了这一点（深圳累计53例，1例死亡。广州累计1274例，46例死亡。香港累计1750例，死亡286例）。

从这个意义上说，一个城市规划（指城市实体和内容）的科学性在于对不确定的社会经济发展的适应能力，特别是"非常发展速度"的适应能力。而且更进一步讲，其根本点在于当其空间结构面对不可预测的发展规模和速度情况下，能持续稳定地保持安全和健康的生态条件：能从自然中持续地获得高质量的生态服务，包括新鲜的空气、干净的水资源、愉悦的自然景观、良好的身心再生空间等等。那么，从规划方法论上讲，其科学性就在于如何实现这样一个有机的、富有生长弹性的、健康的城市机体。

理性并没有错，一个根本的问题在于理性的规划过程是建立在什么基础之上的？传统发展规划将理性建立在城市的发展目标之上，其中又以预测的人口和规模作为最基本的指标，城市的空间格局是一种建立在不确定基础上的空中楼阁。而"反规划"则试图将理性建立在自然系统之上，而作为城市母体的自然的山水、自然的过程和格局在很大程度上是已知的或至少不是"随意的"，也非假设的，建立在土地的过程和格局基础上的城市是坚实而有生命的。

城市与自然系统的"图—底"关系则更像是果实和它赖以生长的树体之间的关系，又像胎儿和母体的关系。有了安全而健康的母体，才会有健康而丰润的胎儿。道理似乎很明白，我们也确实看到在许多城市规划中都有一些关于自然环境的分析，然而，在我们的发展规划中，我们对城市健康所必需的自然系统到底给予多少的关注呢，如果真正关注当地土地的自然和人文的过程和格局，又怎么会在自然和文化都如此丰富多彩的中国大地上，却出现如此千篇一律的城市格局和形态呢？必须承认，至少在传统的"规模—性质"为依据的城市规划体系中，先天性地没有将"底"的健康放在重要地位。甚至连城市绿地系统规划也是在总体规划基础上来进行的。"我们对城市所依赖的自然系统的研究确实太少了"（吴良镛与作者个人交流，2004）。

所以，"反规划"作为一种城市物质空间规划的途径，旨在为城市的扩展建立一个真正理性的框架，为混沌而急于增长的城市提供一个渐进的、富有弹性的"答案空间"。这意味着城市规划必须将"图—底"关系颠倒过来，先做一个底，即大地生命的健康而安全的格局（Security Patterns, Yu, 1995, 1996），然后，再在此底上做图，即一个与大地的过程和格局相适应的城市。

1.1.4 "负"的规划成果——生态基础设施

如果我们把城市的建设用地和市政基础设施建设规划成果作为"正"规划，而具有法律效应，那么，相应地，我们可以把土地的不建设区域或对

"负"规划成果与传统规划中有关不建设区域概念的本质差异　　　表1-2

The substantial difference between negative planning results and the concept of unbuildable areas in conventional planning　　　Table 1-2

比较方面	"负"规划成果	传统规划中有关不建设区域（如绿化隔离带，楔形绿地）
目的不同	以土地生命系统的内在联系为依据，是建立在自然过程、生物过程和人文过程分析基础上的，以维护这些过程的连续性和完整性为前提的	把绿地作为实现"理想"城市形态和阻止城市扩展的工具，而绿地本身的存在与土地生态过程缺乏内在联系
次序不同	主动的优先规划：在城市建设用地规划之前确定，或优先于城市建设规划设计	被动的滞后的：绿地系统和绿化隔离带的规划是为了满足城市建设总体规划目标和要求进行的，是滞后的
功能不同	综合的，包括自然过程、生物过程和人文过程（如文化遗产保护、游憩，视觉体验）	单一功能的，如沿高速环路布置的绿带，缺乏对自然过程、生物过程和文化遗产保护、游憩等功能的考虑
形式不同	系统的，是一个与自然过程、生物过程和遗产保护、游憩过程紧密相关的，是预设的、具有永久价值的网络，是大地生命肌体的有机组成部分	零碎的，往往是迫于应付城市扩张的需要，并作为城市建设规划的一部分来规划和设计，缺乏长远的、系统的考虑，尤其缺乏与大地肌体的本质联系

维护生态服务功能具有关键性价值的生态基础设施(Ecological Infrastructure)称为"负"规划，同样应具有法律效应。前者通过红线来体现，而后者则体现为绿线(这里包括作为界定绿地范围的绿线，作为界定河流水域的蓝线，和界定历史文化遗产的紫线，通称为绿线)。

有人会问，这个"负"规划成果与传统规划途径中的非建设区域规划有何区别？一直沿用至今的、为阻止城市蔓延的环城绿带，城市组团之间的隔离性绿地、城市的楔形绿地，都体现在当今的城市规划中。但它们的意义与体现在"反规划"中的不建设控制区有本质的区别（表1-2）。

1.2 关于生态基础设施

生态基础设施(Ecological infrastructure，简称EI)是维护生命土地的安全和健康的关键性空间格局，是城市和居民获得持续的自然服务(生态服务)的基本保障，是城市扩张和土地开发利用不可触犯的刚性限制。在这里，我们强调生态基础设施是一种空间结构（景观格局），必须先于城市建设用地的规划和设计而进行编制(俞孔坚，李迪华 2001，2002，2003)。

关于EI的理解，需要综合以下几个方面：

1.2.1 生态基础设施作为自然系统的基础结构

生态基础设施的概念最早见于联合国教科文组织的"人与生物圈计划"(MAB)的研究。1984年，在MAB针对全球14个城市的城市生态系统研究报告中提出了生态城市规划五项原则，其中生态基础设施表示自然景观和腹地对城市的持久支持能力。相隔不久，Mander和Selm等人从生物保护出发，用此概念表示栖息地网络的设计，强调核心区、廊道等组分作为生态网络（Ecological Network）在提供生物生境以及生存资源等方面的作用（Mander，1988；Selm，1988）。此后，生态基础设施及生态网络的思想在欧洲得到了较多的应用（Jongman，1995；Fleury and Brown，1997；van Lier，1998；Hein，2002；Heijligers，2001）。Beatly（2000）则用此概念泛指与城市建成区域相对应的自然区域。

在英文中，Infrastructure有以下几层含义：作为某种系统的下部基础或基本框架（或结构）；对该系统的正常运行是必需的；同时为系统提供资源、服务或供给，具有公共产品的意义。这种解释对于各种基础设施无疑都是适用的，生态基础设施也不例外。因此，基于最初的概念认为：无论针对自然的生物栖息地系统，还是人类的城市栖息地系统，生态基础设施是指对系统运行及栖居者的持久生存具有基础性支持功能的资源或服务。有学者从生态经济学角度揭示出生态过程和生命支持系统对人类生存的"基础性"(Infrastructural)意义(Opschoor，1997，P41)。Constanza等研究者在探讨生物多样性对整体生态经济价值（Total Economic Value）的重要性时，阐述了基础价值（Infrastructure values）的概念——"最低限度的生态结构对于整体经济价值的贡献"（Fromm，1999）。

需要指出，也有研究用"绿色"基础设施表示城市所依赖的生态基础、连续的绿色空间网络和生命支持系统（Schneekloth，2003；Randolph，2004；Williamson，2003）。这实际上与MAB的生态支持系统及栖息地网络（Habitat Network）的概念趋于一致。

1.2.2 生态基础设施作为生态化的人工基础设施

相对于作为自然系统基础结构的生态基础设施概念，Ecological Infrastructure 的另一层含义是"生态化"的人工基础设施。认识到各种人工基础设施对自然系统的改变和破坏，如交通设施被认为是导致景观破碎化、栖息地丧失的主要原因（Forman，1995；Serrano and Sanz，et al，2002），人们开始对人工基础设施采取生态化的设计和改造，来维护自然过程和促进生态功能的恢复，并将此类人工基础设施也称为"生态化的"基础设施，或者"绿色"基础设施（"绿色"即强调生态化）。目前，北美及欧洲的许多城市都在开展实施"绿色"基础设施计划。如纽约生态基础设施研究（New York Ecological Infrastructure Study，NYEIS），涉及气候、能量、水文、健康以及政策和成本效益等方面。加拿大卡尔加里

1996年在Elbow Valley建立用于水体净化和污水处理的试验性人工湿地，并在其Nature as Infrastructure的报告中强调了生态基础设施在生态及教育方面的巨大意义。

1.2.3 廊道作为生态基础设施的主要结构

(1) 廊道、绿道和遗产廊道的概念

景观生态学里的廊道（Corridor）指的是不同于周围景观基质的线状或带状景观元素（Forman，1986）。它是生态基础设施的重要结构要素。生态廊道主要由植被、水体等生态性结构要素构成。而绿道（Greenway）、遗产廊道（Heritage Corridor）等概念的出现为廊道设计注入了新的活力。景观生态学中关于廊道的原理包括廊道的连续性、数目、构成、宽度与景观过程的关系等（俞孔坚、李迪华，1998）。这些都对廊道的规划与设计具有重要的指导意义。

近年来，绿道思想倍受瞩目，已经形成一场运动（Little，1990；Fabos，2004）。绿道的重要意义在于强调了水系廊道等线性景观元素在生物保护、减灾、游憩和文化遗产保护等方面的价值。其基本思想，如增加破碎化景观的连接度、保护环境敏感区和栖息地、建立接近传统与自然的连续的游憩网络、鼓励非机动车（步行和自行车）出行、保护自然及文化遗产等，都十分具有启发意义。因此，绿道日益被作为保护城市生态结构、功能，构建城市生态网络和城市开放空间规划的核心（Turner，1996）。

绿道概念来源于绿带（Greenbelt）和公园道（Parkway）。Green指自然或半自然植被，Way是指人类和其他生物的通道。在西方，绿道的发展大致经历了三个阶段：

◆ 林荫道、公园道及绿带。它们对绿道思想的发展具有重要意义，尤其是绿带能减轻并缓解城市发展带来的不利影响，起到缓冲和隔离作用。

◆ 游憩绿道。这是在机动车交通占据道路的背景下，为步行和骑车人而设的绿道。多沿着河流、小溪、海岸、运河等。20世纪60年代，美国许多铁路由于公路交通的兴起而被遗弃，因此，废弃铁道也成为了另一种类型的绿道。之后，绿道也出现在煤气管道、供电供水管道等基础设施两侧。这是一种除了交通功能外，源于游憩功能的、专门的、无机动车干扰的绿道。

◆ 多目标绿道。这主要是引进了土地与资源的重要概念，具有保护栖息地、保护历史文物和教育等功能。

尽管绿道概念源于美国，但相同或相近意义上的景观元素在中国大地上已有2000多年的设计和应用历史。概括起来有三类（Yu，Li and Li，2004）：

◆ 沿河流廊道形成的绿道。历史上沿运河及城市护城河自然或人工形成，到现代发展成长江、黄河、淮河及珠江水防护林带。

◆ 沿道路交通发展的绿道。从秦始皇的驰道，到中国第一条铁路沿线的绿带建设，到最近提出的绿色通道建设，中国的交通性绿道在世界上也是堪称一绝。

◆ 在农田防护林基础上发展的绿道。从社会主义合作化之前的单家农户建设的农田防风林，到合作化之后大规模统一规划和建设的防护林网，再到旨在保护国土生态安全的三北防护林网，中国大地上的绿道网络是令国际同行叹为观止的一大景观特色。

从国际发展来看，绿道至今在城市生态系统中具有多方面的作用，主要包括：

◆ 生态学功能。对于生物流、物质流和能量流具有重要的作用；具有栖息地的功能，如沿河岸的绿道，高地栖息地和水生栖息地等；其他功能如防风抗洪、降低"热岛效应"，保持土壤、防止水土流失，涵养水源，以及吸附尘埃等。

◆ 遗产保护功能。通过线性自然或人文景观元素，将历史景观和文化遗产连接起来，实现遗产及其环境的整体保护，并与生态功能和游憩、教育、审美、启智功能等功能相结合。

◆ 游憩功能。绿道很适合人们进行游憩娱乐活动。如奥姆斯特德认为理想的通道格局是"城市的任何一个地方都毗邻公园道路，走在通道内能获得一种持续的消遣娱乐"（张文、范文捷，2000）。

◆ 通勤功能。通过绿道把许多社区、历史遗址、居民区和商业区连接起来，而少噪声和机动车辆的干扰，为居民的日常工作和生活提供安全和便捷的绿色通道。

随着世界遗产保护运动的深入，文化线路和乡土景观的价值日益得到重视。相似的概念如遗产廊道在美国被作为具有环境保护、游憩体验及文化教育等综合功能的重要景观元素提出来。它强调线性文化遗产的价值，如河流峡谷、运河、道路以及铁路线等，并进一步发展为拥有特殊文化资源集合的线性景观。通常带有明显的经济中心、伴随有蓬勃发展的旅游活动、老建筑的再利用、娱乐活动及环境改善。遗产廊道包括以下特点（王志芳、孙鹏，2001）：

◆ 线性景观，是一种线性的遗产区域，对遗产的保护采用区域而非局部点的概念，内部可以包括多种不同的遗产，是长达几公里以上的线性区域。

◆ 尺度可大可小，多为中尺度。既可以指城市中的一条水系，也可大到跨几个城市的一条水系的部分流域或某条道路或铁路。

◆ 是一种综合的保护措施，自然、经济、历史文化三者并举。绿道强调自然生态系统的重要性，可以不具有文化特性，而遗产廊道将历史文化内涵提高到首位，同时强调经济价值和自然生态系统的平衡能力。因此，遗产廊道与绿色通道的概念有相通之处，同时体现了从强调绿色走向更为综合的廊道概念，包括了自然生态和人文历史的综合内容。

由于对自然灾害的防御一直是中国绿道设计和建设的最主要的出发点，中国的绿道功能目前更多只局限在生态功能。其他方面的功能利用在未来有着无限广阔的前景（Yu、Li and Li，2004）。绿道和遗产廊道的概念的做法对于中国大量的线性文化资源的保护与发展，以及建立生态与文化遗产网络具有十分重要的意义，因而被人认为是生态基础设施建设的十大关键战略之一（俞孔坚、李迪华等，2001、2003）。

（2）廊道的宽度与结构

廊道的宽度和构成是规划和保证其有效性的关键。宽度和构成的设定应该从其功能入手，如生物保护、防洪、防止农业营养物质流失以及文化遗产保护和游憩等。鉴于廊道的功能日益趋向综合，譬如上述的绿道和遗产廊道，这些功能都会发生交叉。不同气候带对廊道宽度和构成的要求也会不同。就本书而言，廊道宽度和范围的确定是至关重要的，因此，应给予充分的关注。

A．以生物保护为主要目的的廊道结构与宽度

自20世纪60年代末起，生态廊道被认为可以促进植物和动物在多个栖息地之间的移动，从而减小由栖息地的丧失和破碎化所导致的物种灭绝现象，生态廊道由此成为保护生物多样性的常用措施。而从生物保护出发对廊道的结构与宽度的探讨是一个研究热点领域。表1-3为不同学者基于生物多样性保护目标提出的廊道宽度。

从表1-3可以看出，不同学者由于研究对象及保护目标不同，所得出的结果也有相当大的差别。尽管如此，还是可以发现一定的规律性。总结如表1-4所示。

基于生物保护目的的生态廊道宽度设置必须注意以下几个关键问题：

◆ 应该使生态廊道足够的宽以减少边缘效应的影响，同时应该使内部生境尽可能的宽；

◆ 根据可能使用生态廊道的最敏感的物种的需求来设置廊道宽度；

◆ 生态廊道内部应该足够宽以适应大量小尺度自然干扰所引起的连续状态；

◆ 尽最大可能将最高质量的生境包括在生态廊道的边界内；

◆ 对于较窄且缺少内部生境的廊道来说，应该促进和维持植被的复杂性，这样会增加覆盖度及廊道的质量；

◆ 除非廊道足够宽（比如超过1km），否则廊道不应该延伸很长的距离都没有一个节点性的生境斑块出现；

◆ 廊道应该联系和覆盖尽可能多的环境梯度类型，也即保护生境的多样性。

B．河流廊道的结构与宽度

就河流廊道的范围来讲，包括了宏观与微观结构的划分。不同尺度的功能对结构与宽度提出了不同的要求。

不同学者基于生物多样性保护目标提出的不同的廊道宽度　　　　　　　　　　　　　　　　　表1-3

Proposed corridor width by different researchers based on biodiversity conservation objective　　Table 1-3

作者	发表时间	宽　度	说　明
Newbold 等	1980	河岸植被≥30m	伐木活动对无脊椎动物的影响会消失
		河岸植被9~20m	保护非脊椎动物种群
Tassone	1981	残留松树和硬木林带50~80m	对于残留松树和硬木林带，几种林内鸟类物种所需的最小生境宽度
Ranney 等	1981	林带宽度>20~60m	从森林边缘开始向内10m或30m的范围内植被的组成和结构存在着很显著的差别（即边缘效应为10~30m）
Peterjohn 等	1984	廊道宽度≥100m	维持耐阴树种山毛榉种群最小廊道宽度
		廊道宽度≥30m	维持耐阴树种糖槭种群最小廊道宽度
Harris	1984	>4~6倍树高	由飓风引起的树倒现象会延伸至森林内2~3倍的树的高度（即边缘效应为2~3倍树高）（从边缘效应和林内物种保护的角度来考虑廊道的宽度问题，除去边缘效应影响的范围外，多余的部分即为林内生境）
Wilcove	1985	≥1200m	在对美国西部森林的研究中发现，森林鸟类被捕食的边缘效应大约范围为600m
Forman 和 Godron	1986	12~30.5m	对于草本植物和鸟类来说，12m宽是区别线状和带状廊道的标准。12~30.5m能够包含多数的边缘种，但多样性较低
Cooper. 等	1986	河岸植被宽度≥31m	产生足够多的树木枯枝落叶，为鱼类繁殖创造多样化的生境
Budd. 等	1987	11~200m	为鱼类提供有机物质
		>27.4 m	在研究湿地变迁时提出，大于这个宽度才能满足野生生物对生境的需求
Csuti 等	1989	≥1200m	理想的廊道宽度依赖于边缘效应的宽度，通常情况下，森林的边缘效应有200~600m宽，窄于1200m的廊道不会有真正的林内生境
Brown 等	1990	河岸湿地栖息地的宽度≥98m	白鹭保护所需的、较为理想的河岸湿地栖息地的宽度
		硬木林和柏树林的宽度≥168m	针对于某些鸣禽保护较为理想的硬木林和柏树林的宽度
Pace	1991	河岸廊道15~61m，河岸和分水岭廊道402~1609m	研究克拉马斯国家森林（Klamath National Forest）时提出，能满足动物迁徙，较宽的廊道还为生物提供具有连续性的生境
Antonio 等	1995	3~12m	廊道宽度与物种多样性之间相关性接近于零
		>12 m	草本植物多样性平均为狭窄地带的2倍以上
		道路廊道≥60m	满足动植物迁移和传播以及生物多样性保护的功能
		绿带宽度600~1200m	能创造自然化的、物种丰富的景观结构
Rohling.	1998	46~152m	保护生物多样性的合适宽度
Rabent[①]	1991	7~60m	保护鱼类、两栖类
Brinson 等[①]	1981	30m	保护哺乳、爬行和两栖类动物
Stauffer 和 Best[①]	1980	200m	保护鸟类种群
Cross[①]	1985	15m	保护小型哺乳动物
Williamson 等	1990	10~20m	保护鱼类

注：上述廊道宽度都是在构成廊道的植物群落结构完整、体现当地地带性植被特征的情况下提出的
① 资料引自Large and Petts, 1996

对不同学者提出的生物保护廊道的宽度及其功能总结　　　　　　　　　　　　　　　　　表1-4

The width and function of biological corridors proposed by different researchers　　Table 1-4

宽　度　值	功　能　及　特　点
≤12m	廊道宽度与物种多样性之间相关性接近于零
≥12m	廊道宽度与草本植物多样性的分界点，草本植物多样性平均为狭窄地带的2倍以上
≥30m	含有较多边缘种，但多样性仍然很低
≥60m	对于草本植物和鸟类来说，具有较高的多样性和林内种；满足动植物迁移和传播以及生物多样性保护的功能
≥600~1200m	能创造自然化的、物种丰富的景观结构，含有大量林内种

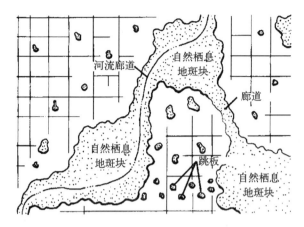

图1.2.3-1 河流廊道的基本景观格局 Landscape pattern of riparian corridor (Forman, 1995)

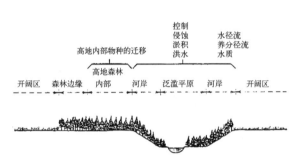

图1.2.3-2 河流廊道的结构与功能 Structure and function of riparian corridor (Forman, 1986)

(a) 河流廊道的宏观整体结构

所谓的河流廊道从宏观角度来说是一个由河流廊道串起一系列小的自然斑块，并连接几个大型自然斑块的一种整体格局景观结构（见图1.2.3-1）。根据国外的研究，其具体范围在最大的限度上可以定义为百年一遇的洪泛区，但是这种范围通常只能应用于乡村地区相对天然的河流。而在城镇地区，可以把与河岸栖息地有关的、天然游荡河道所需的范围划为河流廊道的基本范围，它将包括至少100m宽的滨河带，以及沿河的植被和栖息地、蓄滞洪区、湿地等一系列自然地，形成串珠状的河流走廊（Gardiner and Cole, 1992）。就此意义来讲，河流廊道的范围不仅限于河道和两侧人为划定的有限的绿化带，因为河流的某些自然过程往往超出了这一范围。例如，自然河流是处于动态变化的，包括水位、水量的变化以及河道的冲淤变形、蠕动演化等，它使得自然河流的空间格局也处于动态的变化中，如洪水淹没、河流改道都可能使河流空间格局发生改变，而这种改变所覆盖的空间范围，就应是河流廊道的最大范围。在这一范围内进行的人类活动和建设，应充分考虑其中的自然过程，否则要么对河流自然过程形成严重的干扰和破坏，要么受到自然过程的惩罚。

同时，对于河流廊道的整体结构来说，其范围不仅仅是由其宽度来决定的。在实际中，确定一个河流廊道范围应遵循以下三个步骤：

◆ 辨清所研究河流廊道的关键生态过程及功能；

◆ 基于廊道的空间结构，将河流廊道从源头到出口划分为不同的类型；

◆ 通过将最敏感的生态过程与空间结构相联系，确定每一种河流廊道类型所需的廊道宽度 (Forman, 1995b)。

同时，一条完整的河流廊道还应考虑：

◆ 各种支流（间歇性和非间歇性）、溪谷和沼泽，以及其赖以生存的自然环境。大量的沉积物和径流都在它们当中汇集，然后再输入河流（Copper等，1987）。

◆ 与河流相连的潜在或实际的侵蚀或沉积地区。这些地区包括陡坡、土壤不稳定区、周围湿地、下切岸、有桥梁穿过的地方、道路或船行的入口以及其他一些易于受到干扰、侵蚀或可能成为沉积物"汇"的地方 (Budd等，1987)。

◆ 其他一些不与河流直接相连，但是却对沉积物的输入有重要影响的地区。例如附近的房地产开发、高强度的森林砍伐、过度放牧的草场以及紧邻河流的农田等 (Cooper等，1987；Toth, 1990)。如果有这种情况，通常需要更宽的缓冲区。

◆ 地下水及河流的水源补给及倒灌区。这些地区需要经过详细的水文水分分析得出。

◆ 位于河漫滩岸边的阶地。如果这个地带被保留为自然状态，则能够高效地截留沉积物。

(b) 微观结构与宽度

从微观层面看，河流廊道的结构，即河流廊道的宽度和剖面形态，应由其功能确定。一般认为，河流廊道的宽度应以有效完成两方面功能为准则，即控制水流和矿物养分流,和促进廊道内动植物沿河迁徙。因此其所对应的廊道剖面结构应包括河槽、河漫滩、河岸以及至少在一侧、具有一定宽度的、连续的河流阶地植物带(Forman, 1986,见图1.2.3-2)。沿河绿地对河流廊道的功能的有效性具有重要意义。除上述的生物保护功能外,沿河绿带对防洪、防止农业营养物质流失以及保护文化遗产和提供游憩等都具重要价值。

从防洪安全考虑,沿河绿带的宽度的确定主要取决于泛洪所需。就综合目标来看,一般推荐的城市河道缓冲区宽度范围可从每边岸线后退6~60m,后退平均宽度为30m(Schueler, 1995)。同时划分为三个水平区域:滨水区、中间区和外部区,每一区域发挥不同的功能,具有不同的宽度、植被和管理内容(Schneekloth, 2003)。分区及宽度的确定需考虑洪水的洪泛区范围、邻近的陡坡阶地以及湿地保护区。通常洪水风险淹没线(如5年、10年一遇)是决定防洪缓冲区宽度和位置的关键,而其决定因素主要包括高程、地形、土壤和植被等。许多学者基于河流生态系统功能提出了不同的沿河绿带宽度(见表1-5)。

由表1-5可以看出:当沿河植被宽度大于30m时,能够有效地降低温度,增加河流生物食物供应,有效过滤污染物。当宽度大于80~100m时,能较好地控制沉积物及土壤元素流失。但可以看到美国保护河流的立法规定宽度值较大,通常为200m左右。

除此之外,河流在城市段的亲水性要求,绿道的非机动车交通和游憩功能,以及遗产廊道的遗产保护功能等都会对沿河绿带的宽度提出要求。

1.2.4 生态基础设施作为健全和保障生态服务功能的基础性景观格局

以上思想都为生态基础设施概念的逐步系统化奠定了基础。一个非常有挑战的设想是:我们如果把生态系统服务(Ecosystem services)思想与生态"基础性"价值和生态结构(Ecological structure)认识相结合来理解,那么生态基础设施的概念将会更趋清晰,也将有利与促成其理论体系的进一步完善。本书正试图建立这种结合。所以,对应于城市的市政基础设施为城市及居民提供社会经济系统的服务,生态基础设施为城市及居民提供生态系统服务(见表1-1)。

不同学者为不同生态目标提出的沿河绿带的宽度 表1-5
The width of riparian greenbelt proposed by different researchers based on various ecological objectives Table1-5

作者	发表时间	宽 度	说 明
Brazier.等	1973	11~24.3m	河流及其两侧的植被可有效地降低环境的温度5~10℃
Corbett 等	1978	30m	使河流生态系统不受伐木的影响
Budd 等	1987	30m	使河流生态系统不受伐木的影响
Peterjohn 等	1984	16m	有效过滤硝酸盐
Steinblums 等	1984	23~38m	河流及其两侧的植被可有效降低环境的温度5~10℃
Cooper.等	1986	30m	防止水土流失,过滤污染物
Cooper 等	1987	80~100m	80~100m的河岸植被缓冲带宽度有效减少50%~70%的沉积物
Gillianm 等	1986	18.28m	从农田流失的土壤的88%被河岸植被截获
Lowrance 等	1988	80m	从周围耕地侵蚀的大多数沉积物最后沉积在森林缓冲带中,但是有很大一部分在林内沉积的范围达到80m
Erman 等*	1977	30m	增强低级河流岸线的稳定性
Keskitalo*	1990	30m	有效截留氮素
Correllt 等*	1989	30m	有效控制磷的流失
Rabeni*	1991	23~183.5m	美国国家立法,控制沉积物
Brown 等*	1990	213m	美国国家立法,控制沉积物
Peterio 等*	1984	19m	美国国家立法,控制沉积物
Erman 等*	1977	30m	控制养分流失
Budd 等*	1987	15m	控制河流浑浊

注:上述沿河绿带宽度都是在植物群落结构完整、体现当地地带性植被特征的情况下提出的。宽度是指植被带宽度。
*资料引自Large and Petts, 1996

结合这一设想，面对中国城市化带来的国土生态安全危机，俞孔坚等提出：生态基础设施本质上讲是城市所依赖的自然系统，是城市及其居民能持续地获得生态服务的基础。它不仅包括习惯的城市绿地系统的概念，而是更广泛地包含一切能提供上述自然服务的系统，如大尺度山水格局、自然保护地、林业及农业系统、城市绿地系统、水系以及历史文化遗产系统等。因此，生态基础设施是维护土地生态过程安全和健康、维护地域景观特色的基础结构，是保障城市居民持续地获得高质量的生态服务的关键性景观格局（俞孔坚，2001；俞孔坚，李迪华，2002，2003），这一定义在抽象的生态系统服务概念与可实施的空间规划途径之间建立起了联系。

如同城市开发的可持续性依赖于具有前瞻性的市政基础设施建设（道路系统、给排水系统等）及其所提供的社会、经济和文化服务一样，城市和社会的可持续性依赖于前瞻性的生态基础设施建设及其所提供的生态服务。因此，城市的生态基础设施需要有前瞻性，更需要突破城市规划的既定边界。生态基础设施更应该成为城市建设规划和设计的刚性限制。

2 一种途径——景观安全格局

景观安全格局（Security pattern，简称SP）是判别和建立生态基础设施的一种途径，该途径以景观生态学理论和方法为基础，基于景观过程和格局的关系，通过景观过程的分析和模拟，来判别对这些过程的健康与安全具有关键意义的景观格局（Yu，1995，1996；俞孔坚，1999，1998）。

景观安全格局途径把景观过程（包括城市的扩张、物种的空间运动、水和风的流动、灾害过程的扩散等）作为通过克服空间阻力来实现景观控制和覆盖的过程。要有效地实现控制和覆盖，必须占领具有战略意义的关键性的景观元素、空间位置和联系。这种关键性元素、战略位置和联系所形成的格局就是景观安全格局，它们对维护和控制生态过程或其他水平过程具有异常重要的意义。根据景观过程之动态和趋势，判别和设计景观安全格局。不同安全水平上的安全格局为城乡建设决策者的景观改变提供了可辩护策略。这些景观安全格局构成区域和城市的生态基础设施或潜在的生态基础设施。

2.1 景观安全格局途径是景观生态学与城乡物质空间规划之间的一座桥梁

斑块（patch）、廊道（corridor）和基质（matrix）是景观生态学用来解释景观结构的基本模式，普遍适用于各类景观，包括荒漠、森林、农业、草原、郊区和建成区景观（Forman and Godron，1986；Forman，1995）。景观中任意一点或是落在某一斑块内，或是落在廊道内，或是落在作为背景的基质内。这一模式为比较和判别景观结构，分析景观结构与功能的关系，提出改变途径，提供了一种简明和可操作的形式语言。这种语言和城乡规划师及决策者所运用的语言尤其有共通之处，因而景观生态学的理论与观察结果很快可以在规划中被应用，这也是为什么景观生态规划能迅速在欧美规划设计领域内获得共鸣的原因之一。运用这一基本语言，景观生态学探讨地球表面的景观是怎样由斑块、廊道和基质所构成的，如何来定量、定性地描述这些基本景观元素的形状、大小、数目和空间关系，以及这些空间属性对景观中的过程或生态流有什么影响。如方形斑块和圆形斑块分别对物种多样性和物种构成有什么不同影响，大斑块和小斑块各有什么生态学意义上的利弊，弯曲的或是直线的、连续的或是间断的廊道对物种运动和物质流动有什么不同影响；不同的基质纹理（细密或粗散）对动物的运动和干扰的空间扩散有什么影响等等。围绕这一系列问题的观察和分析，景观生态学得出了一些关于景观结构与功能关系的一般性原理，为景观规划和改变提供了依据（Forman，1995；Dramstad，Olson and Forman，1996；俞孔坚，李迪华，1998）。这些基本原理体现在对景观元素空间属性及由景观元素所构成的空间格局的设计上，它们包括：

◆关于斑块的原理，即关于斑块尺度、斑块数目、斑块形状和关于斑块位置与景观生态过程的关系原理；

◆关于廊道的原理，即关于廊道的连续性、数目、构成、宽度与景观过程的关系原理；

◆关于景观基质的基本原理，即关于景观的异质性、质地的粗细与景观阻力和生态过程的关系原理；

◆ 景观生态规划总体格局原理，包括不可替代格局，"集聚间有离析"（aggregate-with-outliers）的最优的景观格局，等等。

景观生态学的基本原理在很大程度上是通过对生物运动的观察得出的，但它们具有关于运动和流动与景观格局关系的一般性意义，也适用于各种类型的景观。

景观生态学告诉我们一些基本的景观改变和管理措施被认为是有利于生物保护的，包括核心栖息地的保护，缓冲区、廊道的建立和栖息地的恢复等（Frankel and Soulé，1981；Harris，1984；Noss and Harris，1986；WRI，et al. 1992；Smith and Hellmund，1993；Forman，1995；俞孔坚，李迪华，1997）。但以往的研究并没有告诉我们如何定义缓冲区，如何设廊道或在何处引入栖息地斑块，才能最有效地影响生态过程。这些问题对自然保护区的管理和规划以及更大范围内的景观或区域生态规划都具有战略意义。而景观安全格局途径正试图解决类似的问题，求解如何在有限的国土面积上，以尽可能少的用地、最佳的格局、最有效地维护景观中各种过程的健康和安全。更具体的出发点包括：

◆ 在土地极其紧张的情况下如何更有效地协调各种土地利用之间的关系，如城市发展用地、农业用地及生物保护用地之间的合理格局。

◆ 如何在各种空间尺度上优化防护林体系和绿道系统，使之具有高效的综合功能，包括物种的空间运动和生物多样性的持续及灾害过程的控制。如何在现有城市基质中引入绿色斑块和自然生态系统，以便最大限度地改善城市的生态环境，如减轻热岛效应，改善空气质量等。

◆ 如何在城市发展中形成一种有效的战略性的城市生态灾害（如洪水和海潮）控制格局。

◆ 如何使现有各类孤立分布的自然保护地通过尽可能少的投入而形成最优的整体空间格局，以保障物种的空间迁徙和保护生物多样性。

◆ 如何在最关键的部位引入或改变某种景观斑块，便可大大改善城乡景观的某些生态和人文过程，如通过尽量少的土地，建立城市或城郊连续而高效的游憩网络、连续而完整的遗产廊道网络、视觉廊道的控制。

景观安全格局途径正是这些现实问题的解决方案与景观生态学的理论研究之间的一座桥梁，也就是城乡物质空间规划与景观生态学之间的桥梁。

2.2 景观安全格局作为景观生态规划的途径

2.2.1 关于景观生态规划

景观生态规划可以从狭义和广义两个方面来理解，广义的理解是景观规划的生态学途径，也就是将广泛意义上的生态学原理，包括生物生态学、系统生态学、景观生态学和人类生态学等各方面的生态学原理和方法及知识作为景观规划的基础。在这个意义上的景观生态规划，实际上是景观的生态规划，由来已久，可以追溯到在19世纪下半叶，苏格兰植物学家和规划师格迪斯（Patrick Geddes）的"先调查后规划"，和奥姆斯特德及艾历奥特（Charles Eliot）等在城市与区域绿地系统和自然保护系统的规划途径，以及20世纪60年代麦克哈格（McHarg）的《设计遵从自然》的景观规划途径，当然也包括80年代迅速崛起的基于景观学生态学的景观规划途径。

而景观生态规划的狭义理解是基于景观生态学的规划，也就是基于景观生态学关于景观格局和空间过程（水平过程或流程）的关系原理的规划。在这里，景观更明确地被定义为在数平方公里尺度中，由多个相互作用的生态系统所构成的、异质的土地嵌合体（Land mosaic）（Forman and Godron，1986；Forman，1995）。早在1939年德国地理学家就提出景观生态概念，到80年代末，在北美通过Risser（1987），Forman 和 Godron（1986）和Turner（1987）等人的工作，景观生态学广泛地被美国学者和景观规划界所接受，也通过Naveh and Lieberman（1984）；Shreiber（1988）；Zonneveld（1990），等被欧洲所广泛接受。从此景观生态学作为一门崭新的交叉科学，其在景观和土地的评价、规划、管理、保护和恢复中日益被认识和重视。但在20世纪90年代之前，将现代意义上的景观生态学应用于规划尚不普遍。随着景观生态学研究的深入,特别是关于破碎化景观和生物多样性保护研究成果的迅速积累,景观生态学意义上的规划日益显示其在可持续规划中的意义。

从历史与发展的角度来看,景观生态规划的原理、方法及技术在两个层面上都经历了重要的发展(俞孔坚,李迪华,2003a):

(1) 关于基于生态理念的景观规划的发展

从19世纪后半叶开始基于对景观作为自然和生命系统的认识的景观规划(前麦克哈格时代),到基于生物生态学原理的景观规划(麦克哈格时代),最后在20世纪80年代走向基于景观生态学的景观规划(后麦克哈格时代)。

麦克哈格笃信每一块土地的价值是由其内在的自然属性所决定的,人的活动只能是认识这些价值并适应它,只有适应了才有健康和舒适,才会有生物和人的进化和创造力,才有最大的效益。与他的前辈们的生态规划途径相比,麦克哈格的最大贡献在于将多个环境学科的科学家召集到一起,再加上社会科学家和经济学家,使他们为解决一个共同的问题进行研究,而在方法上用"千层饼"模式将这些知识和成果进行综合及筛选来实现问题的解决,而这一个过程的全部正是麦氏生态规划的核心(Miller and Jorden, 1992, P629; Zube, 1986)。规划的过程就是帮助居住在自然系统中,或利用系统中的资源的人们找到一种最适宜的途径,让自然环境告诉人们该做什么,相信只要你有足够的关于生物和自然系统的数据,你都可以实现合理的利用。麦克哈格"千层饼"模式的两个弱点,成为后来的景观规划理论和方法需要克服的重点:其一是"千层饼"模式主要基于垂直生态因子和垂直过程的分析;其二是它的自然决定论和唯技术论(Litton and Kieieger, 1971)。关于前者,景观生态学为景观生态规划带来了光明;关于后者,为决策导向(Decision Oriented Planning, Faludi, 1993)、可辩护思想和多解规划(Alternative Approach, Steinitz, 1990, 2003;俞孔坚等,2003,2004)提供了更现实而可操作的规划框架(见多解规划和六步骤模式(Steinitz, 1990, Sleinitz等2003,俞孔坚等2003))。

(2) 关于景观和生态规划技术

从19世纪末的手工地图叠加技术,到20世纪60年代中期开始的地理信息系统和空间分析技术的应用(俞孔坚,李迪华,2003a)。

景观生态安全格局途径正是在对上述景观生态规划发展的认识基础上,提出的一条旨在解决中国城市化进程中土地生态安全危机的一条途径。并借助地理信息系统和空间分析技术的发展,来实现景观中关键性元素和空间联系的判别。

2.2.2 景观安全格局途径作为景观生态规划的发展

景观安全格局理论尤其在把景观规划作为一个可操作、可辩护的而非自然决定论的过程,和在处理水平过程诸方面显示其意义。它克服了麦氏模式中的两个弱点:(a) 不能有效地处理景观的水平过程,如城市的空间扩张,物种的水平空间运动;(b) 把规划当作一个自然决定论的过程,而无法将决策过程中人的行为考虑进去。如在传统的生物保护规划中,生物往往被保护在一个划定的保护区内。事实上即使是世界上最大的保护区也很难维持保护对象的长久延续(Soule', 1991; Erwin, 1991)。而景观安全格局理论则认为生物对整体景观都具有利用和控制的潜能;同时提出,景观中存在着某些潜在的格局,它们对生物的运动和维持生态过程有关键的影响,如果生物能占据这些格局并形成势力圈,生物便能最有效地利用景观,使景观具功能上的整体性和连续性,最有效地维护生物和生态过程。因此,识别、设计和保护景观生态安全格局是实现生命土地的安全和健康的一条途径(Yu, 1995, 1996;俞孔坚,1999, 1998)。

景观安全格局强调在各种过程(包括自然过程——如风、洪水和物质的流动,生物过程——如物种的空间运动,和人文过程——如城市扩张、遗产保护、游憩和视觉体验)中存在一系列阈限和层次,但不承认最终边界的存在,认为这些阈限和层次都不是顶级的和绝对的,既不是维护某一个最大化的效益,也不是维护某一个终极的阈限,而是一种阶梯状的,不均匀的。景观过程的这些属性为我们确定不同的景观安全水平和相应的景观安全格局提供了依据。

多层次的景观安全格局,有助于更有效地谐

"反规划"途径

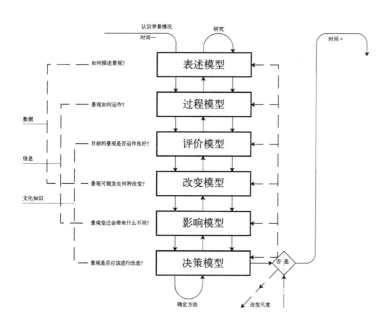

图2.3-1 景观规划的理论框架 The framework for Landscape planning (Steinitz, 1990)

调不同性质的土地利用之间的关系,并为不同土地利用之间的空间"交易"提供依据。某些生态过程的景观安全格局也可作为控制突发性灾害,如洪水、火灾等的战略性空间格局。景观安全格局理论与方法为解决如何在有限的国土面积上,以最经济和高效的景观格局,维护生态过程的健康与安全,控制灾害性过程,实现人居环境的可持续性,特别是恢复和重建中国大地上的城乡景观生态系统,或有效地阻止生态环境的恶化,有潜在的理论和实践意义。近年来,景观安全格局途径已引起学者们的广泛关注,并在多项研究中被应用(如:吴晋峰,2001;张惠远等,2001;徐天蜀等,2002;蔡伟斌,2003;李成等,2003;梁留科等,2003;唐小平,2003;张序强等,2003;张军等,2003;马克明等,2004;邱彭华等,2004;邹涛等,2004)。

2.3 景观安全格局途径和生态基础设施规划的基本步骤

为使景观安全格局途径具有可操作性,本节将明确从现状景观的描述,到景观过程的分析和评价,再到景观安全格局的判别和确定的一系列步骤。在这方面,Steinitz的六步骤模式,提供了一个很方便的框架(1990,见图2.3-1)。这个框架显示,规划不是一个被动的、完全根据自然过程和资源条件而追求一个最适、最佳方案的过程,在更多的情况下,可以是一个自下而上的过程,即规划过程首先应明确什么是要解决的问题,目标是什么,然后以此为导向,采集数据,寻求答案。当然,寻求答案的过程可以是一个科学的自上而下的过程,即从数据的收集到景观改变方案的制定。这个六步骤模式的一般表达如图2.3-1所示。

在任何一个项目中,这六个层次的框架流程都必须至少反复三次:第一次,自上而下(顺序)明确项目的背景和范围,即明确问题所在;第二次,自下而上(逆序)明确提出项目的方法论,即如何解决问题;第三次,自上而下(顺序)进行整个项目的研究直至给出结论为止,即回答问题。

将这一普遍模式与景观安全格局途径相结合,就形成了以下的关于台州案例的具体步骤和应用框架。无论从宏观或微观尺度上,整个案例研究都采用了这样一个框架。其中第一、第二、第三步骤是分析问题的过程,第四、第五、第六步是解决问题的过程。而分析问题的关键是过程分析,解决问题的关键是提出景观改变方案。

2.3.1 第一步 景观表述

景观表述包括对现状景观的表述和对景观改变方案的表述。对于现状景观分别在三种尺度上进行表述,可以采用三种基本模式:

(1) 垂直分层法,即"千层饼"模式;

(2) 水平的空间关系表达,包括景观生态学的"基质-斑块-廊道"模式,或点线面的方式;

(3) 环境体验模式,包括可见度和视觉感知的点、线、面模式,以及中国传统景观体验中的"四神兽"模式(俞孔坚,1998a)。

具体技术手段包括:历史资料与气象、水文地质及人文社会经济统计资料;应用地理信息系统,建立景观的数字化表述系统,包括地形地物、水文、植被、土地利用状况等;现场考察和体验的文字描述和照片图像资料。

对于景观改变方案的表述,也可采用同样的模式。

2.3.2 第二步 过程分析

分别对与本区关系最为紧密的三类过程进行分析,目的是通过这些过程,建立防止或促进这些过程的景观安全格局。这三种过程本质上讲都属于生态系统的服务功能，在本案例中，它们包括：

(1) 自然过程，海潮过程，洪水过程；
(2) 生物过程，动物的栖息和迁徙过程；
(3) 人文过程，历史文化遗产保护、市民的游憩过程和通勤过程，景观感知和体验过程。

景观过程的分析是整个安全格局途径中较为关键的一步。在各种过程分析方法中，趋势表面和阻力模型是一个重要的手段，也是难点。关于景观阻力面和过程趋势表面的研究已有许多研究成果可供借鉴。如植物往往需要克服空间阻力达到对某地段的覆盖，灾害性昆虫的水平运动、动物穿越景观乃至于人口的空间迁移，都带有对空间的竞争性控制和克服空间阻力的特性(Simberloff and Wilson 1969；Tobler 1981；Johnson 1988；Bracken 1991 Liebhold et al 1992；Frelich et al 1993；Williamson 1993；Mack 1995；Yu et al 1996；Boone and Hunter, 1996；)。有许多模型被用来描述这些水平运动过程，包括引力模型、潜能模型、扩散模型、随机模型等等（详细的综述见：Olsson 1965；Bartlett 1975；Sklar and Costanza 1990；Chou and Liebhold 1995）。可用阻力或其相对概念来表述如可达性(Accessibility, 如Arentze et al 1994)、可穿越性(Permeatibility, 如Boone and Hunter 1996)、费用距离(Costdistance, 如ESRI 1991)、最小积累阻力(Mminimum cumulative resistance, MCR, Knaapen, Scheffer and Harms 1992；Yu 1995a-b)、景观阻力(Landscape resistance, Forman and Godron 1986；Forman 1995)，以及隔离程度(Isolation, MacArthur and Wilson1967；Simberloff and Wilson 1969)。所有这些阻力度量实际上都是距离概念的变型或延伸。在岛屿生态学中，理想化距离概念被用来描述空间隔离和阻力（MacArthur and Wilson 1967）。而在陆地景观中，阻力不只是几何学意义上的距离，基面特性也有重要作用(Forman, 1995)。这些阻力量度都可以通过潜在表面（Potential surface）或趋势表面（Trend surface）形象地表达出来（Warntz 1966；Chorley and Haggett 1968）。

当然并不是所有过程都需要通过阻力面的分析来研究其趋势。有的过程可以用更简单的方法来分析。

2.3.3 第三步 景观评价

这一阶段的重点是评价现状景观格局对上述各景观过程的价值和意义，即是否有利于或有害于景观过程的健康和安全。简单地讲是现状景观的生态服务功能如何以及景观格局之于景观过程的适宜性，包括对自然过程和生物过程的利害作用，对人文过程如市民游憩和日常行为的价值。根据不同的景观过程，将采用不同的景观评价模型和方法，包括通常采用的生态环境评价方法、景观的美学评价方法、社会经济效益评价方法，等等。本案例中尤其强调景观空间格局与景观过程的关系，如景观的连续性对景观生态过程的影响。

2.3.4 第四步 景观改变

在这一步骤中，将提出为改善景观过程的健康和安全性，应如何对景观进行规划和改造。包括在高、中、低三种不同安全水平上，判别对景观过程具有战略意义的景观元素和空间位置关系，形成三种不同安全水平的景观安全格局。如在不设防洪堤的前提下，要保障不同防洪安全水平的景观安全格局，分别需要有多少湿地，分布在什么地方，构成什么样的空间关系来保障城市不受洪水淹没。景观改变的方案可能是多样化的。特别是在微观尺度上，随着艺术成分的增加，为解决同样的问题，可能会有多种解决方案。所以，寻求景观改变规划是一个多解规划的过程(俞孔坚等，2003)。

相应于各种景观过程的安全格局，是建立城市与区域生态基础设施的基本构成元素。将不同过程和安全水平的景观安全格局进行组合，可以形成多套可供选择的综合的景观安全格局，这便是在不同安全水平上，保障城市与区域国土生态安全和持续地提供生态服务的EI。进一步的工作包括制定相应的规划设计导则，以保障不同尺度上EI的实施。

景观改变是本途径的核心内容。一个关键问题、也是难点问题是如何来确定那些战略性的景观元素和空间位置，又如何来确定安全水平。三个方面的成果可以提供借鉴：

(1) 有关理论地理学的研究成果

如果是通过建立阻力面来判别景观安全格局，那么理论地理学家和区域科学家W. Warntz (1966, 1967)等人在哈佛大学所做的大量关于表面一般特性和空间分析的研究，有助于对景观生态战略点识别方法的探讨。Warntz用"峰"(Peaks)、"陷"(pits)、"关"(Passes)和"鞍"(Pales, 1966, 1967)等点的特征，和"脊线"(Ridges)、"谷线"(Courses)等线的特征来分析趋势表面，类似于地形的分析，进一步认识过程之动态格局。"峰"是指表面的局部最大值，流动从此分散，"陷"是指表面的局部最小值，流动向此合聚。"脊线"是连接两"峰"的分流线，"谷线"则是连接两"陷"的合流线。"关"是指的脊线上之最小值，"鞍"则是谷线上之最大值。这对根据景观过程阻力表面来识别景观安全格局有启发意义（见Yu, 1996；俞孔坚，1998, 1999）。

(2) 关于安全水平的确定

城市发展中的门槛值概念（Threshold, Kozlowski, 1986, 1993），生态与环境科学中的承载力（Carrying capacity）概念，生态经济学中的安全最低标准（SMS）(Safe minimum Standard, Ciriacy-Wantrup, 1968, Bishop, 1978)，以及物种生态学和群落生态学中，为保障物种延续的最小个体数和维持群落存在的最小面积，等等，都为确定不同层次的生态安全水平提供量的依据。甚至水利和防洪工程中的设防标准，小康生活标准中的人均绿地指标，等等，都为安全标准的设定提供依据。

(3) 维护生态安全的一些基本战略

景观安全格局途径试图在理论和方法上解决一般性的、对景观过程具有战略意义的空间格局的判别问题，以维护景观过程，特别是生态过程的健康和安全。在规划实践中，大量以往的科学研究成果，特别是景观生态学的研究成果，已经为我们提供了许多直接可以信赖的知识，有助于我们从土地现状中，判别对景观过程有重要意义的景观元素、空间位置、格局和状态。这些景观元素和格局同样成为构建区域和城市生态基础设施的重要元素。基于此，俞孔坚等曾提出生态基础设施建设的一些关键战略（俞孔坚，李迪华，2001, 2003）。它们包括(但不限于)：

◆ 维护和强化整体山水格局的连续性和完整性；
◆ 保护和建立多样化的乡土生境系统；
◆ 维护和恢复河流和海岸的自然形态；
◆ 保护和恢复湿地系统；
◆ 将城郊防护林体系与城市绿地系统相结合；
◆ 建立无机动车绿色通道；
◆ 建立绿色文化遗产廊道；
◆ 开放专用绿地，完善城市绿地系统；
◆ 融解公园，使其成为城市的生命基质；
◆ 融解城市，保护和利用高产农田作为城市的有机组成部分；
◆ 建立乡土植物苗圃基地，为未来城市绿化提供乡土苗木。

这些景观战略是维护土地上的自然和生命过程的基本需要，也是人类可以获得可持续的生态服务的需要。

2.3.5 第五步 影响评估

这一步骤是对上述景观改变方案，或多个生态基础设施方案，进行生态服务功能的综合的影响评估，评估其对上述各种自然过程、生物过程和人文过程的意义。是积极的还是消极的？有多大程度？对多解方案，还应比较各个不同方案之间的差异，以便决策者进行选择。这些评估可以用各种模型或实际观测来实现。但在规划阶段，自然过程、生物过程和人文过程的健康和安全性，往往体现为各个利益代表的关注和态度，如水利部门对洪水等自然过程的关注，环保部门对生物过程的关注，文化部门对遗产保护的关注，等等。而规划的本质是各个利益主体之间的协调过程，所以，对EI规划方案的评价可以通过对各个利益主体的态度和反应来评估。最终的EI是对各方利益代表的令人满意的回应。

2.3.6 第六步 景观决策

基于上述多种EI建设方案和评估结果，决策者可以选择合适的实施方案，并将其作为城市或区域发展规划和城市设计的刚性控制条件。通过蓝线、绿线、紫线等划定为不建设区，并通过法律法规的形式，落实下来。这阶段的工作不作为本案例研究的主要内容。

3 三种尺度上的生态基础设施——宏观-中观-微观

一个完整的生态基础设施需在三个尺度上来建立，即宏观尺度上的EI总体格局，中观尺度上的EI控制性规划，微观尺度上的EI修建性设计，这三个尺度上进行EI的规划和设计分别与城市建设规划（"正规划"）的总体规划和城镇体系规划阶段、分区规划和控制性规划阶段，以及修建性详细规划阶段相对应（见表3-1），并分别成为各个建设规划阶段的主要依据，强调"反规划"和生态基础设施优先的思想（见图3.1-1）。

3.1 宏观——生态基础设施总体规划

这一阶段对应于"正规划"的总体规划和城镇体系规划阶段，并作为城市总体规划和城镇体系规划的主要依据。在生态省和生态县的呼吁日益高涨的今天（如李文华2004）宏观尺度的EI至关重要。主要内容是在区域尺度上（100km²以上），通过景观过程的分析和景观安全格局的判别，综合自然、生物和人文过程的安全格局建立区域EI。强调空间的整体格局，明确景观元素和结构与各种景观过程的关系。形态上呈现为由基质、廊道和斑块所构成的完整的景观格局，它们在整体上维护着多种过程的安全和健康，为城市提供可持续的生态服务，包括免受洪涝灾害、保障多样化的生物和生命过程、可持续的遗产保护和游憩体验以及良好的视觉体验。

3.2 中观——生态基础设施控制性规划

这一阶段对应于"正规划"中的分区阶段和控制性规划阶段。主要内容分为两种情况：

（1）在城市或城市分区尺度上（10km²以上），在总体EI基础上对EI的分布作进一步的明确，包括明确EI的具体位置、控制范围（划定绿线）、各个EI局部的主要功能、可干预的程度及方式，并制定相应的实施导则以指导地段的保护和建设设计。

（2）对总体EI的构成元素，如某条生态廊道、遗产廊道或绿地斑块，根据其总体功能和结构要求进行控制性规划，以明确具体位置（划定绿线）、控制范围和可干预的程度和方式，并制定相应的实施导则以指导地段的保护和建设设计。

通过这一层面的规划，EI的总体格局可以得到控制，体现为具有法律效应的绿线。

"反规划"与"正规划"的关系　　　　　表3-1
The relationship between negative planning and Conventional planning　　Table 3-1

尺度	"反规划"（区域和城市EI规划）	"正规划"（城乡建设物质空间规划）
宏观（>100km²）	区域EI总体规划：在什么地方不可建设，作为城市总体空间发展规划的依据	城镇体系规划和城市总体规划：在什么地方建设什么
中观（>10km²）	如何控制不建设区域和景观元素，包括：（1）城市分区EI；（2）主要EI元素，如生态廊道的控制性规划。作为城市分区规划和控规的依据，主导城市内部空间结构	分区规划和控制性详细规划：如何进行建设
微观（<10km²）	地段EI修建性规划和设计：包括基于（1）通过地段城市综合设计，使区域和城市EI的服务功能导入城市机体内部；（2）进行EI的局部设计以最大发挥EI的服务功能。作为城市发展的修建性规划的依据，主导地段开发方式	城市地段修建性详细规划：建设成什么样子

"反规划"途径

3.3 微观——EI修建性规划及基于EI的城市地段开发模式

这一阶段对应于城市建设"正规划"中的控制性或修建性详细规划阶段,并作为城市建设的修建性详细规划的依据。范围一般在10km²以下的具体地段或EI的局部。主要内容是结合城市地段的设计,将区域和城市EI通过更详细的景观设计,延伸到城市的肌体内,主要目的是通过更科学和艺术的景观设计,让EI的各种功能和生态服务惠及每一个城市居民。

微观尺度的EI设计分为两种情况:
(1) 基于EI的城市地段综合设计;
(2) 局部EI的详细设计,直至实施。

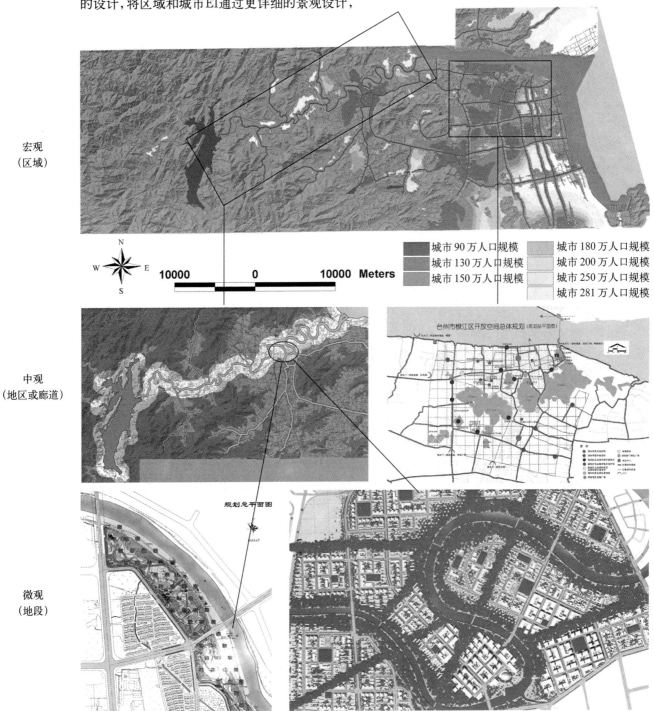

图3.1-1 台州三种尺度的生态基础设施的关系 The relation among three scales of EI of Taizhou

下 篇

台 州 案 例

4 台州"反规划"研究框架

本研究以浙江省台州市为案例,基于"反规划"思想,将区域的自然、生物和人文过程作为优先考虑的过程,通过景观安全格局途径,遵循上篇所述的六个步骤,在宏观、中观和微观三个尺度上,规划台州市的生态基础设施。规划研究框架见表4-1,图3.1-1。

台州"反规划"研究框架　　　　　　　　　　　　　　　　表4-1
The framework for Taizhou ecological infrastructure planning　　　Table 4-1

步骤	尺度界定与研究对象和内容		
	宏观(区域)	中观(分区或主要EI元素)	微观(城市地段或场地)
目标和成果	(1)选择台州市域重要区域,1536km²,使用数据比例为1:100000~1:50000 (2)进行区域EI的整体规划,作为城市建设总体规划的先决条件和依据 (3)建立基于EI的城市空间发展格局	(1)制定三个分区:椒江、路桥和黄岩的分区EI控制性规划和控制导则,使用数据比例1:50000~1:10000 (2)制定四条典型廊道(椒江、永宁江、西江和洪家场浦)的控制性规划和控制导则。 它们将作为城市建设分区规划和城市地段控制性规划的先决条件	(1)选择黄岩区永宁江廊道核心段进行城市设计,比例1:1000和1:500 (2)探索"反规划"途径在具体地段城市设计中的可行性,在典型地段提出以生态基础设施为条件的多解方案,目的是将区域和城市EI的生态服务功能延伸到每一个地块和住宅
1 景观表述	用"千层饼"和"基质—廊道—斑块"模式表述区位、气候、地形地貌、土壤、水文、植被、湿地分布等,并建立地理信息系统。 数据来源包括: (1)25m精度的DEM遥感卫星影像数据; (2)1:50000实测地形地貌图; (3)气象、水文地质及人文社会经济统计数据; (4)现场考察	"千层饼"和"基质—廊道—斑块"模式。 主要数据来源包括: (1)1:50000~1:10000实测地形图; (2)气象、水文地质及人文社会经济统计数据; (3)现场考察和社会调查	"千层饼"和场地认知模式。 主要数据来源包括: (1)1:10000~1:1000实测地形图; (2)气象、水文地质及社会经济统计数据; (3)现场考察和社会调查及体验,重点是场地自然、历史与文化特征的考察
2 过程分析	(1)自然非生物过程 ◆海岸及滩涂演变 ◆降水、径流过程 ◆潮汐与洪水过程 (2)生物过程 ◆植被分布和扩散(植被生态) ◆动物栖息和迁徙 (3)人文过程 ◆海塘、河道水利工程演变 ◆城镇扩展和土地利用格局变迁 ◆遗产与文化景观 ◆市民的游憩	(1)自然非生物过程 ◆降水、径流过程 ◆洪水过程 (2)生物过程 ◆植物与生境关系(群落生态) ◆动物栖息和迁徙 (3)人文过程 ◆城镇历史演变 ◆城市水系和城市开放空间变迁 ◆河流廊道的人为改造历史 ◆遗产与文化景观 ◆市民日常工作、生活、交通和游憩 ◆视觉感知	(1)自然非生物过程 ◆场地的阳光、风,水文 ◆洪水过程 (2)生物过程 ◆植物与生境关系(群落生态,种群生态和个体生态) ◆动物栖息和迁徙 (3)人文过程 ◆场地文化和演变历史 ◆遗产保护 ◆视觉感知 ◆市民日常工作、生活、交通和游憩

"反规划"途径

续表

步骤	尺度界定与研究对象和内容		
	宏观（区域）	中观（分区或主要EI元素）	微观（城市地段或场地）
3 景观评价	对区域生态的健康与安全的意义，根据区域整体生态格局的完整性和连续性(特别是山脉、水系、遗产廊道、景观多样性、游憩廊道)，来评价其对上述自然过程、生物过程、人文过程的利害	对分区或廊道内的结构和生态服务功能的状况评价，评价现状景观对上述自然过程、生物过程、人文过程的利害	对场地生态系统的健康与安全及生态服务功能的状况进行评价，评价现状景观对上述自然过程、生物过程、人文过程的利害
4 景观改变	(1) 在高、中、低三种安全标准上，制定区域总体EI；本案例重点提出以防洪安全为目的的区域水系、湿地系统，以栖息地保护为目的的自然保护地系统，以乡土文化景观保护为目的的遗产廊道系统，以游憩功能为主要目的的游憩廊道系统，以及以城市感知和体验为目的的视觉控制系统，作为区域EI的重要组成 (2) 根据区域总体EI提出城市宏观发展格局	(1) 在总体EI基础上，制定三个分区和四条典型廊道的控制性规划 (2) 制定相关控制性导则，并作为城市建设规划的条件，主导城市内部空间结构	(1) 在黄岩区永宁江廊道核心段进行城市设计，提出以EI为条件的多种城市地段建设方案 (2) 以永宁公园为例，探讨局部EI的详细设计
5 影响评估	进行对基于EI的城市发展格局生态服务功能及社会经济评估： (1) 对自然过程安全和健康影响的评估 (2) 对生物过程安全和健康影响的评估 (3) 对人文过程安全和健康影响的评估 (4) 对社会经济效益的评估 本案例基于专家的知识进行评价	分区EI和典型廊道的生态服务功能评估： (1) 对自然过程安全和健康影响的评估 (2) 对生物过程安全和健康影响的评估 (3) 对人文过程安全和健康影响的评估 从规划作为各方利益协调的手段和最终体现这一角度来评估EI规划，最终的EI是令各方利益代表满意的方案	对基于EI的城市地段开发模式进行生态服务功能及社会经济效益的评估： (1) 对自然过程安全和健康影响的评估 (2) 对生物过程安全和健康影响的评估 (3) 对人文过程安全和健康影响的评估 (4) 对社会经济效益的评估 对地段设计方案，基于专家的知识进行评价；对实施完成的永宁公园，根据实际观测进行评价
6 景观决策	(1) 与台州市规划管理、相关部门和决策者广泛交流，完善总体EI，使之真正在城乡建设决策过程中能用于景观改变的辩护过程之中，最终立法通过 (2) 与城市总体建设规划制定者交流，使总体EI最终能体现在新一轮的总体建设规划中，并能通过现有规划法规程序，立法并付诸实施	(1) 与分区和廊道的相关规划管理部门和决策者深入交流，优化分区EI和廊道的方案和控制导则，使之真正在分区EI控制性规划中付诸实施，最终立法通过 (2) 与广大市民广泛交流，使EI的控制性规划能体现市民的需要，并被理解和接受 (3) 与城市建设分区规划编制者交流，使分区EI和廊道的控制性导则通过现有规划法规程序，立法并付诸实施	(1) 与地段开发商和使用者广泛交流，使设计能够被接受并最终付诸实施 (2) 与地段的城市规划管理部门交流，使设计能得到很好的控制，并作为范例进行推广

5 宏观——台州市区域 EI 及基于 EI 的城市空间发展格局

5.1 景观表述——台州区域现状

台州市位于浙江省中部沿海，介于东经118°21′～119°20′，北纬28°23′～30°02′之间。市区所辖范围东临东海，南临温岭市、乐清市，西南为永嘉县，西北为仙居县，北接临海市。全市陆地面积9411km²，浅海面积8万km²，人口546.62万。辖临海、温岭2个县级市和玉环、天台、仙居、三门4个县（见图5.1.1-1、图5.1.1-2）。

5.1.1 自然景观特征

（1）地形地貌

台州境内整体形成山地、丘陵、平原、浅海滩涂梯度递减的地貌格局。地形西高东低，西为括苍山支脉，北为天台山脉，东部是温黄平原的组成部分。最高峰为与仙居、永嘉交界处的大寺尖，海拔1252.5m。主要地貌为海洋、丘陵、平原、山地、岛屿。市区地形为北、西、南三面环山，东面向海。三个城区（椒江、黄岩、路桥）围绕自然山体构成的绿心分布。区内整体地貌山地丘陵占32.62%，平原占48.58%，河流水库占10.14%，海涂占7.16%，海岛占1.33%（见彩图1～彩图4，图5.1.1-3，图5.1.1-4）。

（2）气候

台州市属亚热带季风气候区，降水面上分布不均，山区大于平原，南部大于北部。风向随季节转换，秋季和冬季以北风为主，春季多东风，夏季盛行偏南风。盛夏椒江、路桥两区海陆风明显。受台风影响范围较广。按照登陆路径，影响最为强烈的是在台州和温州之间登陆的台风，转向东北出海，直接影响本地。其他如从浙闽边界、厦门以南以及浙江以北登陆的台风对本地也会造成很大威胁。台风影响以降水为主，还包括了强风、暴雨和风暴潮。

（3）土层

市区土层大体可分为5个土类，14个亚类。红壤土类、黄壤土类、紫色土、粗骨土、石质土、新

图5.1.1-1 台州在全国的区位图 Location of Taizhou in China

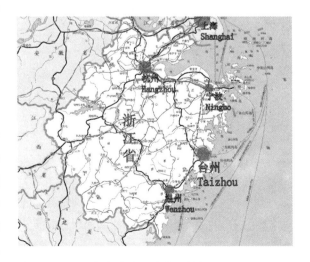

图5.1.1-2 台州在浙江省的区位图 Location of Taizhou in Zhejiang

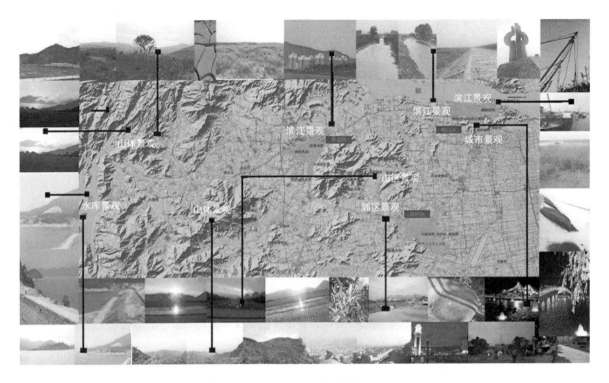

图 5.1.1-3 区域景观特征 Regional landscape characteristics

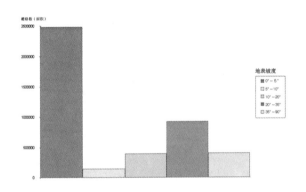

图 5.1.1-4 坡度分级比例分析 Classification of slope

积土、潮土土类、盐土土类、水稻土土类。

（4）水文

台州境内河流大小有700多条，流域面积大于100km²的有25条。水系主要分为椒江水系和金清水系，两大水系流域面积占全陆域面积80%左右。椒江水系自西向东横贯仙居、天台、临海、黄岩、椒江等5个县市区，金清水系纵横温黄平原。永宁江（澄江）为椒江主要支流，西江是永宁江最大支流。因此本案例的四条廊道中，椒江、永宁江和西江被作为其中的三条来重点研究（见图5.1.1-5，表5-1）。

（5）湿地

台州所辖湿地面积约8万hm²，相当于台州市土地总面积的7.5%。台州湿地包括近海与海岸湿地、河流湿地和库塘三类主要类型。其中近海与海岸湿地包括浅海水域、岩石性海岸、潮间淤泥海滩、潮间盐水沼泽、河口水域和三角洲湿地；河流湿地包括永久性河流和洪泛平原湿地；库塘主要指水库（见彩图5，表5-2，表5-3）

5.1.2 生物景观特征

（1）植物资源

台州市在分区上属于中亚热带常绿阔叶林带。森林目前分次生植被和人工、半人工植被两大类型。植被种类有常绿阔叶林、针阔混交林、马尾松针叶林、黑松针叶林、竹林、灌丛、灌草丛、经济林、果林及农作植物等。草本植物有2000多种。台州湿地植物主要包括近海及海岸湿地植物、河流湿地植物和淡水湖泊湿地植物等类型（见彩图6）。

（2）动物资源及主要栖息地

台州动物种群处于东洋界北缘，与古北界接近。野生哺乳类50多种，鸟类近200种，爬行类49种，两栖类21种，森林昆虫19目，199科，1558种。列入国家和浙江重点保护的动物有30多种。

台州市水系分布　　　　　　　　　　　　　　　　　　　　　　　　　　表 5-1
The pattern of water system in Taizhou　　　　　　　　　　　　　　　Table 5-1

名称	长度(km)	流域面积(km^2)		主要支流
椒江水系	为境内最大水系。上游由始丰溪和永安溪在三江村汇合为灵江，后在黄岩三江口与永宁江(澄江)汇合为椒江。从源头算起，椒江全长197.7km	6613	支流分为椒北水系和椒南水系	椒北水系东西向支流包括椒北干渠、北支渠、中支渠、南支渠。南北向支流包括松浦、山礁浦、涛江河、梓林西大河
				椒南水系支流东西向支流为高闸浦、洪家场浦、鲍浦、长浦、海门河，徐山泾、山水泾、江北渠道、中干渠；南北向支流包括九塘的一条至九塘河、三才泾、葭芷泾、永宁江
				永宁江为椒江主要支流，全长77km，流域面积890km^2。其上游长潭水库以上34km，水库以下长43km。水库上下有小坑溪、柔极溪、杨岙溪、九溪、元同溪、屿龚浦、新江浦、西江等支流汇入。最大支流为西江
				西江是永宁江最大支流，发源于太湖山，主流南岙溪，流至沙埠吕白洋与北岙溪汇合。全长22km，流域面积196km^2。高桥闸以上为山溪性河流，西江口未建闸以前，为潮汐河道。
金清水系	河道纵横密布，形成平原水网。干流金清港全长50.7km。	水系1173。金清港837。	金清闸系、鲸山闸系等连接成。	北接南官河、三才泾、二塘横河、南连运粮河、木城河、甘四弓河、老湾河、二湾河、三湾河、四湾河、五湾河、车路横河诸支流。

台州市水库分布　　　　　　　　　　　　　　　　　　　　　　　　　　表 5-2
The distribution of reservoirs in Taizhou　　　　　　　　　　　　　　Table 5-2

名　　称	位　　置	库容(万 m^3)	水　　质
长潭水库	永宁江上游	69100	III 类
秀岭水库	西江支流——南中泾的上游	2040	III 类
佛岭水库	西江支流——永丰河的上游	1727	III 类
鉴洋湖	院桥	—	—
井马水库	九峰山	—	—
其他			

台州湿地类型及面积（单块面积100hm^2 以上）　　　　　　　　　　　　表 5-3
The type and area of wetlands in Taizhou (larger than 100hm^2)　　　Table 5-3

编　号		类　　型	研究区域内的湿地	总面积(ha)
I		近海与海岸湿地	台州沿海地区	202252
	I1	浅海水域	台州湾浅海水域 台州市港湾外浅海水域	124550
	I4	岩石性海岸	—	1233
	I6	潮间淤泥海滩	台州湾潮间淤泥海滩 台州市港湾外潮间淤泥海滩	58097
	I7	潮间盐水沼泽	台州湾潮间盐水沼泽	13532
	I11	河口水域	椒江河口毛良店至牛头颈水域	4730
	I12	三角洲湿地	椒江河口沙渚三角洲湿地	110
II		河流湿地		15820
	II1	永久性河流		9318
	II3	泛洪平原湿地	—	6502
V		库塘		6261
	V1	库塘（水库）	长潭水库、秀岭水库等 鉴洋湖	6261
合计				224333

表5-1、表5-2、表5-3参考资料
台州地区志. 台州地区地方志编纂委员会，杭州：浙江人民出版社，1995(第二章即自然环境，第三节　水文，p16)
椒江水利志. 椒江市水利志编纂委员会，1993；黄岩水利志. 黄岩水利志编纂委员会，上海：上海三联书店，1991
浙江省湿地资源调查研究总报告. 浙江省湿地资源调查研究课题组，2000

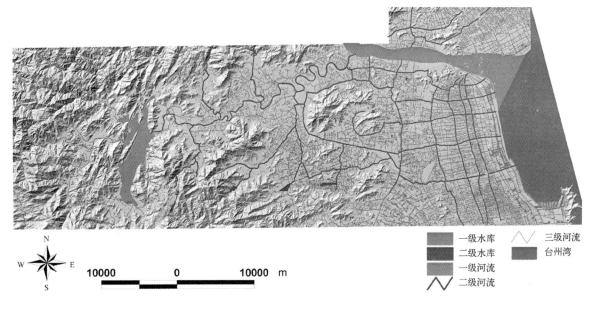

图5.1.1-5 水系分布 Water system

其中国家一级保护动物有云豹、黑麂、金雕、白颈长尾雉。台州两栖动物占全省总数的52.3%，其中蝾螈目5种，蛙形目18种，镇海棘螈是本区特有种。

从栖息地来看，台州境内湿地是多种水禽的越冬地和珍稀候鸟迁徙停歇地，在候鸟保护中具有重要的国际地位。鸟区（Important Bird Area, IBA）是20世纪80年代提出的针对鸟类多样性保护的重要概念，可以为生物多样性优先保护重要区域的确定提供重要依据。根据资料，台州湾是仅次于杭州湾、乐清湾和温州湾的浙江第四大滨海鸟类栖息地。尤其是椒江口与金清镇之间的河口与沿海滩涂为泥质滩涂，面积为10200hm²，是世界濒危物种黑嘴鸥、黑脸琵鹭等的重要越冬地，也是浙江大陆海岸地区的重要鸟区之一。据资料，1997年12月16日记录到黑嘴鸥135只，青头潜鸭47只。1999年1月冬季对台州湾的鸟类调查共记录到21种4586只水鸟，总密度仅次于杭州湾、乐清湾和温州湾，达到468.44只/km²。其中包括了黑嘴鸥、黑脸琵鹭、黄嘴白鹭等珍稀候鸟（丁平，1999）。

其他较大面积的重要生物栖息地还包括西部山地和绿心，为黑麂等兽类和雉科等留鸟提供重要的栖息地。总体来看，台州的主要栖息地类型包括水域（浅海水域、河流、湖泊、库塘）、潮间滩涂、草本沼泽（沿海盐水沼泽、内陆淡水沼泽）、低山丘陵森林、平原栽培植被（经济林和防护林）等（台州地区志，1995）。

5.1.3 人文景观特征

（1）建设区

台州市区由椒江、路桥、黄岩3个区，39个乡镇及办事处组成，土地总面积1536km²，占市域的16.32%。领海海域面积1811km²，海岸线长57.7km。此次规划研究的范围为市区所辖范围。1998年末，市区户籍总人口140.83万人，人口密度917人/km²。2000年，市区户籍人口为142.5万人。城市总体规划预测2010年人口达到171万人（表5-4）。

（2）道路

台州境内道路包括高速公路、国道、省道、县乡道等。2002年底，全市通车公路总里程达4018km，公路网密度达到0.82km/km²（见图5.1.3-1）。

（3）土地覆盖

研究范围内土地总面积为1536km²。依据遥感图片影像解译的结果，并对所得结果通过地形图数字化测算，将台州土地覆盖进行聚类，划分为如下类型：灌木林、旱地、水田、林地、经济林、草地、竹林、建筑、水域。区域各地的变化剧烈程

5 宏观——台州市区域EI及基于EI的城市空间发展格局

台州三区现状情况简表　　表5-4
The brief introduction of three districts of Taizhou　　Table 5-4

城区	区位	面积	人口
椒江区	台州市东部主体城区，台州市行政中心驻地。位于台州湾内椒江入海口，东濒东海，北界临海，西、南分别与黄岩、路桥2城区构成三足之势	陆域面积264km²，海岸线23km，海域面积600km²	人口44.3万，辖7镇1乡和3个街道办事处
黄岩区	台州市西部主体城区。南为路桥区，与温岭、乐清相连，西倚永嘉、仙居，北连临海，东为市区椒江区	面积988km²	人口56.7万，辖9镇7乡542个行政村，城关镇另辖4个街道办事处。汉族聚居区
路桥区	台州市南部主体城区。东濒东海，南接温岭，西邻市区黄岩区，北连市区椒江区	陆域面积274km²	人口40万。辖4个街道，7个镇，1个乡。为汉族聚居区

台州历史文化景观类型表　　表5-5
The types and sites of historical relics in Taizhou　　Table 5-5

历史文化景观	名称
山水文化景观	包括鉴洋湖、委羽山、鸡笼山、雷尖坪、莲尖坪
宗教文化景观	灵石寺塔、净土寺塔、庆善寺塔、瑞隆感应塔、观音洞遗址、方山双塔、石马、毓龙宫古涵洞、清修寺、常乐寺、岱石庙、黄岩孔庙、委羽山大有宫、南山善法寺、龙泉庙、海神庙
工程设施景观	十塘，古桥梁如小澧桥、下涌桥、五洞桥、章安桥、卷洞桥、蔡桥
历史建筑和街区景观	万春亭戏台、十里长街（宾兴祠）、五凤楼、海门卫城东门、牛头颈塔、戚继光祠、太和山塔、小圆山塔
遗址和陵墓景观	下坦印纹陶窑址、沙埠青瓷窑址、青瓷窑址、黄绾摩岩石刻、窑业工人罢工旧址、九峰烈士墓、解放一江山岛烈士陵园、陈安宝烈士墓
乡土文化景观	数量众多的祠堂、宗庙和宗教活动场所，以及民俗活动场所

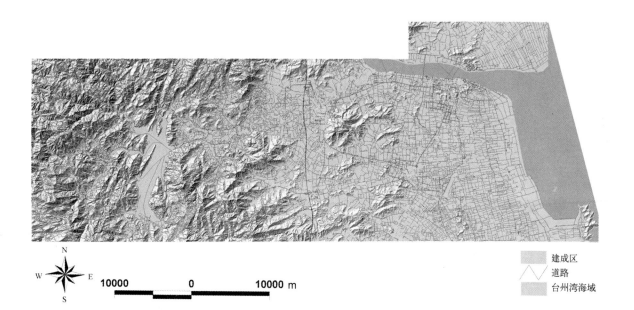

图 5.1.3-1　建筑道路　Built area and road

度是不同的。城区及郊区耕地和林地向城镇用地转换较为剧烈，而乡村地区建筑扩展相对并不剧烈（见彩图6）。

(4) 历史文化景观

台州历史文化景观可以划分为山水文化景观、宗教文化景观、工程设施景观、历史建筑和街区景观、遗址和陵墓景观等类型（见彩图7，彩图8，表5-5）。

(5) 经济生产活动

台州经济实力位于浙江省中上水平。从20世纪80年代以来，台州经济呈快速递增状态。2001年全市GDP达到747.51亿元，2002年达到858亿元。而2003年达到995.03亿元，比上年增长14.9%，人均国内生产总值18041元，比上年增长14.4%，为1997年以来增速最快的一年。

台州椒江、黄岩、路桥三区实力相当，呈"三足鼎立"的经济分立格局。一方面保持了较为均衡的增长，但也存在激烈的竞争。市区三类产业中，二三产业呈不断上升趋势。三区虽然空间联系便捷，且行政区划统一，但是产业发展却具自身特色。就总体而言，台州经济呈现中小企业集群发展的典型特征。

5.2 景观过程分析——台州区域的自然、生物与人文过程

对台州区域中的各种过程从自然、生物和人文三个角度进行分析。

5.2.1 自然过程分析

海陆变迁和降水、径流、地下水以及潮汐等过程综合地影响着台州区域景观的变化。而洪水、海潮和涝灾对台州区域景观影响巨大。因此对海岸与滩涂的演变、湿地的形成过程、降水径流过程和洪涝灾害等过程进行分析具有最重要的意义(见彩图9~彩图11，图5.2.1-1~图5.2.1-6)。

(1) 台州海岸与滩涂演变过程

台州由于濒临东海，在水动力和泥沙综合作用下，海岸和滩涂位置随海平面的进退而不断变化（图5.2.1-3和表5-6）。

(2) 湿地的形成

海陆演变对湿地的形成具有一定的作用。在陆地中，水网平原湿地分布较为广泛，包括潟湖（海湾湖沼）淤积平原分布在温黄平原西部，为古海湾经潮流带来的泥沙填淤而成，地势低平，湖泊众多，水网密度大。海陆变迁过程留下了多处重要遗址景观，如境内一条离岸古沙堤（海门沙堤），是最后一次海侵的遗迹。而沙堤内侧发育成一系列古潟湖群，如黄岩鉴洋湖、椒北章安湖等就是这一过程的遗迹。在滨海地带，冲积、海积平原分布于河口两岸，沿河口呈条带状分布，坡降小，水网密度不及内陆，但多小洼地、人工小池塘，形成了河口、濒海湿地。

(3) 径流过程

台州的水循环过程包括降水、径流、地下水等过程。降水量与台风活动有关。在空间上，降水量一般山区大于平原，西南部大于东部、北部。而台州地表径流主要来自于降水，其时空分布规律与降水基本一致，但不均匀性更大，因此台州市径流

台州海岸与滩涂演变过程 表 5-6
The evolution process of coastline and beach of Taizhou　　　　　Table 5-6

时　　期	海岸位置	海平面高度
4万年前	椒江城区离海岸尚有数百公里之遥	目前东海大陆架120m等深线以西均为滨海平原
3.3万年前		海面上升，海水淹至今东海陆架约30m等深线处
3万年前	发生海退	
1.5万年前	东海陆架出露为平原	海平面降至最低
1.2万年前		海平面位于目前50~60m等高线附近
1万年前	海面再次上涨	
9000年前		升到30m等深线附近
8000年前		上升到15~20m等深线
7000年前		海平面高度接近现在

5 宏观——台州市区域 EI 及基于 EI 的城市空间发展格局

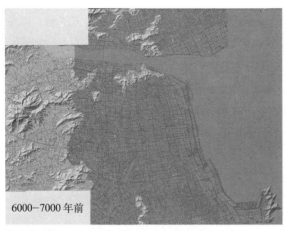

海陆变迁（6000~7000年前） Coastline evolution (6000–7000 years ago)

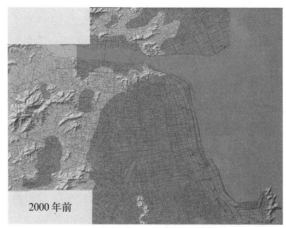

海陆变迁（2000年前） Coastline evolution (2000 years ago)

海陆变迁（1000年前） Coastline evolution (1000 years ago)

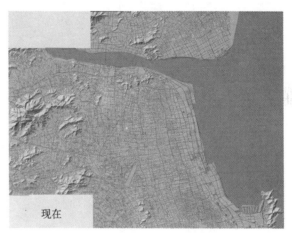

海陆变迁（现在） Coastline evolution (Present)

图 5.2.1-1　海陆变迁

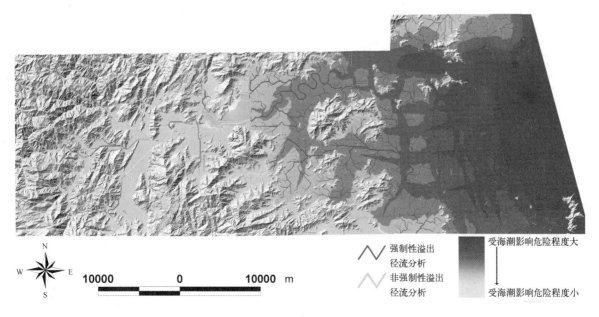

图 5.2.1-2　海潮与径流分析　Tide and stream analysis

量也具有山区大于丘陵,丘陵大于平原,南部大于北部,同纬度内陆大于岛屿的特征。河流多发源于西部山地,流经山地、丘陵、平原以及城市化地区,注入东海。古海积平原和温黄平原部分地区,如北洋、澄江、沙埠、院桥、路桥等,由于地势低洼,因此遇强降水,常会形成涝灾。

(4) 台州洪涝灾害

由于台州濒临东海,地处平原、西靠山地、紧邻椒江、永宁江,这样的地理环境造成受潮汐和洪水过程影响巨大,易受洪、涝、潮灾害威胁,其成因可分为感潮性和山溪性洪水,在空间上主要体现在四个地域(表5-7)。

A.永宁江受洪水影响　永宁江洪水在长潭水库建成之后,洪水频率大为减少,落潮流量锐减,涨潮带来的大量泥沙淤积在蜿蜒曲折的江道上,致使感潮河段的过水断面淤浅变窄,洪水渲泄不畅,同时永宁江闸建成,永宁江遂变为内河,致使下游地带涝灾严重。

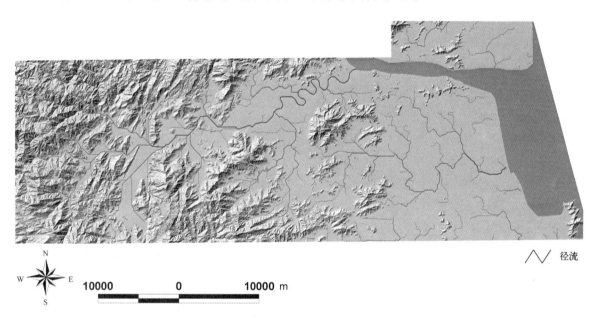

图5.2.1-3　强制性溢出水文分析 Hydrology analysis of forced overflow simulation

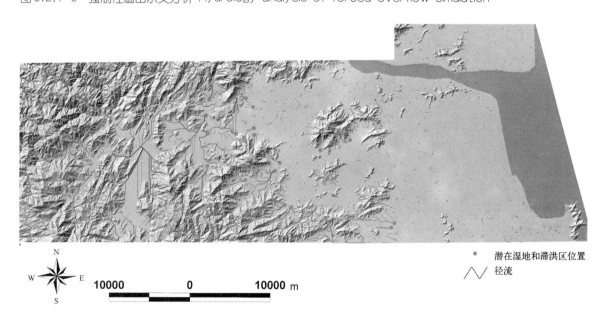

图5.2.1-4　非强制性溢出水文分析与潜在滞洪湿地 Hydrology analysis of unforced overflow simulation and potential flood discharge wetlands

5 宏观——台州市区域EI及基于EI的城市空间发展格局

图5.2.1-5a~d 台州历史上的洪灾状况 Flooding disasters in the history of Taizhou(照片来源：王永江)

图5.2.1-6a~d 永宁江老河道洼地 Bottomlands along the old channel of Yongniangjiang River

河流过程与地理区段特征分析 表 5-7
The characteristic of water process and geographical sections Table 5-7

地理区段	降水与径流	河道特征	比降	流速	洪、涝、潮灾害特征及水利
西部和西北部山地丘陵	就区域来讲，降水量最大，雨水丰富，径流量最大	坡陡流急，山溪性河道，切割深	河床比降大，流速较快	急	大雨易洪，山溪性洪水，久晴干旱，须蓄水灌溉为利
平原	平原区相对降水较少，但由于比降小，流速慢，因此大的降水排泄不畅，往往形成涝区	感潮河段。同时，由水库、干渠、支渠、水闸构成了灌溉网络，自然径流已经被改造为人工化的渠网	河床比降小，流速慢	逐渐平缓	耕地集中，地势低洼，易旱，易涝，须排涝灌溉并举
城区	降水相对较少，由于不透水地面面积的增大，地表径流增大	河网密度降低，湿地减少，河道逐步固化和渠化	河床比降小	逐渐平缓	大面积不透水地表，径流系数增大，增大抗洪压力，加剧洪涝灾害
沿海及入海口	就区域来讲，降水最少，径流多呈条状入海	受冲淤和潮汐作用，淤积严重，且河道多有外移	河床比降小	平缓	滩涂宽广，海岸线长，易感潮，潮差大，潮位高，以防潮、御咸、蓄淡为大计
由于山脉切割，东部和南部一些河流独流入海					

B.永宁江口－椒江口受到洪水及风暴潮综合影响　洪水和风暴潮大部分由夏秋季台风暴雨所致。如1997年受严重台风影响，曾使堤塘被毁，海水倒灌。尤其当大潮汛期间，遇连续暴雨，一些下洼地带常有积水之患。目前，已建成较高标准堤塘。

C.温黄平原洪涝灾害影响　温黄平原上的金清水系涝灾主要发生在黄岩－院桥－路桥之间的平原地带。易涝区形成是因为地势低洼；三面环山，山洪下泻快，排水慢，积水不能及时排出；主要排水出口至出海口淤积严重，排水不畅，而且远离涝区，延缓了排涝历时。

D.椒江口外的东部海塘受风暴潮影响　台州湾沿海水深较浅，潮差较大，加之滩涂淤积抬高和河床缩窄等易造成特高潮位。台风所引起的风暴潮对台州沿海地带破坏严重，如2004年8月12～13日的"云娜"台风，给台州市造成了上百亿元的经济损失，和100多人死亡，创下历史之最。

5.2.2 生物过程分析

通过探讨生物生存、觅食、迁徙的自然过程，把握各类动物的水平扩散和垂直选择栖息地的行为模式，可以分析人类对于潜在栖息地格局的干扰和影响，探讨生物保护在生境破碎化严重的情况下得以实现的途径。对野生动物，不仅要保护其原有栖息地，还要对其活动范围和路径进行空间分析。如果重大的建设活动破坏了其觅食、交配的路径和空间，将直接影响这些珍稀动物的生存。

台州是快速城镇化地区，栖息生境破碎化严重，野生动物生存势必受到极大限制。在本案例中，首先是对待保护物种的研究。一般作为指示城市化地区生物多样性状况的指标物种最好能够代表较为全面的生境。其选择标准一般包括（俞孔坚，李迪华，1998）：

A.物种目前的稀有、特有性，受威胁状态及其实用性；

B.物种在生态系统及群落中的地位；

C.物种的进化意义。

其他方面的标准还包括（Steinitz，2002）：

A.现有或规划的物种栖息地保护计划实施状况；

B.需要大面积的或类型独特的栖息地的物种。

根据上述标准，通过对台州生物资料、文献的研究，并与当地的生物研究人员和北京大学生命科学学院的生物学家进行交流，初步选出下列台州境内有记载的不同类型物种进行比较分析，研究其习性和生境（见图5.2.2－1a～e、表5-8）。

表5-8中所选的物种覆盖了两栖类、鸟类和兽类，较为全面的代表着台州的生物多样性状况。经过分析，可以认为：

A.对两栖类而言，台州区域近年来水质的急剧恶化,以及生存环境的破坏减少了食物来源,都使蝾螈等两栖类动物的生存受到严重影响,加之惧怕人类的习性,都使两栖类难以作为城市化地区的指标物种。

B. 以云豹和黑麂为代表的大型濒危兽类作为城市化地区的生境指标物种也不合适。

C. 台州市滨海泥质沼泽、河流湿地以及水田是多种水禽的越冬地和珍稀候鸟的迁徙停息地,在候鸟保护中具有重要的国际地位。同时,台州境内还为白颈长尾雉等国家一级保护鸟类提供了重要栖息地。

综合上述分析并遵循城市化地区选择指标物

待选指示性保护物种的习性和生境　　　　　　　　　　　　　　　　　　　　　表 5-8
The behaviour and habit of potential indicator species　　　　　　　　　　　　　Table 5-8

种属		物种	习性与分布	生境	保护级别
鸟类	候鸟	黑嘴鸥 (Larus saundersi)	冬候鸟。分布于亚洲东部,在辽宁、河北、山东等地繁殖,在东南沿海越冬,部分迁至韩国、日本和越南。在台州境内的沿海滩涂多有发现	只栖息于面积较大、空旷、人为活动较少的沿海滩涂和浅海水域,或在堤坝内的养殖塘、浅水沼泽处栖息。泥滩因丰富的甲壳类动物而成为黑嘴鸥最重要的取食地	国家一级。世界濒危鸟类 (IUCN1994)
		黑脸琵鹭 (Platalea minor)	冬候鸟。分布于亚洲东部,浙江省沿海是黑脸琵鹭迁徙的最重要停歇地之一。在台州的三门、临海都有分布	在沿海地带开阔的泥质浅滩上、盐水沼泽和内陆湖泊、沼泽地停歇、活动、觅食	国家二级。世界濒危鸟类(IUCN1994)和极危物种(Bird Life International 1998)
		白鹳 (Ciconia ciconia-Linnaeus) 别名:老鹳	冬候鸟。东亚种繁殖在东北北部山林,深秋或初冬南飞长江中、下游或福建、广东和台湾等地区越冬。野外常单独生活。飞行缓慢,步行举步也慢。台州境内曾有记载,但近年来未曾见到	主要栖息于开阔而偏僻的平原、草地和沼泽地带,特别是有稀疏树木生长的河流、湖泊、水塘,以及水渠岸边和沼泽地上,有时也栖息和活动在远离居民区,具有岸边树木的水稻田地带	国家一类保护动物。世界濒危鸟类之一 (IUCN1994)
	留鸟(雉类)	白颈长尾雉 (Syrmaticus ellioti)	留鸟。多在中低山地带活动,有时也进入山谷农田。晨昏各有一次取食活动高峰,白天游荡,夜栖于树。在台州天台有分布	主要栖息于常绿阔叶林、常绿落叶阔叶林、针阔混交林、针叶林、竹林和疏ényi丛之中。海拔位于200~1900m之间	国家一级
		环颈雉 (Phasianus colchicus Linnaeus)	留鸟。每年3月左右进入繁殖期,营巢于地面,以柔软干草、杂物等为巢材。杂食性,以谷物、浆果、种子、嫩茎叶为主食,亦吃昆虫	主要栖息于混交林、针叶林及农田附近的丘陵地。也常见于山区灌木丛、竹林、草丛、林缘草地、茶叶林等地	省级
兽类		云豹 (Neofeis nebulosa)	树栖性较强,但在次生林中也有穴居。在台州境内天台山脉各县,如天台、三门、临海和仙居有分布。是浙江云豹的重要分布区	栖息于海拔300~700m的热带至亚热带常绿林、阔叶林及针阔混交林丘陵地区。因为良好的隐蔽和食物条件喜欢活动于针阔混交林	国家一级。世界濒危物种
		黄麂 (Muntiacus reevesi Ogilby)	胆小机警,听觉敏锐,受惊时即窜逃以隐蔽。多夜间活动,以清晨和傍晚活跃。植食性,以各种青草、树叶、嫩芽为主。在台州的仙居、临海等地都有发现	栖息在海拔400~500m左右的丘陵山地的低谷、林缘、灌丛及草丛之中。性怯懦,喜独居,很少成群,活动范围不广,很少远离栖息地	
		赤腹松鼠 (Callosciurus erythraeus Pallas)	以植物的果实、种子、嫩叶为主食,在山区也常盗食农作物。白昼活动,以晨昏时最频繁。树栖,亦下地觅食。常与其他松鼠一起活动。繁殖期内,常剥离树皮,用以筑巢	栖息于山区林地,在阔叶林、混交林、针叶林中最为常见,居民点周围的杂木林、果林中也有活动	
两栖类		蝾螈 (Andrias davidianus)	蝾螈主要靠皮肤来吸收水分,因此需要潮湿的生活环境。同属的种间在分布上不连续	大部分栖息在淡水和沼泽地区	国家二级

参考资料　浙江省林业自然资源——野生动物卷,浙江省林业局编,北京:中国农业科学技术出版社,1995
台州地区志,台州地区地方志编纂委员会,杭州:浙江人民出版社,1995,第三章第六节动物
郑光美,中国濒危雉类生态学研究进展,生态学通报,2004年第39卷第1期,1-3

黑脸琵鹭

白鹳

白颈长尾雉

黑嘴鸥

云豹

图 5.2.2-1　指标物种 Potential indicator species

种的原则，可以认为台州境内的候鸟与留鸟的保护地位重要，保护级别较高且栖息地多样，它们作为区域生物多样性的指标物种较为合适。下面针对它们来分析生物过程。

(1) 垂直分析——栖息地适宜性分析

黑嘴鸥、黑脸琵鹭、白鹳、黄嘴白鹭等候鸟只季节性的停歇于台州滨海的滩涂湿地和水田中，多远离城镇建成区等人类生存环境。其迁徙也存在大尺度区域之间，如从东南沿海到东北地区，一般不存在向大陆腹地的迁徙现象，因此可以通过适宜性分析找出台州区域适于这些候鸟栖息的景观类型和分布，从而满足其选择栖息地的行为模式。这是一种对景观进行适宜性分析的景观垂直过程的分析方法。

从表5-8来看，黑嘴鸥、黑脸琵鹭、白鹳、黄嘴白鹭的适宜生境基本相同。这为下一步建立它们的综合生物保护安全格局奠定了基础。

(2) 水平分析——最小累计阻力模型

留鸟如白颈长尾雉、环颈雉等雉科多为森林和山地鸟类。低海拔地带所进行的林业采伐、毁林开荒、兴修公路和乡镇建设所造成的干扰，使其生境范围不断向中、高山地带退缩。因此雉类对于人类的干扰十分敏感。目前利用景观生态学理论和方法为指导，采取GIS手段对雉类进行了大量研究（郑光美，2004）。同时雉类的家域（home range）较大，且在不同生境间存在着迁徙和移动的特性，如白颈长尾雉在不同季节里的活动地存在着差异（丁平，2002）。因此，对这类鸟类活动的过程不但需要通过垂直过程的分析进行栖息地的适宜性判别，还需要借助水平过程的分析方法研究其在空间的运动。

针对台州，考虑对白颈长尾雉、环颈雉等雉科综合考查。从表5-8可见，它们的习性和喜好的栖息地植被类型相似，只在对海拔、坡度的要求上稍有差异。运用最小累计阻力模型（MCR）（Knaanpen et al., 1992; Yu, 1995）来模拟物种穿越不同景观基面的过程，生成的阻力趋势表面表示从源（栖息地）到空间某一点的易达程度，从而模拟物种水平扩散的行为模式，可以进一步建立综合的雉类保护的景观安全格局。

对两种类型指标物种可以采取不同的分析方法。

5.2.3　人文过程分析

人文过程的驱动力对台州区域景观的形成发挥着重要的作用。历史上城镇的演变发展、海塘的不断外扩、驿道的修建，以及各项水利工程的兴建都是人类改造自然景观的结果。以下主要针对这些过程分析区域景观形成的过程。

（1）区域城镇历史发展沿革

台州历史较为悠久，出土文物表明早在新石器时代就有人类生息。但由于地理位置偏于东南一隅，因此城市化较为缓慢。但各朝各代基于政治、经济、军事等不同原因，台州境内形成了不同的中心城镇及一些小城镇和集镇（见表5-9）。

（2）近代城镇扩张过程

基于获得的1922、1962、1989和2002四个时段的地形图，进行城镇形态演变过程分析（见图5.2.3-1～图5.2.3-4）。纵观这四个时段，台州人文过程呈现如下特征：

A.城镇沿道路扩张　台州城市扩展的一个明显的规律即城镇沿着主要交通干线扩展。在椒北，随着1962年以后章安往东（前所方向）和1989年以后章安往西（柏加徐镇）的道路的修建，沿线城镇迅速扩展，有连成一片的趋势。在椒江南部，1962年后随着椒江和霞泸之间主干道的建设，椒江城区向霞泸方向扩展；1989年后随着椒江与洪家之间道路的升级，沿此交通线两侧地带迅速城市化，迅速成长为椒江新城。路桥地区情况有所不同，1922年到1962年形成沿南官河线形发展的形势，1989年到2000年随着几条主要交通干线的增加，城市沿交通线迅速发展起来并且与沿河的建成区连成一片。

B.道路和城镇发展破坏山体的完整性和连续性　随着建成区的扩展，人为活动逐渐扩展到山前地带，山体周围用地发生了很大的变化。椒江1962年以前城镇规模较小，建筑与山体边缘有一定的距离；1989年建筑已经延伸到山脚下，2000年建筑已经非常严重地延伸到山体边缘，在老城区尤其明显。黄岩城区在1989年之前，还距离九峰山有相当的距离，保持着以农田为主的缓冲区域。而1989年到1996年之间，城镇扩张逼近九峰山山麓，这主要是因为大环线的修建带来两侧仓储和工业用地的发展。

C.城市、道路建设对水系格局的破坏　20世纪20年代水系穿城的格局随着城市化的过程逐渐被瓦解，城区内部的河流丧失完整性和连续性。椒江由于建成区的扩展，小水塘面积迅速减少，山前地带湿地有减少的趋势。以沿"椒江－洪家"一线为例，到2002年已成为较成熟的建成区，小水塘

台州区域城镇发展历程　　　　　　　　　　　　　表5-9
The urbanizatoin process of Taizhou in history　　　　Table 5-9

历史时期	中心城镇	小城镇（区）
秦汉	属越、楚会稽郡，境内未出现一定规模的城镇	
两汉	章安/出于政治和军事需要，建立回浦县，章安为县治，并成为后来的章安县县治和临海郡郡治。为浙东南对外交往的要地和手工业、商业繁华的中心城镇	天台设县（始平县）
魏晋		仙居设县（乐安县）
隋	县治外迁，章安衰落	
唐	临海：郡治	黄岩城关、仙居城关
宋		椒江南口成为港口城镇，路桥南宋正式设镇，成为商贾云集的商贸重镇。新桥为黄岩五大集镇之一，头陀镇。
明		海门卫（1383年）为抗倭重地，驻军使之空前繁荣；黄岩城关有较大发展；前所镇
清	黄岩：由于沿海内迁30里，沿海城乡尽成荒芜之地。	玉环、路桥为建制镇。路桥为台州纺织业和商品市场中心
民国	黄岩：随着资本主义生产方式的兴起，城镇发展加速。形成了黄岩、椒江、路桥三镇鼎立之势	海门行政等级大幅提升；路桥发展为浙东南闻名的商业、手工业重镇。增设院桥、新桥、横街、金清等镇
建国	台州：两度划入宁波和温州。改革开放后，城镇飞速发展	城镇体系逐步完善

参考资料　台州地区志，台州地区地方志编纂委员会，杭州：浙江人民出版社，1995
浙江省台州市市域城镇体系规划（1999～2020），浙江省城乡规划设计研究院，2002

"反规划"途径

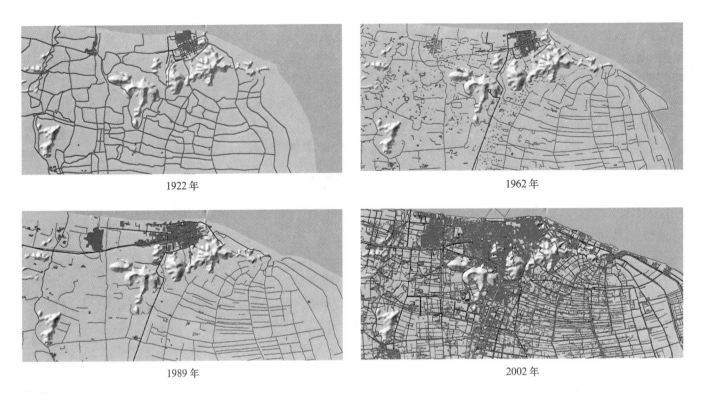

图 5.2.3-1 椒江城市扩张分析 Urban expansion of Jiaojiang District

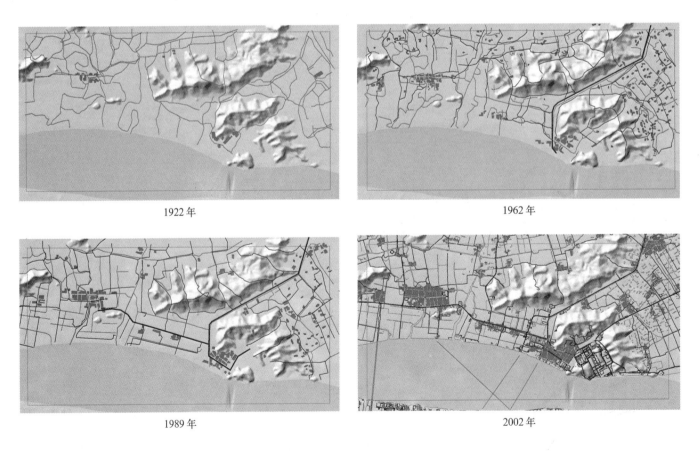

图 5.2.3-2 椒北城市扩张分析 Urban expansion of Northern Jiaojiang District

5 宏观——台州市区域EI及基于EI的城市空间发展格局

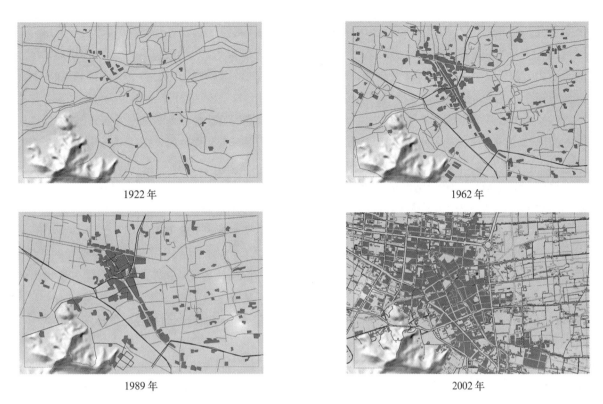

图 5.2.3-3 路桥城市扩张分析 Urban expansion of Luqiao District

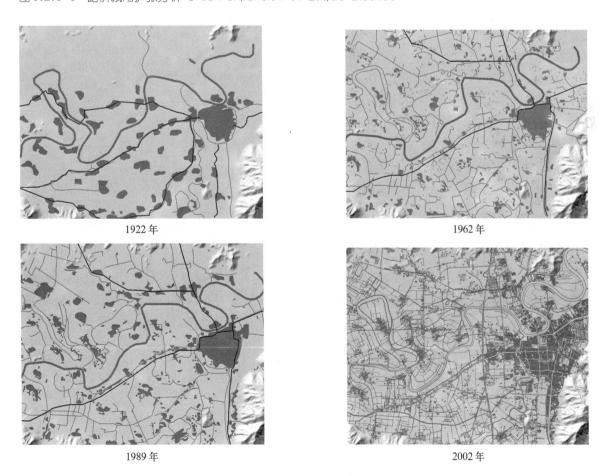

图 5.2.3-4 黄岩城市扩张分析 Urban expansion of Huangyan District

所剩无几。椒江城区白云山的水系"绕山"格局在以后的几十年中被逐渐破坏。路桥西南山前连续的水系由于修路在1989年已经中断破碎。章安镇与前所镇之间的水系也因道路工程的修建而破坏。

(3) 海塘变迁及围涂过程

海塘修建的过程也是台州对滩涂资源进行围垦的过程，同时也为了抵御台风潮汐的袭击，保护陆上耕地、城镇及设施，是当地围垦造地、抵御海潮的历史见证。据记载，早在五代后晋天福八年（943年），临海就开始了围涂造田的活动。自北宋、南宋、元、明、清各代，围涂活动向沿海地带逐渐扩张。元代后，温黄平原逐步向外筑塘围涂。

台州历史记载最早的海塘是明弘治年间（1488-1501年）的丁进塘，位于海门（今椒江）至横街一线的古沙堤附近，个别地段与古沙堤重合。明末，又相继筑了洪辅塘和四府塘，海岸外移3000m。清康熙十六年（1677年）至光绪二十一年（1895年）筑塘9条，海岸外移6000多米。民国年间筑汤塘和沙南沙北六塘。清代及民国时期围筑海塘，占全县耕地面积的七分之一。1951年至1987年间共筑塘14条，围涂面积7.5万亩，海岸向外推移5000多米。海塘变迁及围涂带来土地利用的改变，大面积滩涂被围垦造田。同时，内陆的湖泊如鉴洋湖，也在围垦造地中逐渐萎缩（沿海十塘变迁格局见图5.2.3-5，年代及典故见《黄岩水利志》第66页）。

5.3　景观评价——台州现状区域景观生态服务功能评价

本节主要研究现状景观结构，特别是由于人为干扰形成的景观的生态服务功能受损的状况，具体评价现状景观结构下的各种自然、生物和人文过程是否健康和安全。

5.3.1　河流自然过程受到严重干扰

台州河流经过不断人工改造，逐步演变成为人工管理下的工程化系统，河流逐渐丧失了其自然的泄洪、生物、美学等功能。这一过程综合起来主要包括如下几方面问题：

A. 两侧土地利用（景观格局）改变，包括房

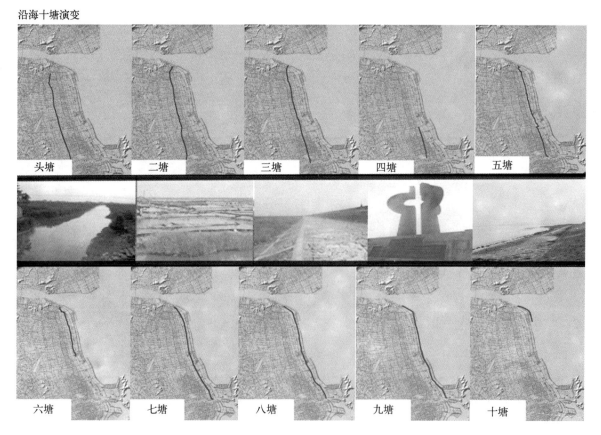

图5.2.3-5　十塘演变　Evolution of sea embankment

地产开发、围垦造田以及填河填湖等造成的地面抬升,还有废弃物处理和"农业治理"等,这带来诸多生态服务功能的改变;尤其是流域内的城市化发展带来的硬质地面增大,径流增加;据粗略估计,台州市区河网调蓄水量减少约30%。

B.大量工程化措施的影响,如修建水闸、水库等,通过工程蓄水使得径流被拦截;裁弯取直极大地改变了水流过程。

C.农业和工业的发展带来污水的随意排放,地表径流增加,水缺少交换和稀释等;如五大水域流经城市河段水质为四类至劣五类,其中椒江水系椒江段为四类,其他均为劣五类。水质污染最严重的是金清水系。台州平原河网水质和入海河流河口水质也很差。

D.同时,带来了人与水体的关系的改变,人们开始远离水,水除了具有泄洪通道、生产、航运的经济功能之外,调蓄洪水、生物保护、娱乐、游憩、教育、审美等功能都已基本丧失(见图5.3.1-1～图5.3.1-3,表5-10)。

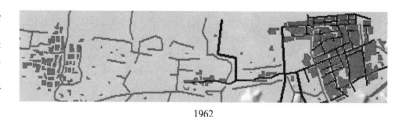
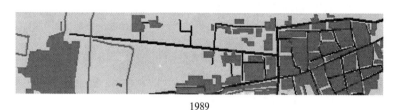

图5.3.1-1 椒江区-葭沚镇之间城市化过程与水系格局变化 The urbanization and water system evolution between Jiaojiang District and Jiazhi Town

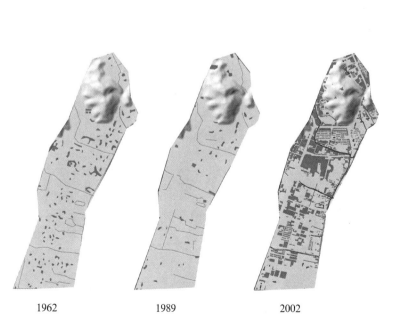

图5.3.1-2 椒江区和洪家镇之间城市化过程与水系格局变化 The urbanization and water system evolution between Jiaojiang District and Hongjia Town

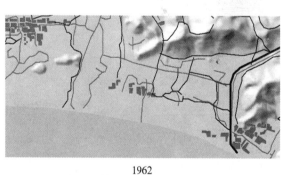
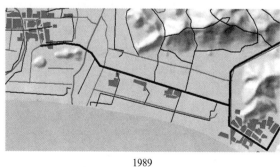

图5.3.1-3 章安镇和前所镇之间城市化过程与水系格局变化 The urbanization and water system evolution between Zhangan Town and Qiansuo Town

台州现状景观和人工干扰对河流过程和功能的影响评价 表5-10

The evaluation of impacts of existing landscape and human disturbance on the process and function of Taizhou water system   Table 5-10

干扰		河流过程与功能的改变
两侧土地利用（景观格局）改变	◆房地产开发	◆增大不透水地表面积，地表径流增加 ◆增加污水排放，水质变差 ◆河道固化，缺乏水体交换 ◆建筑紧逼河道、河道固化，导致景观质量下降，影响了人水关系，难以亲水，审美价值降低
	◆围垦造田（尤其是旱田）	◆水域面积减小，压缩了河道自然泄洪宽度 ◆使得洪泛区面积减小，增大了50年一遇洪水的威胁
	◆填河，填湖	◆填埋湿地，致使水面面积减小，河网调蓄洪水能力下降，加大了防洪工程措施的压力
	◆河道淤积，或者人为建设促使地面抬高	◆使得河流进一步成为地上河，增大了洪水风险，加大洪水治理难度
工程化措施影响	◆水库、水闸的兴建	◆影响了自然的水体交换，致使淤积严重，影响航运功能 ◆减少水体交换，同时增大污染风险
	◆江堤建设	◆河堤将河流与外界径流和洪泛区隔离，从而限制了洪水的天然游荡范围，加大堤防防洪压力
	◆河道的裁弯取直	◆导致洪水流速加快，加大下游抗洪压力 ◆洪水作为资源而白白流失，如用水、肥力、动力、以及生态资源等
水质影响	◆工业、农业和生活污水的任意排放 ◆水缺少交换和稀释等	◆污染带来水质的变化，虽然河网众多，但河道规模较小，致使现状河道排污能力脆弱 ◆水系连通性低，且比降低，造成水体流动性差，缺乏有效水体交换

参考资料：黄岩水利志，黄岩水利志编纂委员会，上海：上海三联书店，1991
椒江水利志，椒江市水利志编纂委员会，1993

5.3.2 区域生物过程的安全和健康面临威胁

台州目前的景观格局对当地生物过程具有重要的影响。前文借助适宜性评价和最小累计阻力模型对台州境内的代表性候鸟和留鸟的生境和迁徙特征进行了分析，从而可以评价景观格局的变化对于当地物种的生物过程具有重要的影响（表5-11）。

台州现状景观和人工干扰对生物过程的影响评估 表5-11

The evaluation of impacts of existing landscape and human disturbance on biological processes of Taizhou   Table 5-11

现状问题	对景观格局的干扰	对生物过程的影响评估
高等级公路威胁生物过程	台州境内高速公路、国道、省道等近年来发展很快，路网密度得到极大提高。1998年，境内甬台温高速公路为14.7km。2002年，在公路总里程中，高速公路达到128km。大环线全长48多km，规划内环线34km，设计时速80km/h	◆道路往往对区域生境起着切割、分隔和阻抑的作用，如铁路和公路往往对空间产生分割，切断了各生态系统间物种流动的路径，使其交流存在高危险性，迁徙动物穿越道路时常因车祸而死亡。 ◆大型食肉动物，必须在道路密度小于0.6km/km²的栖息地中生存，2002年底，台州全市通车公路总里程达4018km，公路网密度达到0.82km/km²，可以说台州的道路密度对生物栖息地已经造成威胁
大型水利工程威胁生物过程	在河道沿线建设一系列人工的水利工程设施，包括堤防、水闸、水库、标准海塘等	◆在一定程度上，对于生物生境和生物的迁徙活动造成了很大威胁
各类园区和开发区、城市化和集镇化建设威胁生物过程	近年来，由于台州工业用地缺乏有效协调，各区自行设置工业园区，各自为政，布局混乱	◆造成对一些关键性生态格局的破坏，污染加剧，这对生物栖息地破碎化带来巨大威胁
滩涂围垦威胁生物过程	围垦不断向海洋扩大陆域，表现为逐步推进的海塘和大面积的围垦造地	◆沿海湿地往往是重要的生物多样性基地，尤其是鸟类的优良栖息地。围垦会破坏鸟类栖息地、破坏生态平衡。围垦时间长会导致潮滩湿地生境退化，使鸟类失去了食物源和栖息地，种类和数量就会不断下降
环境污染威胁生物过程	随着工业发展，对当地环境造成了较严重的污染。主体是水环境污染	◆在被污染的水体里，两栖动物根本无法生存，导致两栖动物数量大幅度下降，爬行动物也受到极大影响

针对台州来讲，目前对生物栖息生境产生较大干扰的人为活动包括：

A. 高等级公路建设；

B. 大型水利工程（堤防、水闸、水库、标准海塘）建设；

C. 各类园区和开发区、城市化和集镇化建设等；

5.3.3 乡土文化景观保护及游憩过程前景堪忧

随着近年来的快速城市化和工业化，台州的乡土文化景观保护及游憩过程受到威胁（表5-12)，主要包括：

A. 台州完整连续的山水格局被粗暴地切断和破坏，独特的地方乡土游憩资源和过程受到损害；

B. 乡土游憩资源的破坏使得乡土审美体验过程受到损害，导致缺乏连续性的历史体验，文化认同感降低，现代和外来文化的入侵使人们已经淡忘了当地的乡土文化遗产和游憩方式；

C. 具有历史和地方特色的健康出行过程受到阻碍。

D. 滩涂围垦、环境污染和森林植被破坏都对区域生物栖息地格局造成巨大影响，降低了生物多样性。

5.4 景观改变——台州区域EI总体规划

通过上述评价，分析区域景观格局和生态服务功能存在的问题。本章主要研究景观格局的优化设计，总目标是针对各个过程，建立生态安全格局，提供多个安全水平上的景观改变方案，建立综合的生态基础设施，保障生态服务功能的安全和健康。

总体上讲，针对某一过程的景观安全格局的确定分为三大步骤：

第一，确定源 即过程的源，如生物的栖息地作为生物物种扩散和动物活动过程的源，河流作为洪水过程的源，文化遗产地作为乡土文化景观保护和体验的源，游步道和观景点作为视觉感知过程的源。这一部分的内容主要通过资源现状分布和土地适宜性分析来确定。

第二，空间联系 确定以源为核心的、源以外的、对维护景观过程的安全和健康、以及完整性起关键作用的区域和空间联系，包括缓冲区、连接廊道、战略点等。这一部分主要通过空间分析来确定。

第三，编制规划导则 制定保障实现景观安全格局和建立EI的具体的定量、定性原则。

台州现状景观和人工干扰对人文过程的影响评估 表5-12

The evaluation of impacts of existing landscape and human disturbance on cultural processes of Taizhou Table 5-12

现状问题	对景观格局的干扰	人文过程状态评价
极具地方特色的游憩过程受到损害	◆历史上从路桥到椒江和黄岩，往往通过水运，三镇勾连，山水相间，沿河两岸风光旖旎，美不胜收。而鉴洋湖历史上一直是台州的风景胜地。而今围垦造地已使鉴洋湖面萎缩，风景皆无。其他问题如水体污染、山体破相、建设混乱、乡土历史文化风貌丧失	自然山水格局的破坏使台州丧失了具有地方特色的游憩、旅游资源，当地人丧失了珍贵的游憩机会
审美体验过程受到损害	◆城市设计缺乏从视觉角度对景观敏感区域的考虑。一些重要视觉通廊建设大量高层建筑、广告设施将山体遮挡，城市轮廓线缺乏与山体景观的协调 ◆自然山体中的人工游憩系统过分人工化，与自然环境十分不协调 ◆历史景观周边缺乏合理的缓冲区域，重要历史文化景点缺乏联系，如历史名山委羽山上的高密度别墅群的景观破坏，五洞桥、文庙等古迹周围建筑形式的不协调和空间的混乱	由于建设缺乏与山水、历史景观的协调，因此造成自然审美感受的降低，缺乏连续性的历史体验，文化认同感降低
人们出行过程受到阻碍	◆历史上舟行航运既减少成本，又具游憩和审美价值，但现在水体污染，已无可能 ◆道路结构不合理，空气污染严重，机动车交通事故较多	出行作为生活的重要组成部分，缺乏安全、健康和生态的要素

5.4.1 防洪安全格局

进行防洪安全格局规划的出发点是：目前我国大江南北所采用的河道渠化，通过加高和固化河堤进行防洪的做法是错误的，洪水不应是灾害而更应是资源。防洪之道在于流域管理和滞洪系统的建立，特别是上游湿地系统的建立。关键的问题是应该有怎样的流域景观格局，特别是滞洪湿地格局来保障安全。

台州河流经过不断人工改造，逐步演变成为人工管理下的工程化系统，河流逐渐丧失了其自然的泄洪蓄洪、生物栖息地、美学等功能。而国外研究表明，由洪泛平原以及沿河的小面积湿地、沼泽地、湿林地等，对洪涝灾害有重要的调节作用，并提供了多样的环境条件，本身是河流系统的一个组成部分。河流保护范围应该横向扩展，包括水文上有联系的临近区域（Gardiner and Cole，1997）。因此，洪水安全格局的目标在于建立符合水自然过程的空间格局。沿河的支流水系、湿地、

永宁江沿岸水位调节计算表　　　　　　　　　　　　　　　　　　　　　　　　　　表5-13
The hydraulic calculation of water level adjustment along Yongningjiang River　　Table 5-13

沿江测站	现状水位(m)			疏浚后水位(m)		
	10%	5%	2%	10%	5%	2%
永宁江口	3.96	3.96	4.240	3.89	3.94	4.20
仙浦闸	4.13	4.25	4.572	3.93	3.96	4.25
八一厂				3.96	3.99	4.30
西江闸	4.40	4.70	5.088	3.99	4.06	4.35
新江闸	4.67	5.17	5.626	4.05	4.82	5.20
山头舟	5.76	6.51	7.161	4.41	5.66	6.20

永宁江洪水流量表　　　　　　　　　　　　　　　　　　　　　　　　　　　　　表5-14
The hydrological calculation of flooding waterflow of Yongningjiang River　　　Table 5-14

沿江测站	现状行洪流量(m^3/s)			疏浚后行洪流量(m^3/s)		
	10%	5%	2%	10%	5%	2%
永宁江口	1521	1578	1729	1360	1500	1700
仙浦闸	765	820	972	1203	1363	1500
八一厂	534	671	824	1100	1261	1400
西江闸	533	670	823	1093	1261	1350
新江闸	350	524	677	609	1016	1250
山头舟	528	942	1094	605	1019	1130

参考资料：台州永宁江治理二期工程设计报告，浙江省水利水电勘察设计院，2000

永宁江规划各区间的滞洪量表　　　　　　　　　　　　　　　　　　　　　　　表5-15
The hydrological calculation of flooding detention of each sections of Yongningjiang River　　Table 5-15

沿江测站	现状滞洪量（万m^3）			疏浚后滞洪量（万m^3）		
	10%	5%	2%	10%	5%	2%
永宁江口	306	722	1908	256	476	1310
仙浦闸	358	1714	2675	149	520	587
八一厂	33	418	848	0	176	663
西江闸	154	919	1517	19	530	760
新江闸	14	411	880	62	408	969
山头舟	0	0	1	43	348	495
合计	866	4184	7829	530	2458	4512
水库滞洪量	10835	13063	17021	10835	13063	17021

注：如果黄岩城区控制断面西江闸疏浚50年一遇洪水位需下降，有两种办法：其一是增加上游的滞蓄水量；其二是增加下泄流量。如采用增加上游的滞蓄水量，则水位从4.35米降到3.50米，需再增加上游的滞蓄水量1976万m^3；水位从4.35米降到2.80米，需再增加上游的滞蓄水量3735万m^3。

湖泊、水库以及一些低洼地是相互补充的洪水调节涵蓄系统,安全格局就是从整个流域出发,留出可供调、滞、蓄洪的湿地和河道缓冲区,满足洪水自然宣泄的空间。通过控制一些具有关键意义的区域和空间位置,最大程度地减少洪涝灾害程度,达到安全的目标。湿地的容量和河道缓冲区宽度是两个重要的变量,洪水安全格局的关键是建立两者动态消涨、相互补充的关系。通过GIS技术,利用径流模型和数字高程模型可以进行洪水过程的模拟,并据此判别不同防洪安全水平下的景观安全格局。本案例着重对防洪最具意义的永宁江进行防洪安全格局的探讨,具体步骤和内容包括:

(1) 具有潜在调洪功能的湿地范围(源)

永宁江沿岸的易涝区、古河道、洼地以及水塘、水田等在洪水调蓄中可以发挥重要作用。利用高程数据和地物图,可以判别作为洪水汇集的源区。具体包括:

◆易涝区 黄岩北洋、澄江、沙埠、院桥、路桥等地,高程一般为3.6～4.0m,新前乡为2.8～3.4m,城关、澄江、院桥、路桥、新桥等地为3～3.3m;地势低洼,极易受涝。

◆旧裁弯取直河段 永宁江历史上进行了多次裁弯取直,如戴家汇、孙家汇、江田汇、下灰洋汇等处。旧河段地势低洼,每逢暴雨,排泄缓慢。而近年来这里的村镇建设日益增多,一旦发生大洪灾就势必受灾严重。

◆利用GIS技术,通过径流非强制性溢出分析,模拟自然径流沿地形遇到低洼点的停滞位置,也可为潜在调洪湿地区域的确定提供参考依据。

(2) 不同防洪安全标准下具有调洪功能的湿地规模和格局

根据《台州永宁江防洪工程二期规划》的洪水风险频率10年一遇(10%),20年一遇(5%),50年一遇(2%)的相关数据和成果进行推演,计算洪水量,得到如下数据(见表5-13～表5-15)。

根据洪水风险频率的不同和洪水淹没区域的模拟,建立高、中、低不同防洪安全水平下的湿地规模和格局(见彩图12～彩图15)。同时,可以依据不同安全水平下的泄洪、污染物稀释、生物迁徙和视觉等要求,合理确定不同河道缓冲带宽度(与后面的生物及游憩过程的分析相结合)。

相应规模和格局的区域洪泛湿地与区域河道网络和区域水库、湖泊等景观元素一起,构成整体区域防洪安全格局。

(3) 规划导则

防洪安全格局包括区域洪泛湿地规模和格局、区域河道网络和区域水库、湖泊三类元素构成,根据不同安全水平的需要,对它们制定总体规划导则(见表5-16～表5-18):

A.导则之一——区域洪泛湿地规划导则

三种安全标准下的永宁江防洪安全格局及规划导则 表5-16

The flood control SP and guidelines at three security levels of Yongningjiang River Table 5-16

安全水平	永宁江防洪景观安全格局			规 划 导 则
	整体洪水调蓄容量(湿地、河道)		河道缓冲区范围(m)	
	面积(hm²)	蓄纳水量(万m³)		
高安全水平 (50年一遇)	5937	4512	80～150	◆允许建设,但应提高相应建筑标高和设施的防洪安全标准 ◆应限制布置大中型项目和有严重污染的企业,建设项目须达到相应防洪标准
中等安全水平 (20年一遇)	2774	2458	60～100	◆避免建设,否则应达到相关防洪标准 ◆可以保留农田,但是应调整生产结构和经营开发方式。如农业生产种植耐淹、早熟、高秆作物,开辟草场,发展畜牧业、养殖业 ◆在已被人工化改造的关键位置,应采取生态化工程措施退耕还湿,恢复自然河道 ◆在遵从自然过程的前提下满足社会、文化、审美需求,如建设湿地公园、养殖场,并发展科普教育和科学研究
低安全水平 (10年一遇)	1012	530	50～80	◆严格禁止城市开发和村镇建设,保留自然湿地状态,满足洪水、生物等过程的需要 ◆在已被人工化改造的关键位置,应退耕还湿,或采取生态化工程措施,恢复自然河道

河道等级划分作为防洪及河道治理的参考　　　　　　　　　　　　　　　　　　　表 5-17
The classification of water system　　　　　　　　　　　　　　　　　　　　　Table 5-17

等级	名称	长度（km）	宽度（m）	与其他水道的关系	功能定位	定级依据
一级	椒江	19（境内）	1500~2300	境内最大水系，由灵江以及永宁江两条主要支流汇集，入海河流	◆水系最主要的出海通道，区域尺度的航运功能 ◆生物栖息地，防洪排涝功能	a, b, d, e
	金清河	30.2	60~196	温黄平原上大部分南北向的河渠汇入，入海河流	◆水系另一个出海通道 ◆工业运输功能，排灌功能	a, d, e
二级	永宁江	77	80	发源于长潭水库，水量充足，有西江和中干渠汇入	◆重要游憩观光廊道 ◆生物栖息地，排涝通道 ◆城市民用航运交通等	a, b, c, e
	西江	22	14	由西建河、永丰河、南中泾交汇而成，与南官河和东官河贯通，上游有秀岭水库、佛岭水库和鉴洋湖等湖泊与湿地	◆重要的历史遗产廊道和游憩观光廊道 ◆生态功能也十分重要	a, b, c
	外环河	64.31	50	源头为永宁江，从黄岩规划城西河经东南中泾至复兴河、山水泾，通过路桥老城区南侧南关河向东流经青龙浦，至七条河向北从岩头闸出海	◆排涝、航运功能 ◆并增加蓄水能力 ◆同时兼具游憩观光廊道职能	a, b, c, e
	内环河（环绿心河）	43.46	南官河（19~25），徐山泾(25)，永宁河(38)	联系三片城区，由南官河、东官河、徐山泾、永宁河部分河段构成，并与永宁江、东部渠塘水网相贯通	◆重要的生态功能，贯通三镇 ◆重要游憩观光廊道和民用航运功能	a, b, c, e
	渠浦网络	12~19	16~25	东西向：高闸浦、洪家场浦、鲍浦、长浦等。南北向：三才泾，一条河，三条河，七条河等	渠塘文化廊道，连接山海的生态廊道，游憩观光	a, b, c
三级	其他河流	不等	不等	形成次级水系网络	调节微气候，连通水网，游憩	a, b, c, e

注1　参考资料　台州河道规划图，台州水利局
　　　　　　台州市河道疏浚整治规划报告，台州市水利水电勘测设计院，2002
注2　定级依据：
　　a. 河道现状规模，水量大小，与水系中其他河道的关系；
　　b. 河道对整个生态系统潜在影响范围和程度；
　　c. 河道的文化、美学以及游憩价值；
　　d. 河道在国民经济和人们日常生活中的航运功能；
　　e. 河道两岸的土地利用状况和开发程度。

洪泛湿地可以发挥多样的生态服务功能，包括：调控洪水，减缓旱涝灾害，生物栖息地，调节小气候，农业生产，净化环境，环境教育、游憩娱乐等。在规划建设当中应遵循如下导则：

◆低安全水平范围内（洪水高风险区域），应严格禁止城市开发和村镇建设，保留自然湿地面貌，满足滞水、生物栖息等过程的需要。

◆中等安全水平范围内（洪水中等风险区域），应避免建设，否则应达到相关防洪标准；可以保留农田，但是应调整生产结构和经营开发方式。如农业生产种植耐淹、早熟、高秆作物，开辟草场，发展畜牧业、养殖业。

◆高安全水平范围内（洪水低风险区域），应限制开发和建设规模，避免布置大中型项目，禁止有严重污染的企业，允许的建设项目须达到相应防洪标准。

◆在处于已经被人工化改造的防洪安全格局战略点位置，应退耕还湿，恢复为自然湿地，或采取生态化工程措施，将人工河道恢复为自然河道，恢复自然弯曲形态，从而恢复其滞洪功能。

◆在安全格局框架之下合理安排流域内土地利用，在遵从自然过程的前提下满足社会、文化、审美需求，如建设湿地公园、养殖场，并发展科普教育和科学研究。

◆在上述基于防洪安全格局的措施的基础上，保留或者构建必要的配套性防洪基础工程，包括

水库等级划分作为防洪及河道治理的参考　　　　　　　　　　　　　　表 5-18
The classification of reservoirs　　　　　　　　　　　　　　　　　　　Table 5-18

等级	名称	库容（万 m³）	水质	功能定位	定级依据
一级	长潭水库	69100	III类	◆台州市区饮用水源，严格保护周围环境，限制开发和建设 ◆灌溉，防洪，发电，调蓄兴利	a, b, c,
二级	秀岭水库	2040	III类	◆防洪为主，结合灌溉，发电，养殖 ◆游憩娱乐	a, b, d
	佛岭水库	1727	III类	◆防洪为主，灌溉为辅 ◆结合发电、养鱼、游憩娱乐等综合利用	a, b, d
	鉴洋湖	—	不详	◆重要洪水调蓄湿地，具有抗旱、排涝功能 ◆作为历史文化遗产和旅游资源，进行疏浚和景观恢复设计	d, c
三级	井马水库			◆供应东山、西山2万居民生活用水	c, d
	其他	—	—		

注1　参考资料　台州河道规划图，台州水利局
　　　台州市河道疏浚整治规划报告，台州市水利水电勘测设计院，2002
　　　台州地区志，台州地区地方志编纂委员会，杭州：浙江人民出版社，1995
　　　椒江水利志，椒江市水利志编纂委员会，1993
　　　黄岩水利志，黄岩水利志编纂委员会，1991
注2　定级依据：
　　　a. 现状的集雨面积、灌溉面积、库容；
　　　b. 发电的装机容量和发电功率；
　　　c. 对整个生态系统潜在影响范围和程度；
　　　d. 水质、景观游憩价值。

进洪闸、分洪道、泄洪闸、分洪区围堤工程等。在主流区和分流区附近，不允许布置有碍蓄滞洪的建筑物，并与灌溉、航运等功能相协调，满足国家有关城市防洪的强制性规范要求。

B. 导则之二——区域河道格局调整规划导则

建立洪水安全格局的战略措施还包括建立贯通的河道网络。台州现状河道水系等级不明，缺乏主干河网，造成排洪不畅、航运功能不足，因此应对区域水系格局和河道等级进行调整。

◆进行一级河道结合两岸土地利用现状和规划，根据安全格局的关键战略性河段（如次级河道交汇点附近）恢复生态湿地功能系统，并营造滨江防护林。防护林的树种选择本地树种。

◆疏浚一级河道，适当提高通航船舶吨位。结合港口选址和临港工业的布局，合理分配岸线，提供工业用水，建设集中的工业污水处理系统。

◆保护和恢复二级河道两岸的自然生境，增加湿地面积，通过局部开挖人工河道等方法加强水网的连通性，提供可选择性的辅助河道，在旱季作为绿色游憩通道，涝季充当泄洪通道。开凿内外环城河道，可以有效联结多种洪水调蓄和排泄体系。

◆因地制宜拓宽和加深二级航道，鼓励非机动船只的民用运输功能，减少运输污染和对生境的干扰；

◆三级河道保留自然驳岸，保持地表水系与地下水系的渗透平衡；改善沿岸植被状况，提高河道的自净功能，与原有的池塘、水田相结合，提倡用自然净化过程减轻生活污水对水系的污染；

◆三级水道的运输功能比较弱，在有条件的河段允许非机动船只通行。

C. 导则之三——区域水库、湖泊调整规划

区域水库、湖泊根据生态安全格局调整后继续提供以下服务功能：

◆生态维护　水体周围建立绿色缓冲区，涵养水源，保护生物栖息地。

◆供水与灌溉　改善库区植被，加强水土保持，提高城市饮用水源质量。建设入湖、入库水流的相对集中的（污水）处理和（湿地）净化系统，提高水质等级，疏浚和沟通人工灌溉沟渠，提供农业和林业生产用水。

◆养殖　在改善水质的基础上发展水产养殖，开辟水库运作的经济来源。

◆发电　一级水库处于山区，河流比降较大，

适合发展水力发电,其他水库不宜多发展小水电。

◆**调洪蓄滞** 通过河流支系以及沿岸的绿色廊道与整个水体网络相连接,建立相互贯通的洪水调节系统。

◆**游憩娱乐** 在不损害生态功能的前提下,发展结合水体的游憩、游览活动,开辟水上游览线路。结合水产养殖,开展自助捕鱼游憩活动。

5.4.2 生物保护安全格局

前文以物种为出发点进行了景观的生物过程分析和功能评价。基于上述分析和评价,进一步可以通过格局的优化来建立生物保护安全格局。生物保护从以物种为中心走向以生态系统为中心的途径的转变强调了建立整体的保护基础设施(Conservation Infrastructure)的意义(俞孔坚,1998,1999)。而通过将多个物种的生物保护安全格局相叠加,可以得到从生物保护出发的生态基础设施。

基于不同物种的特性,采取两种方法来建立相应的生物保护安全格局。

(1)基于栖息地适宜性分析的生物保护安全格局

针对黑嘴鸥、黑脸琵鹭、白鹳、黄嘴白鹭等候鸟,通过适宜性分析可以找出区域当中适于它们栖息的景观类型和分布,满足其大尺度选择迁徙停歇地的行为模式。这里主要选择黑嘴鸥来研究其栖息地的适宜性分布,而对于其他候鸟,如黑脸琵鹭、白鹳、黄嘴白鹭等,它们适宜栖息的环境的特征与黑嘴鸥基本接近。

◆根据表5-8,黑嘴鸥的适宜生境类型主要受水体分布的影响,主要适宜栖息地包括滩涂、水域、沼泽、水塘、河流、湖泊以及水田等。

◆另外一个非常重要的影响因素是与人类活动环境的距离,包括黑嘴鸥在内的候鸟等都喜欢在远离人的环境中取食、活动。

◆坡度对于黑嘴鸥的分布也有一定影响。

上述因素的影响在一些生物学研究中已经得到证实。如江红星等针对盐城(2002),丁平等针对温州(1997,1999),储照源等针对滦河口(1999)等。一些研究结论可以为生物栖息地适宜性分析提供帮助。如黑嘴鸥的适宜生境一般距水源距离500~1000m,距人类活动干扰距离大于500m(江红星等,2002)。因此,利用适宜性分析可以确定以黑嘴鸥为代表的候鸟生物保护格局。影响栖息地适宜性的因素、分值及权重见表5-19。

经过上述分析,可以将区域的黑嘴鸥适宜生境划分为高、中、低水平(彩图16)。

黑嘴鸥栖息生境适宜性分析 表5-19
Habitat suitability analysis for *Larus saundersi* Table 5-19

类型	生态因子	分级	分值	权重
1	土地覆盖类型	滩涂、沼泽	10	0.5
		水系、水库	8	
		水田	6	
		林地	4	
		经济林、竹林	3	
		草地、灌木林	2	
		旱地	1	
		建成区	0	
2	坡度(°)	0~5	10	0.3
		5~15	8	
		15~30	4	
		30~60	2	
		60~90	1	
3	距建成区距离(m)	>3000	10	0.2
		2000~3000	6	
		1000~2000	3	
		0~1000	1	
		0	0	

(2) 基于阻力面分析的生物保护安全格局

从表5-8可见白颈长尾雉、环颈雉等雉类喜好的生境是常绿阔叶林、常绿落叶阔叶林、针阔混交林和针叶林。台州森林覆盖率较高，不同海拔都有适宜雉类生存的植被存在，如海拔1000m以上的山中常见次生灌丛、灌草丛，马尾松针叶林在800m以下、主要在100～500m之间的山地丘陵广泛分布，阔叶林和针阔混交林主要分布500m以下的山地丘陵和谷地，竹林分布在400m以下低山丘陵，经济林分布在海拔100m以下的低丘陵坡地带。因此可以认为，就台州而言，地形和海拔对雉类的分布影响不大。因此雉类的水平空间运动过程主要受土地覆盖类型影响。可以采取最小累计阻力模型来建立其生物安全格局。主要包括如下步骤：

A. 物种栖息地（源）

生物学研究表明，白颈长尾雉的活动区面积在12月达到最大，为0.24km²（丁平，2002），而其全年的最大扩散距离达到3km（郑光美，2004）。环颈雉的活动区面积和扩散距离要大于这一规模，但因为其保护级别不高且人工饲养已较为成熟，所以对其野外分布的研究较少。这里主要依据白颈长尾雉的生存特征来建立雉类的保护安全格局。通过选择一定规模的林地斑块作为源，模拟不同土地覆盖类型对其扩散的影响，从而可以建立不同安全水平的生物保护安全格局，而根据全年最大扩散距离可以进一步确定其高级安全格局的水平。这里通过遥感分类和解译来判别，选择不小于20hm²的常绿阔叶林、常绿落叶阔叶林、针阔混交林和针叶林斑块作为雉类的种群源地。而小于这一规模的林地斑块可以作为跳板服务于物种迁徙过程。

B. 建立阻力面

根据指标物种的空间运动规律，通过模拟其在景观中克服阻力运动的过程，建立阻力面，再根据阻力面的特征来判别核心栖息地以外的景观安全格局元素。

首先，确定阻力因子。以大于20hm²的林地斑块为物种源地，考虑物种从源向外扩散过程中所遇到的累积阻力。不同的土地覆盖类型会产生不同的阻力。根据适宜雉类生存的栖息地类型，台州的土地覆盖类型的生态阻力等级可以进行如下排序：林地＜灌木林、竹林＜经济林、草地＜水田＜旱地＜建成区＜高速道路。各种地表覆盖的相对阻力系数分别拟定在0到500之间（表5-20）。需要指出，这些阻力系数和权重是由研究组根据专家的意见和有关资料得出的相对值，只反映相对的阻力概念，不是绝对的。但由于阻力面计算的目的是要反映相对的趋势，所以，相对意义上的阻力系数和因子的权重仍然具有意义（Yu，1996）。

其次，建立阻力面。根据上表，在Arc/info中利用GRID模块建立阻力面，通过费用距离分析（costdistance），建立最小累积阻力面。

C. 不同安全水平的生物保护安全格局

对获得的物种空间运动最小阻力进行空间分析，判别缓冲区、源间连接、辐射道以及战略点，从而构建生物保护安全格局（具体方法见Yu，1995、1996；俞孔坚，1998、1999）。生物过程的安全格局由以下几部分景观元素构成（彩图17、18）：

雉类空间运动阻力因子与阻力系数 表5-20
Resistance factors for movement *Syrmaticus ellioti* Table 5-20

阻力因子	分类	阻力系数(0～500)
土地覆盖类型	林地	0
	水系	10
	灌木林、竹林	10
	经济林、草地	30
	水田	100
	旱地	300
	建成区	400
	高速公路、道路	500

"反规划"途径

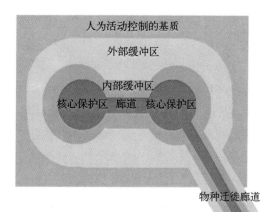
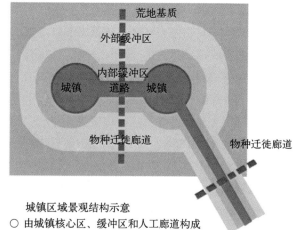

生物栖息地景观结构示意
- 由核心保护区、缓冲区和廊道构成
- 建立"不可替代"生态格局
- 建立大型斑块——核心保护区
- 主要的河流廊道和跳板连接破碎化栖息地

城镇区域景观结构示意
- 由城镇核心区、缓冲区和人工廊道构成
- 在荒地基质之间建立保证野生动物迁徙的隧道和立交桥
- 高速公路扩展或升级规划建设前,考虑提供野生动物通道
- 通道的选址应与整个地区的景观格局相配合,创造最有效的景观连接点

图 5.4.2-1 生物保护廊道与城市化区域结构示意 Diagram of biological corridors and the structure of urbanization region (Noss, 1996)

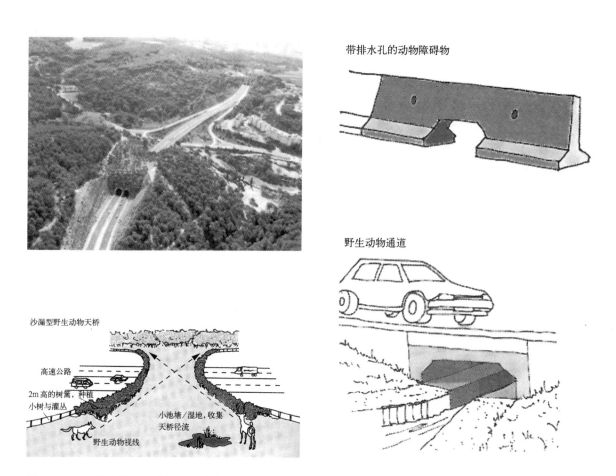

图 5.4.2-2 生物保护通道与天桥设计 Biological conduit and overpass design (Forman, 2002.)

◆源 核心栖息地,为现状自然条件最好的乡土栖息地;

◆缓冲区 源周围的低阻力区域;

◆廊道和辐射道 连接多个源的低阻力通道,或生物向周边运动的低阻力通道;

◆战略点 对生物过程具有关键意义的节点。

安全格局因不同保护等级或安全水平,而呈现不同的格局和范围。低层次的安全格局意味着较小的保护区和较弱的空间联系,可能仅仅能维持某种群的生存,而高层次的安全格局可控制较大的地域范围,意味着较大的保护区域和更为健全的空间联系。这里根据白颈长尾雉的最大扩散距离3km来设定高级保护安全格局。中级和低级安全格局则根据阻力面反应出的突变趋势来判别。

综合通过上述两种方法建立的生物保护安全格局,通过地图叠加,得到以雉类为指标物种的综合的、生物保护安全格局(彩图17、18、19)在此基础上,制定规划导则(见表5-21,图5.4.2-1,图5.4.2-2)。

(3)规划导则

规划导则指导生物保护景观安全格局的建立,主要针对安全格局的主要构成部分:源、缓冲区、廊道、辐射道和战略点的规划。前文对以白鹳为代表物种的候鸟,和对以白颈长尾雉为代表的留鸟分别建立生物保护安全格局,通过综合叠加可以获得整体的生物保护安全格局。并针对安全格局组分,如核心源区、缓冲区、迁徙廊道,以及不同水平的安全格局,可以制定相应的保护和管理措施与手段,从而为进一步的景观改变,即景观格局的优化设计提供指导。具体规划导则如下。

A.导则之一 源——建立绝对保护的栖息地核心区

(a)林地 根据2001年的统计,台州森林覆盖率达到62.2%,总体水平不低,但是森林分布不均,市区所辖范围内的椒江、路桥仅有29.3%和19.3%。随着建成区的扩展和各种人类干扰的加剧,林地趋于破碎化。经过Arc/info测算,台州目前的林地斑块1hm^{2}以上个数为539个,面积最大为13023hm^2。包括:

◆区域山地 包括西部的括苍山、北支天台山、南支北雁荡山,作为生物多样性最高的区域生态源地,同时也是市区的生态背景和水源保护地,

三种安全水平的雉类生物安全格局及规划导则 表5-21

The ecological SP and guidelines at three security levels for *Syrmaticus ellioti* Table 5-21

不同安全水平栖息地范围	现 状 描 述	规 划 导 则	保护区范围定量指标
低安全水平 (一级管理区)	以地域性次生植被为主,含少量半人工植被;生物多样性较高,人工活动较少,仅有少量农业耕作,和村落居住	◆以地带性植被为目标,改善植被群落组分结构,从植物类型和丰富度等方面改善景观功能,选择乡土物种进行生态恢复与保育 ◆从核心栖息地构建与外围的连接廊道 ◆保护其自然状态,禁止开发建设,以及机动道路和大型设施的修建 ◆设置野生动物观测站和营救设施	核心区外围1000m范围内的区域
中安全水平 (二级管理区)	以半人工植物为主,包括灌草丛、经济林等;人工干扰较多,包含了村落、企业以及道路	◆改善植被群落组分结构,在关键部位引入或恢复乡土植被斑块 ◆加宽景观元素间的连接廊道 ◆人工建设避开生态敏感区	核心区外围1000～2000m范围内
高安全水平 (三级管理区)	以人工、半人工植被为主,包括经济林、果林、农作植物;包含较多的人工活动,如城镇、村庄、企业、高速路等;以适应能力较强的边缘物种为主	◆调整土地利用格局,增加地带性植被比例 ◆在关键部位引入或恢复乡土植被斑块 ◆建设防护林体系,构建生物廊道系统 ◆道路建设中注意建设野生动物安全设施,如关键地点设野生动物穿越设施,部分或全部安装防护栏;路边种植不可食的植物,引导动物走指定的交叉点 ◆人工建设避开生态敏感区	核心区外围2000～3000m范围内(根据等阻线确定)

应予以绝对保护，避免城市化侵扰。

◆绿心山地　面积达65km²，包括九峰山、方山、黄毛山、药山等山体，以及二十多个自然村、农田水网和大片柑橘、枇杷、杨梅等经济林组成，作为靠近市区的最大栖息地源地，目前资源保护状况尚好，人为干扰较轻。今后应定为严格保护的栖息地核心区，严禁污染性工业；严格控制度假设施的建设规模；控制乡村发展；同时严禁砍伐林木，开山采石等破坏活动；避免高等级道路穿越，山间游道采用自然材料，禁止采用混凝土等人工材料。

◆城区山地　椒江：大白云山、枫山、太湖山、乌龟山等；黄岩：九峰山、翠屏山、松岩山；路桥：大人尖、牛角尖等。作为建成区内植被较好的栖息地斑块，在城市建设当中应严格保护，禁止毁林、开山采石等活动；在山体周围一定宽度范围内禁止建设，留出绿化缓冲带，并沿水系建立生态廊道与外界联系。

（b）湿地　台州市区所辖湿地面积约79.5×10⁴hm²，相当于台州市土地总面积的7.5%，是多种生物的栖息地，但台州湿地资源目前面临着最严重的威胁，应该制定严格保护措施。

◆滨海湿地生态价值最高，具有战略意义，应进行严格保护。划出七条河东部滨海湿地沼泽为严格保护的候鸟栖息地；保持自然面貌；控制村镇规模；避免开发，禁止发展医药化工等污染性工业；进行河道恢复、治污，改善环境；严格控制围垦速度和位置，提倡生态工业、生态农业。

◆河流、湖泊、库塘湿地，如鉴洋湖、长潭水库、永宁江等，应在一定区域内限制建设，遵从湿地植被生境和动物栖息地保护的要求，保护原生生态环境；控制城市化和围垦的侵占；同时发展水土保持林、水源涵养林，保护江河源头、水库库区的森林植被。

◆在一定区域进行湿地生态恢复，尤其是河流两侧的洪泛湿地、海岸湿地，为动物迁徙提供连通性良好的栖息地和廊道。

B.导则之二　建立缓冲区——以减少外围人为活动对核心区的干扰

农田作为最大的区域景观基质，是建立生物保护缓冲区的主体。同时台州具有特色的大面积橘林也是生物保护的重要缓冲区。

◆保护对生物过程具有战略意义的农田和经济林，避免城市化侵占；

◆保护区域的高产农田和经济林；

◆在破碎化景观中，作为跳板的栖息地斑块，应严格加以保护，城市建设和人为活动应避开这些位置；

◆应改善植被群落组分结构，加宽景观元素间的连接廊道。

C.导则之三　建立廊道——增加景观的连通性

对于破碎化景观，进行景观重建的关键途径是在景观碎片周围提供缓冲区和建立廊道，增加景观的连通性，提供更多的栖息地（Hobbs，2000）。

◆与整个地区的景观格局相配合，选择通道位置，创造最有效的景观连接；

◆建立核心栖息地之间的生态廊道，沿河是廊道位置的最佳选择。并且还可以参考河流廊道以及防护林体系的结构与宽度要求，将生物保护廊道与之相结合，使之具有生物保护、防护、减缓灾害等多重功能（见表5-22）；

◆廊道植物尽量采用乡土植物，并以自然形态最为有效。

D.导则之四　景观战略点——用高效的方法完善景观安全格局

从理论上讲，阻力表面的形态特征可以分为三个类：岛屿型，网络型和高原型，相应地存在多种生态战略点：鞍部景观战略点，交汇处的景观战略点，中央、边缘及角落战略点（俞孔坚，1998）。应用有关理论，通过以下规划导则来建立和完善多种生态战略点。

◆鞍部、中央、边缘及角落战略点。在距离较远的斑块之间、或在高阻力区域（如城市中心地带），通过填充空隙来增加景观连通性，建立林地或湿地等栖息地"跳板"，完善整体景观的结构。

◆交汇处战略点。在生物流的关键性部位引入或恢复乡土景观斑块，通过退化景观重建和恢复来扩大栖息地。如采矿废弃地、撂荒建设用地以

生态廊道与防护林体系 表 5-22
Ecological corridors and greenbelt systems Table 5-22

分 类	功 能	林带结构和宽度	树 种
滨海防风林	减轻和消除风沙危害，抗御台风、风暴潮和海浪侵袭	基岩海岸以人工片林为主，林带宽度多为30～50m	抗风性、耐盐性强的树种如木麻黄
		基干林带后配置林带宽度为100～200m的防风固沙林	
农田防护林	进一步减弱风沙，改善农业生态环境和促进农作物稳产丰产	农田防护林多呈方格网状，由主林带和副林带组成，主林带与主害风向垂直，以疏透结构为主，林带宽度5～10m；副林带与主林带垂直，采用通风结构，带宽3～5m	本地树种，如水杉、落羽杉、池杉
水源涵养林	保护城市水源的流量、水质和水源的环境为主要目标的防护林，其主要功能在于提高天然降水利用率，缓洪减峰，消减泥沙和净化水质	利用森林植被的生态恢复能力，采取人工促进天然更新的办法恢复森林植被	营造多树种、多层次的森林群落，形成结构复杂的混交林带
水土保持林	加强滨海城市周围山丘垂直绿化，增加森林覆盖率，保持水土和改善生态环境	保护原有天然植被的基础上封山育林、植树造林。	恢复乔灌草相结合的森林植被
道路交通防护林	减少机动交通对城市产生的噪声和空气污染	汽车专用道和区间主干道局部80～150m，快速疏港路，区间主干道，机场快速两侧设20～30m防护林	本地树种如香樟树、女贞、重阳木、乌桕等
卫生隔离林	减少工业生产对居住空气质量的污染，保障市民身体健康	工业与居住用地之间、对环境要求高的工业用地、污水处理厂、危险品仓库周围，分别设置10～50m的防护林	抗污染能力强、具有吸收有害气体功能的树种：如枸树、海桐、夹竹桃、珊瑚树等

及廊道断裂处的生态重建。

◆城市建设如果与生物廊道相矛盾，如果对生物过程是不可替代的，应以保持生物和自然过程连续性为原则。如大环线的兴建极大促进了三区的社会经济联系，但是在某些部位却隔断了核心栖息地之间的联系，并且是战略性的不可替代位置，应避免人工建设，或建设生物防护措施，如动物天桥和地下通道等设施。

◆对高等级公路扩展或升级前，应考虑提供野生动物通道。

5.4.3 乡土文化景观安全格局

以往文化遗产保护的研究更多集中在文物意义上的实物的保护。现代遗产运动已发展到对文化景观、文化线路和遗产运河的关注（俞孔坚等，2004，2005）。本研究强调在特定环境下的乡土文化景观和历史遗产的保护、体验和感知过程。主张对这种体验和感知过程的保护是乡土文化景观保护的核心。而乡土文化景观的体验本身是主体（体验者）沿一定的路径和场所，穿越景观的感知和体验过程，可以被理解为一种流动的过程。基于这种认识的乡土文化景观，实际上是一个由许多点和廊道构成的网络。乡土文化景观安全格局是指对这个体验网络起关键性作用的场所和空间联系。

（1）乡土景观遗产（源）

台州乡土文化景观包括省市级文保单位和数量众多的宗教活动场所及民间活动场所。在有关文物普查资料、宗教活动场所资料和大量现场调查基础上，落实了各个乡土遗产点的准确位置以及其周边状况。这些乡土遗产点包括台州市区所有的文物保护单位及主要佛教、道教、基督教和天主教寺庙、道观、教堂，共计130余处。之所以要把各个主要宗教活动场所包括在内，是因为调查发现这些宗教活动场所，和当地人的生活息息相关（当地有逢年过节拜庙的风俗），大都兼备各个社区老年人活动中心职能，它们大多本身也具备一定的乡土建筑遗产价值。除了历史价值，许多场所还作为重要的社区活动中心。因此，乡土文化遗产安全格局目标在于建立以重要文化遗产为核心的乡土文化体验过程的完整性和连续性。乡土文化遗产廊道是这种过程的重要载体，其选择标准包括：

A. 历史意义 指廊道内应具有塑造地方、州县或国家历史的事件和要素。台州地区具有多处文物保护单位和文化遗产点，在当地乃至更大区域的历史发展和文化中发挥着重要的作用。如戚继光祠、孔庙、沙埠青瓷窑址、以及十里长街、解放一江山岛烈士陵园等。

B. 建筑或工程上的重要性　指廊道内的建筑具有形式、结构、演化上的独特性，或是特殊的工程运用措施。台州自古以来修建的海塘、堤坝等工程设施对于当地生产、生活具有十分重要的意义和价值。

C. 自然对文化资源的重要性　指当地自然景观在生态、地理或水文学上的重要性以及对文化塑造的意义，如所研究的区域是否具有完全、基本未被破坏的自然历史；场地是否由于人类活动和开发而受到改变；哪些自然要素是景观的主体，决定着区域的独特性。台州水系纵横，山体、丘陵分布广泛，这些自然景观因素对于当地的地域文化塑造具有直接的影响。

D. 经济重要性　指保护廊道是否能增加地方的税收、旅游业和经济发展。实现文化、生态、社会、经济的多目标，对台州具有很强的现实意义。

基于以上原则，对台州潜在的有助于建立乡土文化遗产廊道的要素进行分析。这些乡土文化景观点和文化线性要素可以作为乡土文化景观的源（见表5-5，表5-23）。

(2) 乡土文化景观安全格局

基于以上定性评价，进行乡土文化遗产廊道适宜性评价和模拟。以乡土文化遗产点和一些重要的线性要素为源，将乡土文化体验过程视作一种沿着不同线形要素扩展的过程（见彩图20～彩图22）。本研究对两种情况下进行了试验：单纯线性要素和加入土地利用类型面状要素（相关要素的阻力系数如表5-24）。景观元素阻力系数赋值的关键在于这些景观元素对乡土遗产游憩活动的兼容性，对该兼容性的分析分两个步骤进行。首先是对当地人的询问调查，调查表明，当地人在游憩选择中，对于乡土遗产倾向度很高，此外，对于林地、灌木和山间的选择度高于经济林、竹林、草地等，再次是农田，对于水体的选择度则和水质情况密切相关（由于遗产廊道的建设是以景观整治为前提的，本研究假设水质将有显著改善）。在此基础上专家判断打分，最终统计形成赋值（表5-25）。

(3) 规划导则

在上述分析的基础上，对乡土文化遗产廊道涉及的乡土文化景观、自然景观和游憩资源进行保护、整合和特色的强化，对廊道涉及区段进行必要的景观整理，提升廊道的游憩价值。在此基本原则下，制定具体导则：

台州文化遗产廊道景观要素　　表5-23
Vernacular landscape elements in the heritage corridors in Taizhou　　Table 5-23

乡土文化遗产廊道要素	特　征　描　述
海门沙堤	是台州海陆变迁过程中留下的一条离岸古沙堤遗址景观，这是最后一次海侵的遗迹，全长18km，最宽处350m，最窄处10m，堆积厚度4～7m；并且沙堤内侧发育成一系列古潟湖群，如黄岩鉴洋湖、椒北章安湖等。具有较高的科学研究价值。但作为实物的遗迹已基本全无
古驿道	台州境内有三条古驿道，以及沿线的一些古驿站，具有一定的历史文化价值。但是可惜这些遗址景观大都被毁，并且当代公路国道与一些省道大体沿古驿道修建
西江、南中泾、鉴洋湖	重要的水系河流，在历史上的生产、生活以及乡土文化组成中发挥着极为重要的作用。例如西江、南中泾到鉴洋湖以及十里长街一线，包含着作为重要的历史航运水道、防洪水利工程、道教文化、以及乡土渔耕文化等在内的多种历史文化信息，同时连接了黄岩文庙、五洞桥、委羽山大有宫、鉴洋湖等历史文化景观，并且具有黄岩所特有的大片橘林景观，因此具有较高的历史重要性和建筑、工程上的重要性，以及自然景观特色。具有旅游、游憩价值的绿道和文化遗产廊道也将具有很高的经济价值
沿海十塘	在历史上是台州人民与自然斗争的见证，记载着当地围垦造地的历史，具有很高的水利工程方面历史重要性
椒江城区戚继光祠和周边旧街区	具有较高的历史文化重要性。但已经遭受较大的破坏，并且面临着旧城改造的危险

乡土文化景观体验的阻力因子与阻力系数 表 5-24
Resistance factors for vernacular landscape experience Table 5-24

(a) 线性要素(based on linear landscape elements)

阻 力 因 子	阻力系数（0~500）
古海塘、古驿道	10
水系	20
山路	20
田间小路	50
机动交通道路	200
高速公路	50
空白	400

(b) 线性要素+土地覆盖类型(based on linear landscape elements and land cover)

	阻 力 因 子	阻力系数(0~500)
土地覆盖类型	灌木、林地	20
	旱地、水田	150
	经济林、草地、竹林	100
	建成区	200
线性要素	古海塘、古驿道	10
	水系	20
	山路	20
	田间小路	50
	机动交通道路	300
	高速公路	500
	空白(看作水田)	150

三种安全水平的乡土文化景观安全格局及规划导则 表 5-25
The vernacular landscape SP and guidelines at three security levels in Taizhou Table 5-25

范围	职能	宽度(m)	规划导则
遗产廊道核心范围	遗产保护、生态保护与整治	廊道单侧30~200	以遗产保护和绿化、生态恢复为主，严格控制建设，逐步迁出机动交通，对已有建设区域一方面尽量进行迁并、另一方面进行景观整治，形成和烘托遗产廊道的历史气氛。禁止高噪声、高污染等与遗产廊道发展不利的土地利用
服务和管理范围	服务管理和主题性游憩发展	廊道单侧200~400	适度引入主题性游憩项目，加强绿化，发展户外游憩，在严格控制的地段内，允许适度开发和利用。严格限制高噪声、高污染等与遗产廊道发展不利的土地利用
一般控制范围	一般性游憩发展	廊道单侧500~700	限制高噪声、高污染等与遗产廊道发展不利的土地利用。以游憩发展为主要职能，鼓励建设与遗产廊道主题紧密相关的游憩设施和项目

A.遗产廊道范围

在利用GIS进行遗产廊道适宜性评价的基础上，在三个层次上划定遗产廊道所在范围：

◆第一层次为乡土文化遗产廊道的核心范围，其主要管理内容包括三个方面：遗产保护、生态保护与景观整治，应以遗产保护和绿化、生态恢复为主，严格控制建设，对已有建设区域一方面尽量进行迁并、另一方面进行景观整治，形成和烘托遗产廊道的乡土文化气氛；

◆第二层次为廊道的服务管理区，其主要管理内容是为遗产廊道的使用提供服务，适度引入游憩项目，加强绿化，发展户外游憩，在严格控制的地段内，允许适度开发和利用；

◆第三层次为廊道的一般控制区，一般控制区是遗产廊道景观的外围部分，一般控制区的规划控制，除满足城市规划的其他要求外，还应在土地使用类型等方面有所限制,即限制高噪声、高污染等与遗产廊道发展不利的土地利用。

B.乡土文化遗产保护

根据国际、国内有关文化遗产保护法规文献的要求,对乡土文化遗产根据具体情况进行保护。

◆对于已经作为文物保护单位登记在案的文化遗产,其保护和修缮要严格遵守原真性的原则。

◆对于未列入文化遗产保护名单,但具有较高价值的乡土文化遗产,其保护和修缮应在深入研究的基础上按照文化遗产保护、修缮的科学原则进行,尊重文化遗产本身的原真性,同时保护文化遗产的历史环境,体现完整性原则。

◆同时,由于乡土文化遗产与其所根植的社区有着不可分割的联系,保护这些乡土文化遗产还意味着对有关民俗和乡土文化背景的保护。对于本身价值相对较低的乡土文化遗产(主要是历史较短的庙宇)来说,应主要从这个角度对其进行保护。

C.生态保护与景观整治

对作为乡土文化遗产廊道背景的自然系统应进行保护,同时,对廊道生态和视觉质量较低的区域进行景观整治,以提升遗产廊道的视觉质量。具体措施包括:

◆保护廊道内部的河道、湖泊和其他水体,禁止填河等对生态功能有负面影响的行为;禁止裁弯取直,禁止对护岸的硬化,保护现存自然洪泛区,逐步恢复被侵占洪泛区的自然形态;禁止工业性污染物排放,防止生活性污染物排放,沿水体周边建设缓冲性林带和湿地,防止农业污染;同时建立滨水游憩系统,开放被私有化的滨水区域。

◆保护廊道内部的自然山体,禁止挖山、采石等破坏行为;对已经挖采形成破坏的区域进行生态恢复;开放被私有化的山体区域,建设连续的山水游憩系统。

◆保护廊道内部的自然林地,禁止滥砍滥伐。

◆保护廊道内部的湿地资源。

◆保护廊道区域的高产农田,保护经济林。

◆加强滨水、沿山的绿化,在绿化树种的选择上要以乡土树种为主。同时注意树种的搭配,注意美学与生态并重,在形成乡土文化遗产历史环境的区域,要注意历史气氛的烘托。

D.游道与交通系统

◆建立连续的滨水、沿山建步游道系统,在遗产廊道核心范围内,避免机动交通,增加遗产廊道与机动车交叉口的安全性,增加廊道的可达性。

E.设施和解说系统

◆结合游道建立解说系统,增加必要的服务设施;对遗产廊道内的文化遗产、自然景观资源进行整合,强化遗产廊道景观特色。

◆根据各遗产廊道的具体情况确定其解说主题,解说系统规划和设计应具有连续性,使参观者获取足够信息;充分体现被解说对象特色,避免过度解说。

◆在服务和管理区域,在一般控制范围,鼓励建设与遗产廊道主题紧密相关的游憩设施和项目,增加的设施应基于遗产廊道的发展需要。在遗产廊道核心区域,应严格控制建设。

5.4.4 游憩安全格局

(1) 战略性游憩景观(源)

游憩可以理解为一种人在景观中的主动体验过程,游憩安全格局是指对人在景观中的游憩体验过程的质量具有关键性意义的景观元素和空间联系。游憩安全格局较乡土文化景观安全格局的意义在于综合研究区域内适宜游憩的各种景观元素的分布格局,并且是基于游憩作为一种水平扩张过程的认识。土地覆盖、游览线路及历史文化景观的分布对于游憩活动的开展有着重要的影响。从适合市民游憩活动的景观来说,自然景观更为优越,台州区域的森林、水系、水域以及湿地等景观具有较高的游憩价值,同时古桥、寺庙等乡土文化景观也是游憩活动的重要元素。因此,考虑以水系为主要游憩线路,联系重要自然景观和文化景观,建立联系的区域绿色游憩网络。

(2) 游憩安全格局

建立游憩安全格局要考虑的因子包括土地覆盖、水系和乡土文化景观。以山体、水系和乡土文化景观为源,建成区、村庄、道路等土地覆盖类型为阻力因素,制定如下相关的自然要素和阻力系数表(表5-26),并建立最小累计阻力模型。基于阻力模型,进行最小累计阻力计算,得到游憩阻力面。再根据阻力面判别游憩安全格局（见彩图23）。

（3）规划导则

游憩安全格局具有多层次和等级，划分高、中、低不同等级的安全格局，可以提出不同的规划导则和建设控制策略（见表5-27）。这里的安全的含义更多是强调基于水平过程的一种适宜性分析。

5.4.5 视觉安全格局

视觉安全格局是维护景观视觉感知过程的关键性景观元素和空间联系。针对各类游路和廊道进行可视度分析，确定研究范围内的景观视觉敏感区域。保护某些景观视觉质量较高的地区，并对视觉过程影响最大的区域进行控制，建立不同水平的景观视觉安全格局。

（1）确定视点和线路（源）

台州山水景观兼具，如九峰山、丫髻岩，椒江的大白云山、太湖山，黄岩的南北山体都是重要的视觉焦点。以前述的乡土文化遗产廊道及游憩路线作为视点和感知路径进行可视度分析。具体来讲，对四条廊道进行可视度分析：永宁江游憩廊道、西江历史文化遗产廊道、洪家场浦游憩廊道、内环河廊道。

（2）确定景观视觉敏感区域和视觉安全格局

通过GIS工具来进行沿游线对周围景观的可视度计算，根据可视度分布的直方图（可视度分布曲线）将整个研究范围的敏感区分为三个等级：高敏感度区、中敏感区、低敏感区。针对洪家场浦、绿心环河、西江——鉴洋湖以及永宁江建立视觉安全格局（见彩图24～彩图27）。经过分析发现重点视觉敏感区域包括：

（a）沿永宁江游憩廊道：视觉敏感区域包括黄毛山、松岩山、翠屏山，以及应家山等；

（b）沿西江——鉴洋湖游憩廊道：视觉最为敏感的地带依次为黄岩松岩山、翠屏山、委羽山、九峰山西面黄毛山、马鞍山、炮台山、鸡笼山等；

（c）沿洪家场浦游憩廊道：最敏感区域是绿心东边的大岳山、大仁山、狮子头，以及黄毛山

与游憩过程相关的自然要素和阻力系数表　　　　　　　　　　　　　　　　　　　　　　　　　　表5-26

Resistance factors for recreation process　　　　　　　　　　　　　　　　　　　　　　　　　　Table 5-26

相关要素	分　类	阻力系数（0～500）
土地覆盖	经济林	100
	竹林	100
	灌丛	150
	草地	200
	农业水田	300
	农业旱田	300
	建成区	500
水系、湿地		0
历史文化景观		0

三种安全水平的游憩安全格局构成和规划导则　　　　　　　　　　　　　　　　　　　　　　　　表5-27

The recreation SP and guidelines at three security levels　　　　　　　　　　　　　　　　　Table 5-27

等级	特　征	范　围	规划导则
核心游憩景观	富有特色的自然山体、湿地、水系和历史文化景点作为核心游憩景观	包括资源本身的点、线、面等多种类型	以保持自然原貌为基本原则，对自然要素避免侵占，进行生态恢复、景观保护与整治；对遗产元素遵照原真性原理进行保护
游憩高适宜区	从适合人游憩活动的景观来说，自然景观更为优越，因此临近核心游憩景观的自然景观就作为游憩高适宜区	随周边的自然景观要素而定，如农田、湿地、林地的范围，基本保持在200m以内	对自然要素避免侵占，进行景观保护与整治；不做大的建设，如有建设必要，应深入研究确定其体量、形式、色彩等
游憩中适宜区	对于核心游憩景观周边一般的村镇、农田和林地，具有烘托气氛，作为背景的作用	随周边的景观要素而定	尽可能保持自然要素。对遗产要素可以进行有机更新，基于原有风格进行设计
游憩低适宜区	建筑密度较高，自然和文化遗产要素较少。空间特色不突出，历史文化价值较低	随周边的景观要素而定	尽可能增加自然要素，如林木、水体；设计当地的现代风格建筑及环境

等山峰；

(d) 沿内环河游憩廊道：视觉敏感地段主要是黄岩九峰山、松岩山，路桥大人尖、老人尖，以及椒江乌龟山、应家山等。

因此，将基于若干关键视点和线路的景观视觉敏感度范围综合起来，可以建立不同安全水平上的、对于区域来讲最为关键的敏感区域，它们构成不同安全水平的区域景观视觉安全格局。

(3) 视觉安全格局规划与管理导则

上述视觉安全格局的建立可以为制定景观视觉保护与管理对策提供指导原则。具体包括：

◆ 确定重要视觉通廊位置，建立视觉控制区。能够在多处被看到的景观相对于游人难以看到的景观显然具有更重要的战略意义。例如，通过可视度分析，发现九峰山是十分重要的视觉敏感区域，需要建立视觉通廊和视觉控制区，从而在下一层次的规划中设定高度控制分区，确定视觉通廊保护宽度，避免在城市建设中山体被高层建筑所遮挡。

◆ 为绿化的视觉效果提供依据。在视觉敏感区域的山体，应严禁进行开山采石，毁林等对景观破坏十分严重的活动。通过对区域内的多处采石场分析，可以获得采石山体的景观可视度，为采石场的生态恢复提供依据。

5.4.6 区域整体生态基础设施与实施导则

综合以上自然过程、生物过程和人文过程的安全格局（SP），建立综合的区域生态基础设施（EI）。它们共同为区域生态服务功能的健康和安全提供保障。由于各种过程的安全格局都因安全水平的不同而有差异，它们综合叠加后形成的整体 EI 也会有多种对应于不同安全标准的空间结构，是一组介乎于最高（当所有过程的安全格局都是最高安全标准时）与最低标准（所有过程的安全格局都是最低安全标准时）之间的多解（图5.4.6-1）。根据台州的实际情况，结合基于EI的多种城市发展空间格局比较研究（见后），本案例就各个过程都取中等安全水平作为最终推荐方案，并据此划定绿线。同时，呈示最高和最低标准的生态基础设施规划方案，供决策参考（见彩图28~彩图36，表5-28）。

(1) 区域EI整体构架

区域生态基础设施总体构成网络状的空间构架。总体格局为：以区域南、北、西山体和绿心为重要的生态源地，以其他山地、林地和湿地为斑块，通过沿水系、道路、海岸、海塘等线性元素建立生态廊道、文化遗产廊道、游憩廊道和视觉廊道，构成区域网络状生态基础设施和开放空间构架。它们在一个以农田和城市建设区为主导的基质上，维护区域自然、生物及人文过程的健康和安全。这一区域EI可以形象化地概括为：

江海弯弓，	金牛锁口；
龙饮长潭，	群峰探洋；
环佩三镇，	系联六水；
八流迎潮，	十塘蓄气；

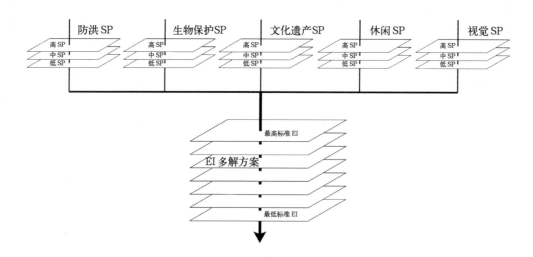

图5.4.6-1 综合多种景观安全格局的多解生态基础设施示意 Diagram of alternative EI by SP overlay

多种安全格局特征比较综合　　　　　　　　　　　　　　　　　　　　　　　　　　表 5-28
The comparison and integration of various SP　　　　　　　　　　　　　　　　　Table 5-28

SP	针对问题	源	空间格局
防洪SP	改变单纯依靠泄洪、加高河堤的不利防洪策略，利用河流自然过程防洪	具有潜在调洪功能的湿地（包括低洼地、易涝区、裁弯取直地区）与河道缓冲区	建立连续的区域系统防洪和蓄滞调洪格局，并针对高、中、低洪水风险建立不同防洪安全等级的空间格局
生物SP	针对快速城市化进程中的栖息地破碎化所带来的生物多样性危机	指标物种的核心栖息地（关键性林地斑块，主要是面积大于5hm²的木本植物群落林地）	建立包括乡土栖息地、联系廊道、关键性辐射道和战略点在内的区域生物栖息地网络，并建立这些战略性生物保护要素在不同安全水平下的空间格局
遗产SP	解决快速城市化和现代化冲击下的地方乡土文化丧失的危机	文化遗产点（省市县级文物保护单位和数量众多的宗教活动场所及民间活动场所）和遗产廊道（重要的线性）	建立乡土文化遗产网络，保护以文化遗产为核心的乡土文化体验过程的完整性和连续性
游憩SP	建立符合生态文明时代的游憩方式，维护对乡土文化的主动体验过程	战略性游憩景观（自然景观如山体、森林、水域等；乡土文化景观如古桥、寺庙等）	建立区域绿色游憩网络，联系重要自然景观和文化景观
视觉SP	针对快速城市化过程中缺乏对地域自然和文化视觉特色的考虑	包括前述的自然廊道和文化遗产廊道（永宁江游憩廊道、西江历史文化遗产廊道、洪家场浦游憩廊道、内环河廊道）	维护景观视觉感知过程的完整和连续，建立关键性景观元素之间的空间联系，找出景观视觉敏感区域和视觉安全格局

洞桥庙舍，稻田橘乡。

(2) 沿外环河生态基础设施实施导则

建立联系外围山、江、海、湖的外环河生态和游憩路线。具体路线为：江口——永宁江——黄岩规划城西河——西江——东南中泾——复兴河、山水泾——路桥老城区南侧南关河——十里长街——青龙浦——七条河、岩头闸——椒江——台州湾。除了具有调洪、蓄水、排涝、航运功能外，同时还兼具游憩观光廊道职能。具体各段设计导则如下：

A段：江口——黄岩城区的永宁江河段：以水上巴士、沿江自行车道和步行道游览方式为主。主要景观特征：沿岸山体、湿地、水体、寺庙、城市天际线。

◆江口段保留河流自然形态，搬迁和整治工业区，通过工业用地的调整置换和废弃工业用地的生态恢复，建设工业景观公园，开展工业旅游。

◆保护江口湿地，保持自然面貌，建设湿地公园；保护两岸橘林，发展生态观光项目。

◆城区段开放滨水区域，构筑城市生活场所；设计复式堤岸；在低安全水平（10年一遇）范围内，保持自然湿地；中安全水平范围内，进行生态恢复和景观整治，调整土地利用，开放岸线，开发临水黄金地段的城市商业、居住和公共设施，塑造绿色水岸和城市新轮廓。

B段：黄岩——西江——东南中泾——复兴河、山水泾——路桥十里长街

◆保护乡土文化景观，通过对廊道本身的乡土文化景观的保护，使之成为区域地方精神的重要载体和纽带。包括：修缮、保护文化遗产实物；整治遗产周边环境；建立解说系统；建设可参与的观光农场、渔场；改造利用旧民居、村庄，开展乡土文化及民俗旅游。

◆连接主要城市发展区域和历史文化及游憩区域，组成区域游憩网络。包括调整滨水地段不适宜游憩的土地利用，设立游船码头，建立水上游道，提高水体利用率。

◆河道与湖泊的保护与恢复，将现有绿道建设为区域整体水系统的重要组成部分，包括：建设农田缓冲区，减少土壤养分流失和水体污染，疏浚河道和湖泊，强化调蓄功能，同时作为旅游资源进行利用。

C段：青龙浦——七条河、岩头闸——椒江——台州湾

◆结合河道整治规划，通过疏浚河道，增加通航能力，并开发水上旅游线路，结合沿岸自然景观和区域乡土文化遗产，沿水系建立绿道。

◆增设解说系统，对沿途的不同文化和景观类型进行说明；恢复自然水岸，结合滨水建筑的设计，建造亲水平台；并结合当地的盐棚、民舍等设施，形成局部开放空间，建设交流场所和游憩设施。

◆城区段河道沿岸调整土地利用，营造市民日常生活的亲水空间，增加游憩、商业、服务等设施，并提高居住质量，为滨水空间增添活力。

◆尽量保留河道自然岸线，两岸保留至少10m以上宽度的绿化植被带。

◆减少排入的生产生活污水量，提高水质等级。

D段：椒江——江口

城区重要的生活黄金水岸。

◆城区段开放滨水区域，构筑城市生活场所；设计复式堤岸；在低安全水平（10年一遇）范围内，保持自然湿地；中安全水平范围内，进行生态恢复和景观整治，调整土地利用，开放岸线，开发临水黄金地段的城市商业、居住和公共设施。

◆在小圆山、牛头泾等标志性景点位置，设立观景点，建立视线通廊。

◆减少排入的生产生活污水量，提高水质等级。

（3）沿内环河生态基础设施实施导则

建立联系三片城区的水上旅游黄金线路。具体路线为：南官河——东官河——徐山泾——永宁河部分河段——东部渠塘水网。内环河具有重要的生态功能，同时也是重要的游憩观光廊道和民用航运水道。

A段：南官河——徐山泾

◆位于绿心南部，规划为联系黄岩和路桥的水上游憩线路；通过疏浚河道，南官河拓宽至19~25m，徐山泾至25m，增加通行能力；

◆在低洼盆地，局部可扩大水面，并结合橘林、稻田、农舍等开发民俗风情特色旅游；

◆保持自然岸线和滨水植被带，沿河岸保持自然小路作为自行车和步行道，沿水系建立绿道；

◆与绿心游览线路相联系，作为绿心生态旅游区的水上游道系统。

B段：永宁河

◆永宁河联系椒江、金清河，在现状通航基础上，进一步开发通行能力，建设游船码头，开发水上游览项目；与乌龟山、台州体育公园等游憩节点相结合；

◆目前水质不佳，应减少排入的生产生活污水量，通过河道综合整治提高水质等级。

C段：东官河——永宁河

◆位于绿心北部，联系椒江与黄岩，并通过双龙河、双浦河与永宁江和椒江相沟通，可建立水上游览线路；

◆游憩路线应把沿途山体、橘林包括进来。

（4）洪家场浦通海绿道实施导则

从山到海沟通不同生态系统，并联系山体、林地、村镇、农田、盐沼、滨海湿地等不同景观。定位于生态、游憩廊道，具地方特色的橘林、渔耕文化、围垦文化、盐田文化以及现代城镇景观皆汇于此。规划中应保留具代表性的景观。

◆结合沿岸自然景观和区域乡土文化景观，建立沿水系的绿道，增设解说系统，改善水质，恢复自然水岸，结合滨水建筑的设计，建造亲水平台，与乡土文化景观结合放开局部空间，建设交流场所和游憩设施；

◆河道沿岸营造市民日常生活的亲水空间，提高居住质量。适当结合商业、服务设施，为滨水空间增添活力；

◆尽量保留河道自然岸线，两岸留至少10m以上宽度的绿化植被带。

（5）城区步行和非机动车游憩系统实施导则

◆在城区不同功能区之间建立绿道，包括社区之间、社区与工作地（工厂等）之间、社区与商业中心之间、社区与山体-水体-公园-广场等开放空间之间；

◆游憩路面铺装采用自然材料（可用石板和沙石），分段布置附属设施，沿线为自然山体、水系、历史文化景观等（驿道、古桥、城墙遗址、古河道和古街等）；

◆在景观节点之间建立良好的视线通廊，如

标志性山体（丫髻岩、仙人峰等）与重要的历史景观，如寺庙、古桥、古塔，以及自然景观，如高地、河流交汇口等之间的视线通廊。

5.5 评估与决策：基于区域EI的城市空间发展格局预景

区域发展是自然、社会和经济等多种过程互相制约、协调发展的结果。本研究通过建立各种过程的安全格局，目标是建立区域可持续发展所必须的前瞻性EI。而建立EI会对区域的城市扩展、特别是城市空间结构和形态产生巨大影响。如果将城市扩展简化为以消耗开放空间（包括农田、湿地、洪泛区等）为代价的过程，那么本研究实际上面对的是如何在一定尺度上处理好城市扩展与景观中的各种过程（包括自然、生物、人文等）的关系的问题。可以认为城市建成区扩张与EI建设是一种空间博弈的关系，城市扩张过程和上述各种自然、生物、人文过程也具有空间博弈的关系。因此，这是不同利益主体进行空间控制的一个过程。首先涉及的是具有生态伦理意义的人与自然的利益博弈关系，其次是人的各利益群体的博弈关系。

多解规划和预景研究是对规划对象的未来发展进行探讨的有力工具，它将给决策者提供多个可能的解决方案（俞孔坚等，2003，2004）。此次研究，针对台州区域城市空间扩展和景观格局，比较分析了有无生态基础设施影响下的城市空间格局，以及在不同标准下生态基础设施影响下的城市发展格局，从而为决策者提供决策依据。

5.5.1 不同EI标准下的城市发展规模和空间格局

根据总规划制定的发展预测，台州在2010年、2020年分别达到90万人和130万人，分别需要用地94.5和136.5km^2，而根据这一趋势预测，到2030年预计达到150万人，需要用地157.5km^2。依据总规，城市未来的不同发展规模如表5-29所示。

表5-29中将总体规划预测所估计的不同规划期限台州城市人口规模定义为城镇发展的不同安全水平，也就是90、130、150万人口规模代表了城镇扩张的三个安全水平。城镇扩展安全格局的分析是把生态基础设施视为阻力因子的情况下的城市扩展趋势，模拟现状城镇（源）受到生物、洪水、文化遗产、游憩等的因素综合影响下的生长过程。模拟结果反映了城市在EI提供的"答案空间"框架下的发展态势，如城市发展区的范围、规模，以及和自然要素的关系。因此，城镇扩展安全格局步骤如下：

（1）现状城区（源）

以现状城镇城区（2002年）为源。阻力因子包括：游憩、生物、历史文化综合安全格局和洪水安全格局以及道路等。值得注意的是，道路是城市化扩展重要的依托因素，距离道路越近，这种关系越明显。扩展阻力如表5-30。

（2）不同EI标准下的城镇发展格局和答案空间

基于上面得到的台州区域城镇扩张安全格局等阻力面图，可以依据城市化发展的三个规模标准实现不同的城市空间发展格局，并且形成一个矩阵（如表5-31）。

表5-29表明基于不同标准的生态基础设施，所留下的可供城市建设使用的"答案空间"的容量和格局是不同的。高、中、低EI水平下的不同城

总体规划制定的不同城市发展规模 表5-29
The various population projection according to the comprehensive planning Table 5-29

阶段 \ 发展规模	人口（万人）	人均用地面积（m^2）	用地（km^2）	安全格局水平
2030	150	105	157.5	高
2020	130	105	136.5	中
2010	90	105	94.5	低

参考资料：台州《台州市城市总体规划》说明书（1994~2020）；《浙江省台州市市域城镇体系规划》（1999~2020）

城镇扩张安全格局阻力表 表 5-30
Resistance factor for urban expansion SP   Table 5-30

阻力因子	等级	阻力值（0~500）
游憩、生物、历史文化综合安全格局	核心区	500
	低安全	300
	中安全	125
	高安全	50
洪水	核心区	400
	20年一遇水平	100
主要道路（依据垂直道路向外的距离）	0~100	10
	100~200	20
	200~300	30
	⋮	⋮
	7900~8000	500
主要水系		150
现有建成区		25
坡度	5°以下	0
	5°~10°	25
	10°~25°	100
	25°以上	500

不同生态基础设施与不同城镇扩张规模矩阵 表 5-31
The matrix of urban expansion potential space at various levels of EI   Table 5-31

生态基础设施水平 \ 城镇扩张规模	90万人（需要用地95km²）	130万人（需要用地137km²）	150万人（需要用地158km²）	城市最大扩展格局
低 EI 水平	A1	B1	C1	D1
中 EI 水平	A2	B2	C2	D2
高 EI 水平	A3	B3	C3	D3

镇的发展格局呈现不同的特点，下文将作详细比较（表5-32）。

而从城镇发展的理论极限，也就是在每一种水平下，理论上都存在着一个发展的用地极大值。根据规定的人均建设用地指标，可以得到如下结果：

A.在低标准EI下，可以提供464km²建设用地，满足443万人口城市规模；

B.在中标准EI下，可以提供295km²建设用地，满足281万人的城市规模；

C.在高标准EI下，可以提供165km²建设用地，满足157万人口城市规模。

因此，在不同EI水平和不同城镇扩张规模的矩阵中，存在着城市空间扩展的多解方案（彩图37~40）。这里，我们只对三种EI水平和四种城市扩张规模的矩阵进行分析，即存在有12种城镇发展的可能方案。同时，还可以考虑与未加入生态基础设施阻力因子的城镇扩张模式进行比较。事实上，在一个既定的EI框架下，城市发展的空间在某种程度上说有更大的主动性，而且可以是无期限的。

5.5.2 基于EI的城市空间发展格局多解比较

是否有EI的限制，以及不同标准下的EI，都使城市形态具有很大的不同。

根据相关研究（Spreiregen, 1964），城市形态结构包括很多种，如：

方格网型。方格网型形态通常会有高强度开发的中心，空间多带有直角。

星型。在放射形的廊道之间保留开放空间的一种中央放射形态。

环形。环型城市就是围绕一个大型开放空间。环型和星型也许可以组合出现，尤其是沿着蔓延的大都市郊区的环路建设就会促成这种组合的形成。

线形。线形形态通常是自然地形限制城市扩张的结果，或者沿交通脊发展的结果。

树枝形。树枝型的形态是带有许多枝权的线型形态。

摊大饼形。巨大的城市区域，结构十分不清晰。

组团形。组团形通过一个或多个中心组团以及许多次组团而得到强化。

星群形（分散组团式）。星群是一系列尺度大小相当、地域接近的城镇组成的。

卫星形。卫星型就是一组城市围绕一个主中心。

通过城市扩张过程的模拟，可以看出，在没有EI限制下，台州城市的扩张模式将是一种环形为主要产品特征的城市形态，并有摊大饼蔓延的趋势，自然元素将被继续排斥在城市之外，城市的生态健康和安全得不到保障（见彩图37）。而在有EI控制的前提下，城市的空间形态(见彩图38~40)有可能向多种更健康的形态发展（见彩图38~40）：

（1）低安全水平，城市形态结构接近大组团形城市，可以理解为各个组团摊大饼式发展，但整体上仍有最低标准的EI的框限，是一种改良的蔓延式；

（2）中安全水平，城市形态结构显现为组团和带状相结合，是一种组团式城市格局，自然与人工达到较为和谐的状态；

（3）高安全水平，城市形态为星群形，即分散组团式，从某种意义上接近于田园城市的模式；

（4）通过城镇扩张分析可以看出，未考虑EI的城市形态最易于导致环形城市的形成，大环线的建成无疑对这种趋势有推波助澜的作用。这种模式会有经济上和交通上的优势，但对区域生态格局有很大的破坏，使生态服务功能受到损害。

根据城市能获得的生态服务功能同时考虑其他社会经济效益，对四种EI水平（包括未考虑EI的情况）下的城市扩张空间格局进行评估和比较分析（见表5-32）。

建立EI的目标在于为台州区域及城市发展提

基于不同EI标准的城市空间发展格局比较 表5-32
The comprison among different urban growth patterns based on different EI quality Table 5-32

	未考虑生态基础设施	低标准EI	中标准EI	高标准EI
空间形态与特征	环状城市(蔓延式)：城市发展会接近环形城市形态。特征：三片城区沿环状交通线线性扩张，最终形成环绕绿心、首尾相连的城市区域	大组团式城市(蔓延改良式)：各组团会以自身为核心外溢，形成组团城市。特征：大组团，自身生长	组团+带状城市(组团式)中等安全水平形成的最大不同在于从绿心向北和向南形成了很宽的开放空间，因此黄岩区相对独立发展，椒江和路桥城区扩张融合，连成一片。特征：一区一带，区带结合	分散式(田园城市)三片城区会在高标准生态基础设施的答案空间下被分割而呈星群型或者节点型发展。其实接近于田园城市的概念。特征：小组团，跨越式扩张，具有等级，城市用地点缀在开放空间基质中
交通网络	(1)交通环线成为城市发展的脊梁，三区联系最为紧密，各段具有线形城市特征(2)全市同区域的交通网络连通接口便于设置	(1)主城区之间联系较弱(2)各自具有对外联系接口，不容易统一	(1)较为独立的黄岩，和椒江、路桥融合区依照各自优势组织交通，但两片间联系相对比较弱(2)各自具有对外联系接口	(1)各小组团之间会形成大量相互的交通联系。但主城区之间联系相对较弱(2)区域尺度上难以安排统一的对外联系接口
市政基础设施	线形城市的特征决定了基础设施的集约利用效率相对最高，节约建设工程量	(1)管网的铺设主要从各城区自身需要出发，整合难度较大。缺乏整体的统筹和共享降低了资源集约利用的效率(2)由于分片的规模有限，不利于配置更高档次的基础设施	(1)椒江、路桥融合区基础设施较为统一和协调。黄岩基础设施相对自我完善(2)基础设施配置可以兼顾效率与公平	(1)基础设施的规模效益相对最低，需要比较多的管线输送到分散的小组团，建设工程量比较大，成本最高(2)分散布局决定了难以配置更高档次的基础设施

"反规划"途径

续表

	未考虑生态基础设施	低标准EI	中标准EI	高标准EI
开放空间系统	(1)开放空间被环线交通以及城市化用地分割，绿心易与区域山水格局割裂 (2)"城市环"向自然基质过渡的界面上仍然具有高质量的开放空间，且线形城区内部进入自然的机会更高	(1)各城区之间拥有完整连续的开放空间系统 (2)城区中心进入开放空间的可达性较低，但鉴于其总体规模有限，总体可达性仍然比较高	(1)黄岩区依靠独立发展，开放空间可以沟通城区内外，如西部山地、橘林和水系。椒、路融合区在中等水平绿道和开放空间体系中联为一片。同时网状廊道进入城市，开放空间的可达性较高 (2)开放空间提供游憩空间的同时，也节制城市的无序扩张	(1)城区分散的布局模式使开放空间能在更微观的尺度上同城市生活交融，开放空间具有较高的可达性和利用率 (2)但不加控制会造成城市无序扩张，四处蔓延
生物栖息地	大环线不可避免会切断生物廊道的连接性，生态战略点很可能受到干扰，造成短期无法估测的影响	较为集中的城市中心区有助于留出充足的空间用于维护区域景观生态安全格局，但城区内生物栖息地和廊道会受到破坏	黄岩区周边生物栖息地资源可以得到较好保护，椒、路融合区和发展格局会对生物栖息地干扰比较大，例如滨海湿地和沟通山海的廊道易受破坏，但预先的生态基础设施规划可以减弱这种不利影响	局部发展可以相对灵活，避让生态敏感地段，为植物生长和动物迁徙提供必要的空间，对区域生态基础设施的总体干扰比较小。但建成区的破碎也会导致生境的破碎化，不利于生境连续性
城市功能布局	城区之间界限几乎消除，作为一个整体的流通城市在各区现有功能和优势基础上整合与分工	三城区之间相对独立，内部居住、工作、游憩和交通各功能自身完整，自成体系，城市整体有机联系较弱	黄岩区功能具有自完整性。椒、路组合形成新的大组团，容纳城市功能需求	功能较为分散
地域文化认同	城区之间文化和心理边界随着空间边界的模糊而淡化，更可能建立统一的"台州人"的认同感	(1)三城区各自保留和发展具有地方特色的文化 (2)城区之间的认同感相对较低，但由于文化影响的广泛性和现代通信的便捷，差别并不明显	(1)黄岩区内部的地域认同感比较强，传统文化底蕴得到比较好的保留，椒、路区的融合不仅体现在空间上，也体现在文化和心理层面 (2)有可能形成新老台州的二重城市意象，分别具有各自的中心和标志物，两者之间仍具有比较好的连续性和兼容性	(1)地域多元化程度也许最高，小组团会保留和发展具有地方特色的文化 (2)在中心城区和卫星城镇之间，相对缺乏统一凝聚力和认同感
经济效益	(1)沿交通干线的扩张和融合是城市在宏观调节弱的情况下自然增长的结果，比较符合经济增长规律和城市地价规律 (2)能节约城市建设和运营的成本，近期总体相对最经济。但随着居民对环境质量和居住要求的提高，居住地价将不断提高，经济性也将随之下降	城市发展的内动力要求扩张，但控制使得难以形成规模效益，未达到城市发展门槛，总体上不很经济	试图在经济效益、生态效益、社会效益之间寻找平衡点，黄岩区的适度发展会牺牲一些经济利益，椒、路融合是城市经济增长规律的空间结果，有利于经济的整合与提升，总体上比较经济	单个组团规模不足，城区分散资源的利用效率相对最低，维持城市生活方式的成本也相对最高。近期总体最不经济，但随着居民对环境质量和居住要求的提高，居住地价将不断提高，经济性也将随之上升

供持续而健康的生态服务，因此总体规划应在用地布局中首先规划非建设用地，即建立生态基础设施。基于上述分析，从交通、市政、土地利用的经济效益、以及文化等角度综合考虑，中等安全水平条件下的EI有较好的可操作性。而且在中等标准EI框限下的城市发展格局，既比较符合现行土地利用政策，同时能获得良好的生态服务功能，因此最后在经专家和决策者共同参与的研讨之后，决定用中标准EI来引导和框限城市，比较可行。在此基础上制定台州市区域EI的实施与控制体系，包括立法。

而不同等级的生态安全格局和由此而来的不同标准的区域EI，则是未来人口和用地达到特定规模时所设的层层生态防线，这些EI多解方案是城市可持续发展所必须考虑的，是实现"反规划"的基本手段——首先规划生态基础设施，即非建设用地，然后再考虑在此多层次、多标准的EI框架下进行城市用地布局、市政规划等。

6 中观——分区生态基础设施及重要廊道控制性规划

宏观的区域 EI 确定了在什么地方进行"不建设",而在中观尺度上的 EI 规划旨在确定如何进行"不建设",具体体现在城市分区尺度和主要 EI 廊道的控制性规划,即如何控制不建设区域和景观元素,使区域 EI 的控制边界能够明确地落实在空间上,同时明确控制的内容和规模及强度,为城市建设规划(正规划)的分区规划和控制规划提供依据,并最终立法确立。这一阶段的规划成果最终体现在两个方面:划定 EI 绿线和制定实施导则。

本案例中重点针对构成台州市区的椒江、路桥两个分区和构成台州区域 EI 的几条主要的、代表不同功能的绿道为例,分别进行 EI 的控制规划研究,这些研究成果已与当地有关部门和城市规划机构进行了大量讨论,很大程度上可作为实际操作中应用的规划成果。在主要绿道的选择上,分别考虑了三种典型廊道:

◆以维护自然和生物过程安全为主要功能的生态廊道;

◆以文化遗产和乡土文化景观保护和体验为主要功能的遗产廊道;

◆以游憩和游憩为主要功能的游憩廊道。

在中观尺度上,无论是分区 EI 的控制规划还是区域 EI 的廊道控制规划,都分以下六个步骤:

◆景观表述;
◆过程分析;
◆景观评价;
◆景观改变;
◆影响评估;
◆景观决策。

为讨论方便,前面四个步骤将分别在每一个分区或廊道的 EI 控制规划中按步骤进行,而影响评估则统一针对各个规划综合进行,决策过程则体现为将最终成果以文本和控制绿线和图则的方式由市人大立法(这一步骤不在讨论之列)(见图6-1)。

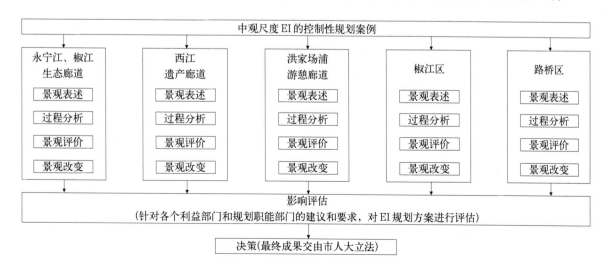

图6-1 中观生态基础设施规划流程图 The process of EI planning in the moderate scale

6.1 永宁江、椒江生态廊道规划

6.1.1 景观表述

根据宏观EI规划,永宁江和椒江是构成区域EI的两条重要的生态廊道。永宁江发源于台州市区内的大寺基,干流全长77km,流域面积889.8km²,主要流经黄岩区。椒江由灵江和永宁江两支流在三江口汇合而成,至牛头颈注入台州湾,汇入东海,全长12km,其上游源头至椒江口全长190km,流域面积6750km²;台州市政府所在地——椒江区以及台州地区最重要的对外交通枢纽——海门港位列其两岸,椒江构成了整个城市重要的对外窗口和门户。

在宏观的区域EI研究中,建立了区域河流水系保护的基本格局,同时通过洪水安全格局的分析,确定了椒江和永宁江河流廊道的保护范围,完成了指导性的区域EI战略规划。作为宏观的区域EI的延续,中观的研究将进一步发掘河流的自身价值,同时研究对其产生破坏和影响的因素,提出建立EI的控制性规划,划定绿线并提出更为具体的保护和利用措施(见图6.1.1-1)。

6.1.2 过程分析

过程分析包括对景观中自然过程、生物过程和人文过程的分析。

(1)河流自然过程

A.潮汐

椒江的潮汐属不规则的强潮半日潮型,潮区界在上游永安溪的毛良店附近,当遇径流洪峰下泄时,潮流界相应向下游移动,可抵椒江口外25km之多;椒江平均高潮位为4.24m,平均低潮位为0.25m,平均潮差4m;受椒江潮汐的影响,永宁江干流自潮济起为感潮河段,长41.5km(黄胜,1992)。受地形以及椒江河口的强潮影响,历史上有较为特别的涌潮现象(林炳尧等,1998)(见图6.1.2-1)。

B.径流和洪水

台州地处浙江东南沿海,雨量丰沛,全年降雨集中在梅雨和台风季节,4～9月汛期约占全年降水的75%,夏季易受台风的影响。河流源短流急,平原河道淤积严重,易形成大的洪涝潮灾。据椒江沿江各水文站的资料综合,椒江最大洪水流量为16300m³/s,年平均流量为125m³/s,平均枯水流为4.0m³/s,洪枯水比达1000倍以上,具有明显的山溪型河流特点。

C.河道演变

河道演变过程是由径流、潮汐等水流过程及其所引起的泥沙运动共同作用的结果,同时亦决定于所在区域的地形、地质情况。这种水流泥沙和场地特征长期共同作用并寻求相对平衡的过程,使永宁江和椒江各自获得了独特的河流形态和相应的演变方式。

永宁江属于较典型的蜿蜒型河道,其演变遵

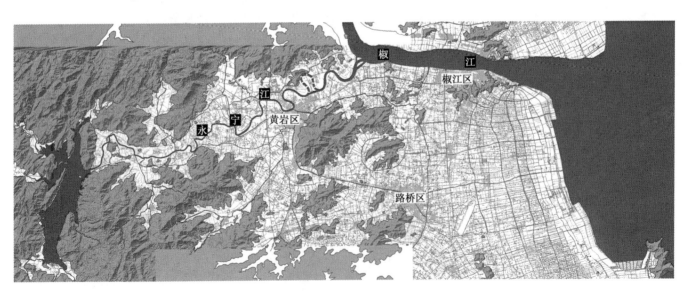

图6.1.1-1 椒江、永宁江区位 Location of Jiaojiang and Yongningjiang River

6 中观——分区生态基础设施及重要廊道控制性规划

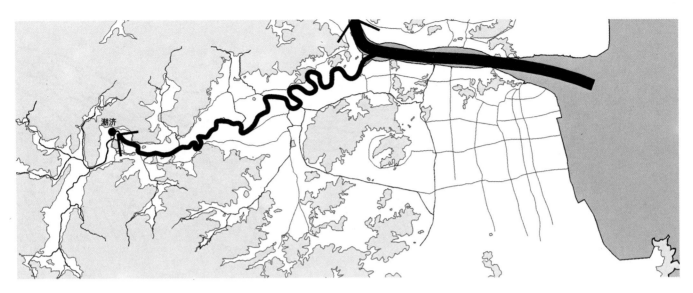

图6.1.2-1 椒江、永宁江潮汐过程分析 Tide process of two corridors

循蜿蜒型河道演变的规律，表现为河流平面形态的不断变化：曲折程度不断加剧、河长增加，河弯不断发生位移，同时整体随弯顶向下游蠕动，在遇较大洪水情况下，过弯河段易发生自然裁弯、撇弯、切滩等突变，形成牛轭湖等地貌景观（沈玉昌，龚国元，1986）。永宁江中游这种演变过程尤为典型。永宁江河口，成直角型河弯，受到来自永宁、灵江的径流和椒江潮流多种动力的作用和相互顶托，同时受控于石仙妇、三山、黄礁等天然矶头，水力结构极其复杂，属于河床地形变化剧烈的节点区域（黄胜，1992）。

椒江河道，受到径流与潮流的双向作用，河口内外的河床演变处于相对稳定状态。在江面展宽段由于流速下降、流路散乱，在江道中部出现浅区和心滩（黄胜，1992)(见图6.1.2-2)。

D.河流地貌

在自然条件下，由于水流的侵蚀、搬运、堆积作用，河流塑造了其流经地区的地表景观，形成多样化的河流地貌，包括不同类型的河谷、深漕、浅滩、河漫滩、阶地、积水沼地等，它们形成了多样的景观、也为生物提供了多样化的水生环境和栖息地(见图6.1.2-3)。

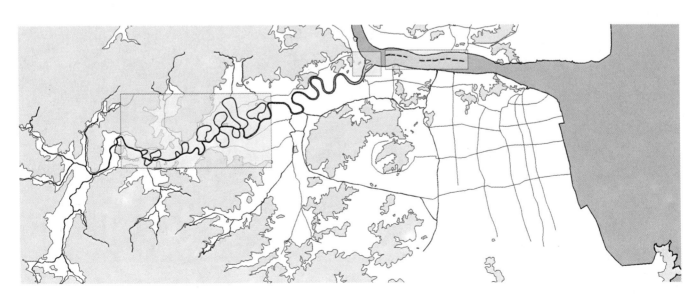

图6.1.2-2 椒江、永宁江河道演变剧烈河段 The severe evolution of watercourse

"反规划"途径

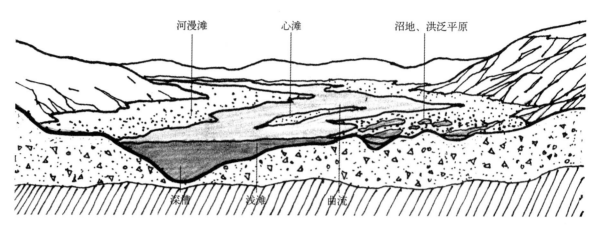

图6.1.2-3 河流地貌剖面 The cross sections of watercourses

(2) 生物过程

河流滨水地带是典型的生态交错带，这里物质、能量的流动与交换过程非常频繁，物种多样性和生产量高，自然变化的径流和丰富多样的河流地貌为多种生物提供了多样的生境，形成物种丰富、结构复杂的自然群落和以橘林为特色的人工群落（见图6.1.2-4～图6.1.2-6）。

(3) 人文过程

永宁江和椒江两岸的人类活动可以追溯到新石器时代。河流为人类的生产和生活提供了诸如渔业养殖、航运、灌溉、水力开发等多种便利，在漫长的农业时代中，水滨的人类活动与河流自然过程长期相互适应，达到了高度的和谐，留下了丰富的滨水乡土文化和景观。它既是本地区人民重

图6.1.2-4 永宁江廊道的基本走向和丰富的自然生物群落 The proximate location of the Yongningjiang River Corridor and the diverse habitats

6 中观——分区生态基础设施及重要廊道控制性规划

图6.1.2-5 永宁江两岸的橘林 The orange forest along the Yongningjiang River

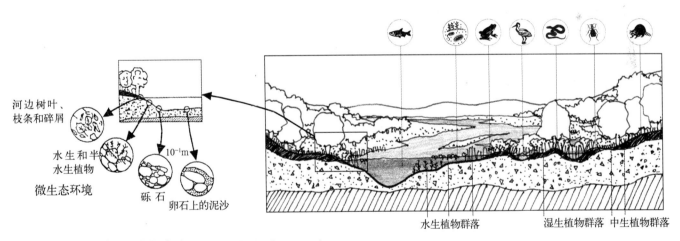

图6.1.2-6 河流廊道生物栖息地 The habitat along watercourses

要的文化记忆，也是河流景观中不可分割的重要组成部分，应当得到理解和保护。

本部分的研究范围包括以河流为中心的乡土文化和景观，如河流利用方式、滨水土地利用、沿江可见的山川胜地和文物古迹。

A. 交通和商埠

农业时代，水运是台州地区支柱性的交通运输方式，永宁江和椒江构成了地区重要的航运干线和对外口岸，相关的交通和贸易活动促进了两岸集市和商埠的形成，从兴起于秦汉的章安古港到后来的栅浦、霞沚和海门，以及永宁江上的宁溪、乌岩、黄岩，都是地区的中心和商贸重镇（见图6.1.2-7）。

航运的历史是永宁江和椒江历史记忆的重要组成部分，今天其物质遗存已所剩无多，更多的存在于保留下来的地名和相关的文字记载中，它

"反规划"途径

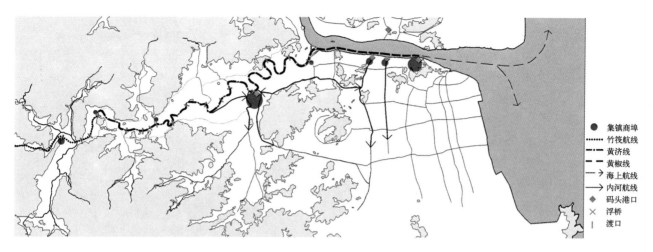

图6.1.2-7 乡土文化景观——交通和商埠 Vernacular heritage-transportation and commercial port

们成为记忆的线索,为我们连缀起农业时代的沿江景观:帆樯云集、商市栉比,从永宁江上游通行的竹筏到下游乘潮出海的木船、帆船,两岸货物集散的集市、沟通内河航运的繁忙商埠,沿江分布的渡口、浮桥、码头、港口等,构成一条繁忙的水运长廊。

B.农业物产

永宁江和椒江一线,串起和展现了农业时代台州市地区主要的农业物产和景观。永宁江上游是盛产竹木炭柴的崇山峻岭;中游至下游平原则是著名的黄岩蜜橘产区,古有"潮水能到之处方能种橘"之说,故过去的橘区集中于潮济以下至三江口的永宁江沿岸,而最早的橘区则仅限于永宁江中游的山头舟和断江一带,如林昉(宋元)的《柑子记》中有台柑独美于断江的记述(黄岩文史资料,1987);江流两岸橘林外侧的山前平原,则是河网如织的水稻产区。椒江两岸,是近海渔盐的集散之地。千百年的滨水农业活动历史,同样留下了深厚的文化积淀和大地景观,是河流文化记忆的另一重要部分(见图6.1.2-8)。

C.古迹胜地

山川审美和其留下的古迹胜地反映着农业时代的生活和游憩方式,积淀了丰厚的物质和文化遗存,包括分布于河流两岸、见于县志和其他文献记载的山川形胜和县域八景等,以及庙观、古迹等重要的人文遗迹和乡土建筑、构筑物(见图6.1.2-9)。

D.农业时代的两江风貌纵剖(见图6.1.2-10)

E.滨水乡土景观构成框架(见表6-1,图6.1.2-11)

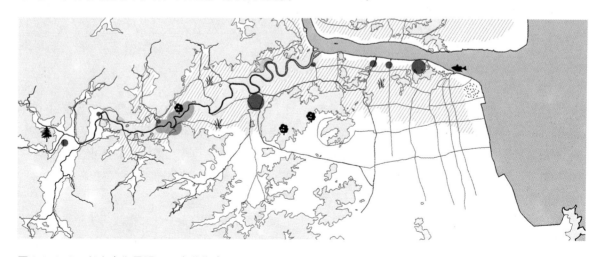

图6.1.2-8 乡土文化景观——农业物产 Agricultural products

6 中观——分区生态基础设施及重要廊道控制性规划

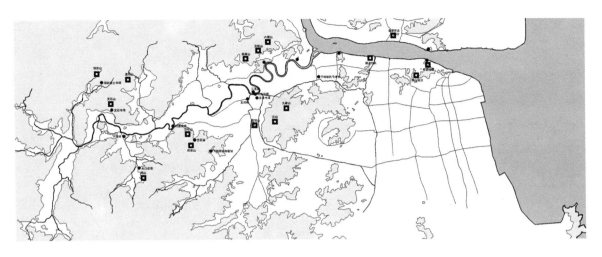

图6.1.2-9 乡土文化景观——古迹胜地 Historical scenic spots

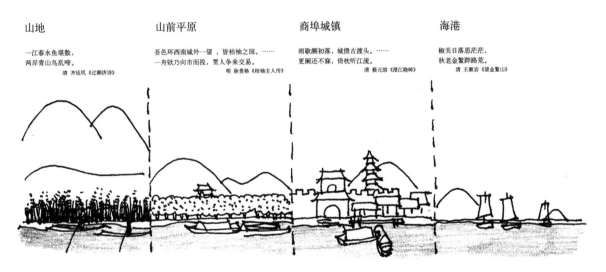

图6.1.2-10 农业时代的两江风貌纵剖面 The section of Yongningjiang River in agricultural age

滨水乡土景观基本内容　　　　表6-1
Vernacular landscape elements along the water front　　　Table 6-1

类　别	内　　容
航运交通历史	重要的港口、商埠：宁溪、乌岩、潮济、黄岩、栅浦、葭沚、海门、章安 古浮桥：利渡浮桥（山头舟—断江）、利涉浮桥与鸡鸣塔（黄岩） 古渡口：林湖渡、长潭渡、岩头渡、汇头林渡、亢山渡等22渡 航线：竹筏（宁溪潭头—潮济）、黄济线、黄椒线
橘园稻田农业景观	旧时中心地：断江—山头舟一带（东至新界，西至新南） 扩展分布区：潮济至三江口
乡土的胜地古迹	沿江可见的名山胜地 北岸：瑞岩—灵石山、盖竹山、翠屏—灵岩—六潭山、金鳖山 南岸：岱石—松岩—三童山、委羽山、方山—九峰山、枫山、牛头颈 沿江的古迹庙宇 小澧桥（北洋）、五洞桥（城关）、章安古桥（章安） 净土寺塔（瑞岩）、灵石寺塔（灵石）、水口石塔（茅畬）、庆善寺塔（城关） 宁溪宋街（宁溪）、下闸徐氏节孝坊（江口）、章安古街（章安）、清修寺、斗姥宫、三管堂等

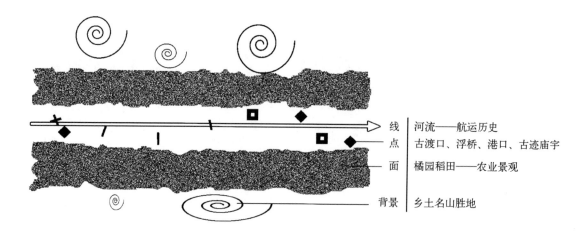

图6.1.2-11 滨水乡土景观构成框架 The pattern of vernacular landscapes along the river

6.1.3 景观评价

在当前城镇化和经济快速发展的时期（图6.1.3-1），河流功能和滨水土地利用发生着新的变化，河流的自然环境和乡土景观经历着前所未有的冲击。两条河流各有其不同的特点，但是作为区域河流廊道，其许多问题是共有的。在高速发展的城市化进程中，片面强调河流水道作为城市排污、防洪排涝、航运等功能，而忽视了其自身特有的生态价值、文化价值、美学价值和游憩价值，使河流成为了城市化生活的"后杂院"，生态退化，文化记忆丧失，环境恶劣，远离城市生活。它一方面恶化了城市和其所在区域的环境，同时也无法满足在未来将愈加重要的、城市居民对自然以及乡土景观的审美和游憩需求，是一种不可持续的发展模式。具体体现在：

A.盲目的工业发展和城镇化过程对水环境的影响，体现在：持续增长的水需求和用地需求造成了河川径流大量损失，水体被填没侵占，湿地被排干，河道被压缩等问题；日益严重的水体污染；地表覆盖类型的变化——自然植被消失、不透水面积增加等。

B.新的滨水土地利用格局：工业生产对于交通运输以及取水和排污的要求，使滨水地区成为了工业用地的首选之一，与之相应的是城市的生活居住用地的后退。从而使滨水区在城市中迅速被边缘化，成为工业、仓储、交通设施用地大量集结、环境恶劣的城市边缘区(见图6.1.3-2)。

C.水利工程的影响：为了满足人们对河流持

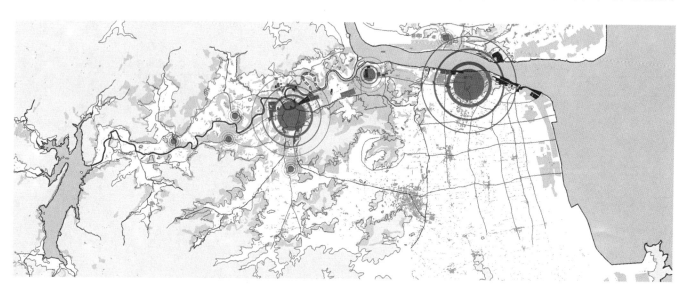

图6.1.3-1 工业化发展和城镇化 Industrialization and urbanization

图6.1.3-2 新的滨水土地利用格局 The new land use pattern on riparian area

续增长的利用需求,建国以后在两江流域兴建了大量的水利工程,借助不断提高的技术手段,水利工程在广度和深度上都与过去有了很大变化,在满足人类需要的同时,对河流环境产生了愈加强烈的干扰和破坏(见图6.1.3-3)。对于永宁江可有以下对比(见表6-2)。

(1)椒江、永宁江受到的主要人为干扰

自古以来人类就在对河流进行改造和利用,对河流环境施加干扰和影响。而在新的时代,新的技术手段和更高的需求使得这种影响愈加剧烈。它一方面是人类为满足生产生活的需求而导致的不可避免的结果;但同时应当看到,人类的活动往往过度和失控,对自然生态系统和乡土文化造成致命的破坏,逼近河流环境脆弱的底线。

A.潮汐和径流

在永宁江和椒江流域兴建的大小水库、以及工农业和城市生活用水的不断增加,使河川径流逐年减小。如永宁江自1962年其上游的长潭水库建成以来,损失了下泻径流的95%,同时洪水过程基本处于人工控制下,不仅使春季的洪水过程几乎消失,甚至连基本的径流也难以维持(其径流损失的严重程度可见表6-3)。而在新的规划

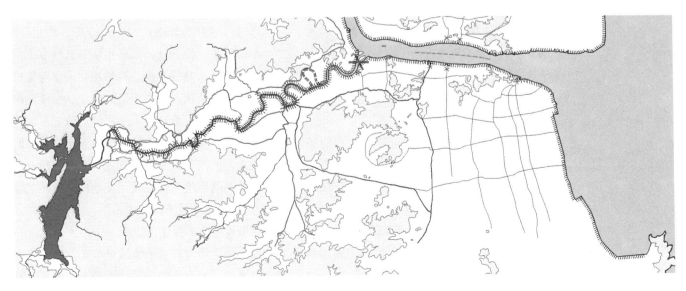

图6.1.3-3 水利工程的影响 The effects of water management project

永宁江水利过程建设过程 表6-2
The construction and evolution of irrigation works of Yongningjiang River Table 6-2

年 代	工 程	概 述
1949年以前永宁江各类工程设施情况	西江闸	1933年竣工
	永宁江南岸江堤	1541年（明嘉靖二十年），自外东浦至三江口
	裁弯取直	1942年小里汇、戴家汇
建国后永宁江水系各类工程设施建设情况	长潭水库	1964年竣工，1994年~2003年加固、增容
	永宁江闸	1993年
	长潭水库灌区配套设施	1961年~1966年
	长潭水库引水工程	1995年通水
	黄岩自来水厂	1963年建成，1969年~1990年5次扩建
	排水管网	黄岩城关铺设排水管道38.27km
	污水处理厂	1990年
	裁弯取直	埭西、特产、康山、汇头、西洲、下灰洋等9个弯道
	拓浚河道	潮济至三江口
	防洪堤	潮济至三江口

资料来源 《黄岩水利志》编纂委员会.《黄岩水利志》.上海：上海三联书店.1991

长潭水库建库前后永宁江径流的减少 表6-3
The decrease of flow of Yongningjiang River after the completion of Changtan reservoir Table 6-3

断面	径流量（m³/s）		径流量减少率 %
	建库前	建库后	
潮济	19	0.2	99
山头舟	22	3	86
黄岩	25	6	76
老道头	27	8	70

资料来源 韩曾萃等，2001

中，水库还将继续增容，提高供水能力，满足区域城镇化持续增长的用水需求（韩曾萃等，2001）（见表6-3）。

为了解决河川径流减少所带来的潮汐河口和河道的淤积问题，在大小河流的河口纷纷建闸，导致内河河网原有的潮汐过程和养分、能量交换过程局部消失。如为了解决永宁江的淤积问题，于1993年建成了永宁江入椒江河口处的江闸，使永宁江的自然潮汐过程消失。

B．河道演变和河流地貌

河流自然水文过程的萎缩和河道整治、堤防等水利工程，对自然的河流地貌和河道演变过程造成了极大影响。例如，长潭水库建成以后，永宁江的天然径流过程严重萎缩，来自椒江的大量泥沙在潮汐的单向作用下，使永宁江发生严重淤积，造成河床抬高、河道萎缩。为了解决这一问题，1993到2003期间的永宁江治理二期工程，包括兴建永宁江闸、拓宽疏浚河道、裁弯取直、兴建长潭水库以下直至江口的全线堤防，深刻的改变了延续了千百年的永宁江的自然水文地貌过程，通过水库闸坝和人工疏浚，塑造河流地貌的自然水流和泥沙过程总体上处于人工控制之下，并严重退化；同时裁弯取直、河道整治以及堤防工程等渠化措施则进一步破坏了已经形成的多样的河流地貌。

C．生物和栖息地

水滨的生物过程依赖于河流的水文及地貌过程。径流的减少、洪水潮汐等自然过程的退化消失、堤防工程、河道整治和渠化，造成了各种水生和滨水生境的丧失。同时城市的用地扩张也同样造成了植被破坏和栖息地的消失，使滨水生物过程处于退化状态。

D．乡土文化和景观

新的技术手段和社会生产生活方式对乡土景观带来了前所未有的冲击。包括水运的重要地位为公路交通所取代，过去繁荣的内河航运逐渐消失；水利设施的大量建设不同程度地改变了河流原有的风貌，如长潭水库的建成使永宁江上游两侧青山夹岸的河谷景观完全改观，局部河段过分人工化的河道整治工程也使河流地貌的自然之美丧失；在城市化生活方式的冲击下，乡村生活和景观也逐渐发生质的变化。农田、果园、水塘大量被转为城市建设用地，乡土建筑被缺乏地域特色的新建筑取代，城市化的生活和游憩方式使乡土的胜地、古迹逐渐无人问津。

(2) 前景和挑战

A. 新的趋势和新的需求

整个台州地区目前正处于工业和城镇化高速发展的时期，随着经济水平的不断提高、城市建设的不断发展，人们开始更多地关注自己的生存环境和生活质量，对于生态环境的保护、回归自然的游憩方式和城市个性以及文化认同的需求将成为新的趋势。人们越来越需要一个生态健康、景观优美的城市和乡村，而河流作为大自然最美的景观之一，将首先受到关注，重新回归人们的视野，回归城市的生活。与这种新的趋势和需求相应的是：

◆滨水土地利用格局的变化。从西方国家滨水区复兴的经验来看，城市滨水区将面临退二进三的土地利用调整，工业、仓储和交通设施用地逐渐萎缩，取而代之的将是城市的开放空间、公园、公共设施、商业以及居住用地（王建国，吕志鹏，2001）。

◆走向生态化的治水观念和措施。以往的水利工程做法忽视河流的自然特征，造成河流自然过程退化、功能萎缩，需要持续的高额人工投入来维持，这种严重缺陷已越来越为人们所认识和反思。从80年代起，发达国家就开始了对河流进行回归自然的改造，将水利工程与生态学、美学相结合，从单一目标走向多目标，提出了各种新的观念和措施，如生态河堤、裁直变弯、恢复湿地、推行自然型的河道建设等。其核心理念是对河流自然过程的重视和深入研究，利用自然过程来解决人类的需求和问题，充分发挥河流的自然服务功能，实现最少的人工投入和干扰、最接近自然状态的景观和生态环境。

B. 河流发展的前景

在城乡的社会经济生活和人们的观念即将发生悄然变化的同时，河流却正在沿另一条轨道极端发展。按照目前的趋势，如果人们仍不节制对水资源无止境的需求和污染，并延用目前不正确的治水方式——借助工程措施解决水需求和水问题，用不断复杂化的工程技术和高额的人工投入直接干扰自然过程，使河流越来越脱离原有的自然特性，这种趋势走向极端将使河流完全退化为由人工操纵、管理和维持的水渠，与之相应的是持续而高额的人工投入、单调乏味的景观和低水平的自然服务功能。表6-4以永宁江为例，对河流可能的前景和其原有的自然状态进行了简单对比。

C. 矛盾、危机和挑战

从上文对社会经济发展和河流发展趋势的探讨，我们可以明显地看到未来即将出现的巨大矛盾和危机。一方面是人们越来越需要一条生态健康、充满自然美的河流，重拾"一江春水鱼堪数、两岸青山鸟乱啼"这样的旧时风光；另一方面却是我们正在失去这样的河流，为了满足种种短期利益，我们正在把自然的河流变成泄洪渠、排水沟，为未来留下种种遗憾。

因此，对未来的预景要求我们目前的规划必须具有前瞻性，充分意识到未来可能出现的危机，面向未来社会新的需求，未雨绸缪，保护河流的自然景观和乡土文化，为未来留下宝贵的财富。

6.1.4 景观改变

基于上述关于两条河流廊道的自然过程、生物过程及人文过程分析，及其在快速工业和城镇化背景下存在的结构和功能问题，以及对未来发展趋势和需求的评价，景观改变规划将提出相应的对策和措施。具体包括以下几个方面：

（1）控制和协调城镇发展对河流环境的负面

永宁江前景与原有自然状态的对比 表6-4
The comparison between prospected future and original natural condition Table 6-4

未来的前景	从前的状态
一条完全由人工操纵、管理和维持的河流	由自然过程所维持的河流
◆勉强维持的径流	◆有生命的径流
◆不再有潮汐和独特的涌潮过程	◆自然的潮汐过程
◆平直、僵硬，需要人工疏浚以维持的河道	◆蜿蜒、稳定的深水航道
◆失去了滨河的漫滩、湿地，河流空间被压缩为一条被堤防束缚的可怜的河道	◆包括一系列湿地、漫滩的自然涨缩的河流空间
◆失去了与此相关的美好自然景观、野生生物栖息地和人们的心灵寄托	◆美好而诗意的景观，自然的栖息地

影响

人类的某些活动和需求是造成河流自然过程和乡土文化破坏的根本因素。不同于专门划定的自然保护地和保护区，城市中的河流廊道不可能完全回归原生状态而将人类的活动和需求排除在外，必须在生态保护的同时满足城市社会经济等相关功能的需求，如用水、防洪排涝、航运等需求。而通过一定的技术手段和规划措施，这两者之间的矛盾是能够获得协调的。因此对此类对河流自然环境产生负面影响的人类活动和需求，应当更新观念，寻求新的手段和途径，加以控制和协调。

根据前述分析，椒江、永宁江所存在的诸如径流减少、污染、过分人工化的河堤修筑以及滨水植被和栖息地的丧失等问题，其原因可以归结为城镇发展对河流的胁迫作用。这些问题超越了河流廊道的范围而涉及整个流域，并对河流产生着深远而决定性的影响。因此对河流的治理仅限于河流廊道内的生态恢复和建设是不够的，应从更大的范围着眼，把河流治理作为一项综合的系统工程，涉及整个城市和流域的社会经济发展战略、城市规划和城市建设、环境治理、城市防灾、森林和农田保护等方面。作为城市和区域EI的一个前提和支持条件，本研究提出流域综合治理建议，包括：

A.流域综合治理建议

◆采用多种节水措施，减少和节制水需求，保证生态环境需水量，维持正常的河川径流；

◆对所确定的河流廊道采用严格的土地利用界定手段，防止城市建设对河流空间以及水体的蚕食、侵占；

◆治理水污染，对水资源实现循环利用，减少排污总量；

◆通过保护利用现有的河流和水体，建立城市的雨水收集和生态排水系统，减轻江河的防洪排涝压力；

◆在城市建设中增加透水面积，保护绿地和开放空间，促进地下水回灌，减少地表径流；

◆保护和恢复城郊的湿地、湖塘，建立蓄滞洪区解决城市防洪问题，减轻江河的防洪压力；

◆保护和恢复乡土植被，控制水土流失。

B.协调河流功能需求与生态保护之间的矛盾

可采取生态化的河流管理和水利工程措施来解决这一矛盾（如表6-5）。

(2)确定河流廊道范围

对于在城镇化过程中脆弱的自然生态系统和乡土文化必须适当加以保护，对于已经受到破坏的重要的自然过程和有价值的景观应当逐渐恢复。河流廊道的范围是保护河流某些重要的自然过程或人文过程所需要的基本空间。其范围的划分与不同的目标有关。一般来讲，河流廊道保护范围的划定遵从以下几个方面的依据：防洪需要、生物栖息地考虑、阻止农业养份流入河中的宽度以及游憩需要。较为一致的看法是河流保护决不仅限于保护河道。关于这方面，在理论与方法篇中已有较多的综述。下面结合相关研究来确定永宁江、椒江河流廊道的范围。

A.永宁江

对于永宁江，在宏观研究中依据不同级别的洪水安全格局确定了保护范围，主要由两部分构成：包括了两侧河漫滩的河道范围和潜在的湿地、蓄滞洪区。河流廊道的基本宽度在城市和乡村地带有所不同，考虑到土地成本，在城市段宜选择最低安全水平，即50~80m；在城郊、乡村则应选择高安全水平，即80~150m。同时包括头陀、新前、澄江等地的湿地蓄滞洪区。这一范围基本能够满足自然河流地貌和生物过程所需的空间，是比较现实可行的方案。

同时，作为一种远期可能实现的更大的保护范围，还应考虑永宁江河道演变过程所需的空间。

永宁江、椒江生态化的河流管理与目前水利工程措施比较 表6-5

The comparison between the existing engineering solutions and the ecological approach of river management   Table 6-5

	主要河流功能	目前的解决措施	生态化的解决措施
永宁江	防洪排涝	堤防、河道治理、裁弯取直	湿地蓄滞洪区、生态河岸、滨河缓冲带（避免了过高堤防、河道拓浚固化和裁弯取直）
椒江	航运、防洪防潮	航道治理、堤防建设	保护鱼类、鸟类栖息地和迁徙通道，扩大滨河缓冲带，增加自然漫滩

6 中观——分区生态基础设施及重要廊道控制性规划

永宁江属于典型的弯曲型河流,其河道演变有特殊的规律和特征,特殊的螺旋水流使河道的凹岸不断崩退、凸岸相应淤长,造成河湾弯曲程度不断增加,同时弯顶向下游蠕动,达到一定范围时又会发生自然裁弯、切滩等现象重新复直,使河流的平面形态处于不断的动态变化中(陈立等,2001)。而目前即将完工的永宁江河道整治工程对现有河道采用了人工裁弯取直的措施,并对其采用了混凝土护坡和护坡趾墙进行全面保护(王康林等,2002),把河道的运动约束在被混凝土保护的狭窄河道内。弯曲型河流的这种演变方式是河流维持水流自身动力平衡的内在需求,伴随其发生的自然冲蚀、切变、淤积等自然过程,塑造了多样和动态变化的地貌和生境,为生物多样性提供了可能。因此,人类的活动应当尊重这种自然过程,为河流留下一定的可以无约束运动的空间。在国外,对弯曲性河流的弃直复弯已经成为河流恢复的一个重要方面,发展了较为成熟的人工恢复技术和许多成功案例。因此考虑到在远期对河流弃直复弯的可能。河流廊道的保护范围可以进一步扩大,主要将包括历史上河道不稳定、易发生弯曲变形的永宁江中游地区,其具体范围的确定可遵循弯曲型河流演变的特有规律,参考河流演变的历史资料,确定河流的摆动幅度,作为新的保护范围。

B.椒江

椒江河流廊道范围的确定需同时考虑自然过程和港口城市用地需求,留出适宜港口码头的深水岸线,在城郊地带和浅水岸线适当扩大河流廊道范围,这些区域在远期应考虑后退目前紧逼江边的堤防,在滨江留出更大的自然潮间漫滩。这样,一方面增加了河道的蓄容量,提高了防洪御潮能力;更重要的是有利于自然的河流地貌、特殊的生境以及生物群落的恢复。

因此,综合上述考虑,确定了本规划中永宁江、椒江河流廊道范围和基本结构(图6.1.4-1~图6.1.4-4,表6-6)。

(3)河流自然过程的保护、恢复和管理导则

A.调整水库管理和水资源分配——对河流水文过程的恢复

径流是河流的生命,径流过程是河流最为核心的自然过程,日常的径流以及一定的洪水流量与泥沙运动相结合,形成丰富的河流地貌,为滨水生物提供多样化的生境。永宁江和椒江流域大小水库的建设,使平时大量上游径流通过渠道流入灌区、输入城市;同时对于永宁江,在汛期基本不利用下游河道行洪。因此对径流过程的恢复,关键需要对水库管理和水资源分配进行一定的调整。包括:

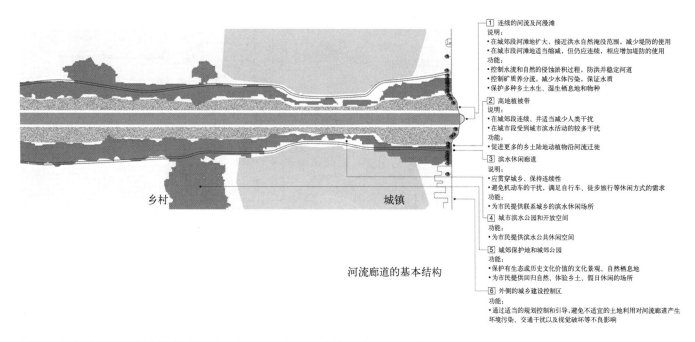

图6.1.4-1 河流廊道基本结构 The basic structure of the river corridors

"反规划"途径

图6.1.4-2 永宁江、椒江河流廊道范围 The buffer zones of the Jiaojiang and Yongningjiang river corridors

地区段控制导则

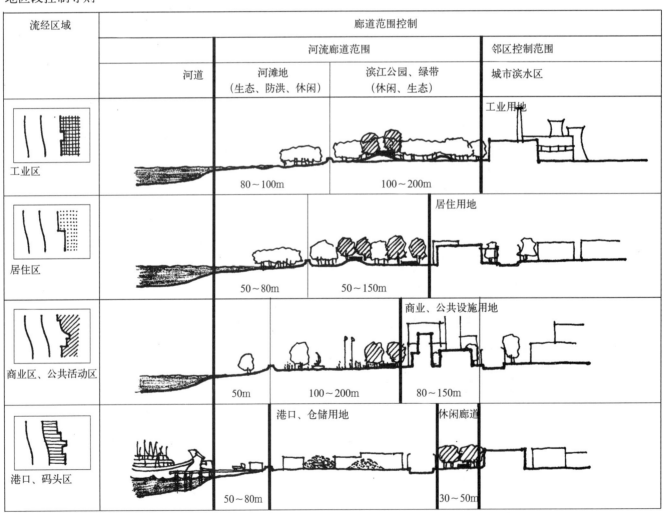

图6.1.4-3 城区段剖面与控制导则 The sections and design guidelines for the river corridors in the urban areas

6 中观——分区生态基础设施及重要廊道控制性规划

城郊段控制导则

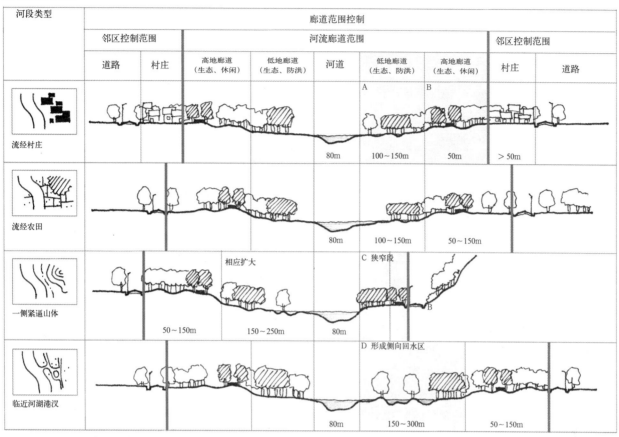

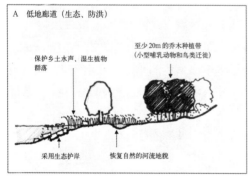

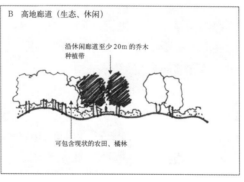

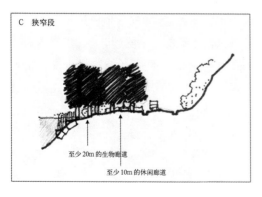

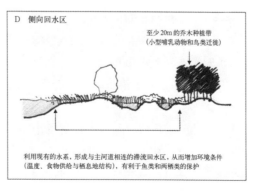

图6.1.4-4 城郊段剖面与控制导则 The sections and the design guidelines for the river corridors in the suburban areas

确定永宁江、椒江河流廊道范围控制表　　　　　　　　　　　　　　　　表 6-6
The buffer zone of Yongningjiang River and Jiaojiang River　　　　　　Table 6-6

永宁江、椒江河流廊道（沿河保护带）		
范　围	廊道宽度（m）	参考导则
长潭－甬台温高速公路	150～450	城郊段控制导则
二环东路－江口	150～450	
江口－闸浦、黄礁－前所西洋	350～600	城郊段控制导则
岩头、老鼠屿接滨海保护带	500～1000	
甬台温高速公路－二环公路	100～300	地区段控制导则
栅浦－岩头、西洋－老鼠屿	80～300	
永宁江、椒江河流廊道（相关保护地）		
位　置	功　能	
长潭水库保护区	水源地保护	
头陀湿地蓄滞洪区	蓄滞洪水、自然湿地恢复	
新前湿地蓄滞洪区	蓄滞洪水、自然湿地恢复	
澄江湿地蓄滞洪区	蓄滞洪水、自然湿地恢复	
永宁江中游河道恢复区	裁弯取直、河道演变过程恢复	

◆对于永宁江，应保证汛期一定的洪水过程。在下游河道获得疏浚的基础上，适当调整长潭水库的洪水调度原则，充分利用下游河道行洪。

◆满足生态环境需水量，保证日常的径流过程。在水库的水资源分配方面，应充分考虑江河的生态环境需水量，它包括维持下游河道的基本水质、冲淤平衡、生物群落与栖息环境以及景观和游憩活动等各种功能所需的水量，是减轻水库对河流生态系统的负面影响，保证河流生态健康的关键。在快速发展的中国城乡地区，由于城镇化、工业化进程对水资源的竞争使用，造成水资源短缺，其中生态环境用水最易受到挤占，造成河床淤积、河流萎缩，自然植被衰退，河流生态系统退化等一系列恶果（沈国舫，2001），永宁江正是典型的例子。在国外，河流生态环境用水愈加受到重视，例如法国在1992年颁布的水法中，明确将河流最小生态需水放在了仅次于饮用水的优先地位（倪晋仁等，2002）。因此，作为河流生态恢复和建设的关键一步，必须对生态环境需水量进行研究和计算，在长潭水库的水资源分配中给予保证，对水资源实现综合利用。

B．河流廊道的生态建设——对自然河流的地貌、生物等过程的保护和恢复

建设内容包括两方面：对为满足防洪排涝要求进行治理的河段，应用新的生态治理观念和技术，保护河流的自然过程；对已经进行过度人工化治理的河段，应用适当的改造措施，对自然过程进行恢复，同时见永宁公园设计和实施效果（俞孔坚等，2005）。包括以下主要措施：

(a)生态河道建设

主要是指对河道流路及河床物理特性进行改造和恢复，以创造出更接近自然的多样化的水流形态，以利于栖息地的形成和生物的多样性的保护，如低水河槽要弯曲、蛇形，水流要有不同的流速带，河床要有浅滩、深潭的变化，保证混合的可渗性河床基面等等（杨芸，1999）。建设原则包括：

◆避免过分直线型的河道形态；

◆避免断面形状的单一化使流速单一化，应恢复和形成有深槽、浅滩变化的河床横、纵剖面形式；

◆避免河床材料的单一化。

具体技术有：采用短丁坝、挑流坝、离岸堤、块石和大孔隙抛石等技术重新改造已形成的单一岸线，形成岸际紊流；部分地段扩大浅水滩地形成支渠、滞流区或人工湿地，为鱼类和多种水生生物提供栖息地、繁育环境和洪水期间的庇护所；利用植石治理法进行河床处理，造成深槽和浅滩，形成鱼礁（杨芸，1999；Schiemer，Waidbacher，1992）。

(b)生态河岸建设

目前的堤岸治理（尤其在城市段）多采用单一的浆砌条石垂直断面或水泥堤岸，只考虑了泄洪排水的功能，无视河岸的生态功能。河岸作为水陆交界带，物质、能量的流动与交换过程频繁，在生

态系统中具有重要功能，必须对其进行保护和恢复。建设原则包括：

◆ 避免河岸的固化和护砌；
◆ 尽量保护和利用原有的自然河岸；
◆ 确需进行堤岸防护的河段选择采用多种人工自然型河岸，维护河道与河岸的水文联系，保护滨水生境。

具体技术有：

◆ 自然原型河岸：用植被保护河堤，如种植柳树、芦苇、菖蒲等喜水植物，利用其发达根系固稳堤岸，同时形成丰富的水生、湿生植物群落，最大限度保持河岸自然特性。

◆ 自然型河岸：不仅种植植被，还采用天然石材、木材护底，以增强堤岸抗洪能力，如在坡脚采用石笼、木桩或浆砌石块（设有鱼巢）等护底，其上筑有一定坡度的土堤，斜坡种植植被，实行乔灌草结合，固堤护岸。如古代岷江水系就已采用的竹笼填石护岸法。

◆ 多种人工自然型河岸：在自然型护堤的基础上，再用钢筋混凝土等材料，确保大的抗洪能力，如将钢筋混凝土柱或耐水圆木制成梯形箱状框架，并向其中投入大的石块，或插入不同直径的混凝土管，形成很深的鱼巢，再在箱状框架内埋入大柳枝等；邻水侧种植芦苇、菖蒲等水生植物，使其在缝中繁茂地生长（孙鹏、王志芳，1998）。

(c)滨水生物带的建设

在自然河道的水文、地貌特征得到基本恢复的基础上，就可进行滨水生物带的建设，主要是植被缓冲带的建设，旨在保护和恢复滨水动植物的栖息地和迁徙廊道。同时这种植被缓冲带也具有吸收来自农田的富营养污染、截留泥沙、减轻水土流失，保护鸟类和多种野生动物的综合功能。建设原则包括：

◆ 植被缓冲带应当连续贯穿整条河流，保证生态廊道的连续性，减轻人类干扰；
◆ 遵循生态原则，避免单一物种，促进生态系统的自然演替和多样性的形成；
◆ 选用乡土物种，避免外来物种的引进；

具体技术有：

◆ 宽度的确定：根据国外的相关研究，综合减少农业营养物质流失和保护鸟类的栖息地，河流两岸的植被缓冲带宽度应至少10m（Pertersen等，1992）。

◆ 植物的保育恢复：一旦河流两岸留出缓冲带，植物便可以自然地重新生长。同时亦可采用各种人工植被恢复方法，如卷取表土，留待埋土种子发芽；选择适当的本地河岸乔木和灌木类，如水杉、河柳等进行培育、栽植；复原先锋种的栽植；以及保护现有的芦苇、菖蒲等水生植物群落。这些措施都将加速乡土植被的形成，使缓冲带的生态效能尽早发挥（刘树坤，2002）。

◆ 动物的迁徙：对于迁徙能力大的动物个体及其种群，一旦合适的栖息地形成，便会自行侵入。而对于移动能力低的物种，则可借助人工移设进行恢复。动物的移设，以卵块的形式为宜，在其冬眠期为佳。如对于蝾螈、蛙类动物，早春季节在浅水中产卵，一年之中只有这一季节移设的效率最高。动物的移设时期，应对准备恢复的对象物种的生活史进行充分调查的基础上确定（刘树坤，2002）。

(d)湿地、湖塘的恢复

永宁江两岸有许多由于季节性积水、受涝而难于耕种的土地，如永宁江中游的头陀、北洋、澄江等地的传统涝区，这些地区常常是以前的旧河道、湿地、湖塘或沼泽森林，在未来可能的情况下，应考虑逐步的将其恢复为自然湿地或人工湿地，作为蓄滞洪区、特殊的生态保护用地或用于环境教育的湿地公园、标本园，纳入河流廊道的保护范围。它将具有利于野生动植物保护以及改善河流富营养化、净化水体等综合功能（Pertersen等，1992）。

对于湿地的恢复和建设，国外已经有许多成功案例，相关的技术也较为成熟，其基本原理是首先对湿地原有的水位和地形条件进行恢复；然后可借助人工手段，对湿地植被进行采收和栽植，同时进行动物的移设、建立其繁殖栖息的人工巢穴等（刘树坤，2002）。

(e)恢复裁弯取直的河道

在规划远期，在土地利用条件允许以及永宁江径流和洪水过程得到恢复的基础上，应对永宁江原有的自由弯曲型河道——特别是其中游地区进行恢复，即弃直复弯。它意味着河线的重新布置以及河流廊道的保护范围的扩大，恢复自然的洪泛平原和曲流河谷。对于河线重新布置可根据河流动力学原理或参照河道演变的历史情况来进行，同时允许河流自身的发展来推动这一过程。可参考的数据有：根据定义，弯曲河流的长度至少是其直线距离的1.5倍；根据河流动力学原理，均匀平原区河道最有可能的自然状况是：河曲段的长度为其河道宽度的5—7倍（Pertersen等，1992）。

(4)保护和恢复滨水乡土文化与景观

A.保护规划范围

(a)主要范围

与滨水乡土文化相关的、位于河流廊道范围内及沿江可视的文物古迹、名山胜景等物质文化遗产，以及相关的典故、文字记载、或已消失的景观等非物质遗产。

(b)保护层次

对文物古迹的定点保护；景观区域的保护；建立保存无形文化遗产的环境解释系统。

B.保护与建设方法

(a)文物古迹的定点保护

对于经过乡土文化普查，而列入名单的文物古迹、有价值的乡土建筑和构筑物，应实施定点保护。保护分为两级：

◆属于国家、省、市、县级文保单位的文物古迹遵从国家和地方有关保护规定；

◆其他列入本次规划清单的乡土建筑和构筑物，遵循本次规划宏观研究和西江－委羽山－鉴洋湖遗产廊道规划中提出的乡土文化景观保护导则（见图6.1.4-5）。

(b)乡土农业景观保护

主要包括橘园和农田的保护，可与土地管理部门的农业用地保护相结合，避免城镇建设用地的盲目扩展对乡土农业景观的破坏，但并不限制新的种植方式和耕作技术的引入。

◆保护范围包括：长潭——三江口的永宁江两岸橘园；三江口——栅浦、黄礁——前所的椒江两岸橘园；

◆其中断江——山头舟区段作为重点保护范围。

◆选择若干有代表意义的种植园、农田做冻结保护，保护不同时期、不同类型的种植与耕作方式，成为乡土橘稻文化的博物馆（见图6.1.4-6）。

C.环境解释系统

建立环境解释系统，对有形景观进行解释，对无形文化遗产和已消失的景观——如典故、历史事件、名人行迹、古代的浮桥、渡口、沿江风貌等进行保存和弘扬。

(5)建立滨水游憩、教育和进行滨水带的复兴

为了城市和河流环境的可持续发展，我们应当从现在起就致力于倡导新的生态保护观念和新

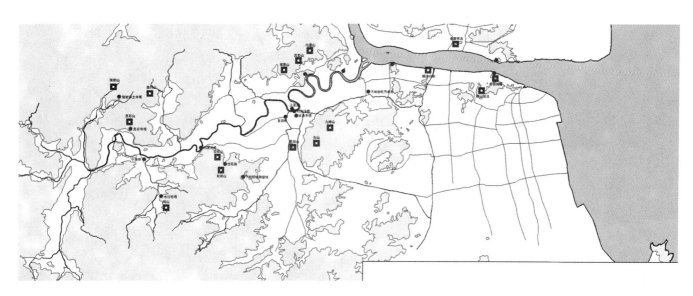

图6.1.4-5 永宁江、椒江文化景观的保护 Conservation of officially inscribed cultural heritages of the Jiaojiang and Yongningjiang River corridors

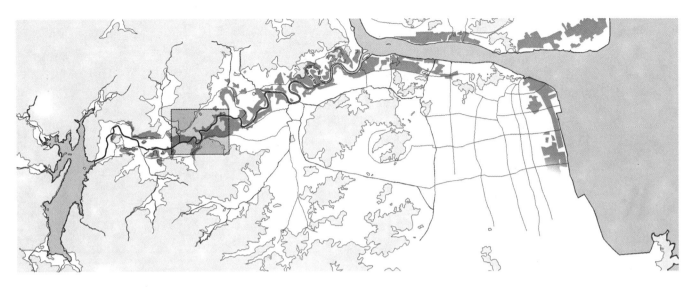

图 6.1.4-6 永宁江、椒江乡土农业景观区域的保护 Conservation of agricultural landscape of the Jiaojiang and Yongningjiang River corridors

的生活方式，提倡环境教育、回归自然和体验乡土文化的新的游憩方式，并为之提供相应的场所；同时推动城市滨水区的复兴，适时调整土地利用格局，使河流重新回归城市的生活。

为了实现城市和河流环境的可持续发展，我们应当致力于倡导新的生态保护观念和新的生活方式，开展环境教育，提倡回归自然和体验乡土文化的新的游憩方式；同时推动城市滨水区的复兴，使河流重新回归城市的生活。其所涉及的规划内容包括：

A. 建立城市与城郊的游憩网络

建立城郊公园和城郊游憩廊道，建立城市的滨江公园和滨江绿带；城乡之间的游憩线路设计。（见表6-7，表6-8，图6.1.4-7，图6.1.4-8）具体包括：

(a)水上线路：以永宁江、椒江水上航线为主

永宁江规划城郊公园　　　　　　　　　　　　　　　　　　　　表6-7
Proposed parks along Yongningjiang River　　　　　　　　　　　Table 6-7

	名　称	功　能
1	断江－山头舟柑橘生态园	乡土农业文化教育
2	新前－戴家汇湿地、河流地貌公园	自然生态教育：湿地、河流地貌、河道演变
3	江口人工治污湿地公园	环境教育：人工湿地污水处理技术
4	江口工业废弃地公园	环境教育：生态恢复技术
5	三山－乌石潮汐湿地公园	自然生态教育

永宁江、椒江规划城市滨江公园　　　　　　　　　　　　　　　表6-8
Proposed parks along Yongningjiang River and Jiaojiang River　　Table 6-8

	名　称	内容特色
黄岩区	滨江公园一期（现有）、永宁公园（在建）	城市文化与生态
	滨江广场	新的城市文化活动中心
	滨江公园	城市休闲中心
	滨江休闲绿带	城市休闲走廊
椒江区	椒江滨江公园（现有）	城市文化
	牛头颈观海公园	观景
	海门码头系列公园	海港变迁历史
	葭沚、栅浦码头公园	码头与潮汐景观
	小圆山观海公园	观景
	滨江休闲绿带	城市休闲走廊

"反规划"途径

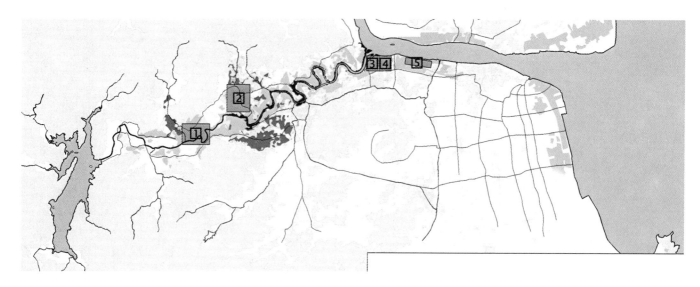

图6.1.4-7 永宁江、椒江城郊公园规划 Proposed suburban parks of along the Jiaojiang and Yongningjiang River corridors

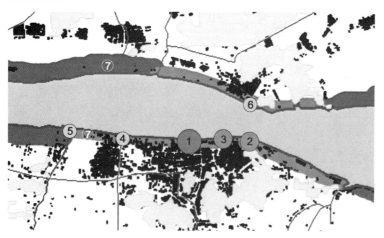

图6.1.4-8 椒江滨江公园和绿带 Riparian park system and greenway along the Jiaojiang River

图6.1.4-9 黄岩滨江公园和绿带 Riparian park system and greenway of Huangyan District

干,与内河航运网联通。覆盖范围可从长潭水库至海门牛头颈,为全景式的体验。

(b)城郊自行车线路:沿河流廊道进行全线布置,基本为距黄岩、椒江两市区2~3小时的车程。与城郊的自然保护地、生态公园和沿途的文物古迹、环境解释系统结合。

(c)城市步行线路:主要沿市区段的河流廊道布置,与相邻社区、城市的绿道体系相联。

B.城市滨水区的复兴

(a)黄岩市区范围:搬迁滨水工业;建立连续的滨江公园;滨水地区用地调整为居住、公共设施、商业用地。

(b)椒江市区范围:调整、搬迁码头和仓储岸线,扩大公共开放岸线;搬迁滨水工业;建立连续的滨江公园;滨水地区用地调整为居住、公共设施、商业用地(见图6.1.4-8~图6.1.4-10,表6-9)。

C.建立环境教育系统

包括设立解说牌、标志物、建立小型的主题博物馆,建立对自然过程和乡土文化的解说系统,开展生态和乡土文化教育,宣传生态保护意识,弘扬乡土文化。

(6)椒江两岸天际线和视觉景观规划

城市的滨水地区往往是城市中重要的大尺度开放空间。对于江宽1km以上的椒江,其巨大的尺度形成了城市天际线的投影,是最直接展示城

6 中观——分区生态基础设施及重要廊道控制性规划

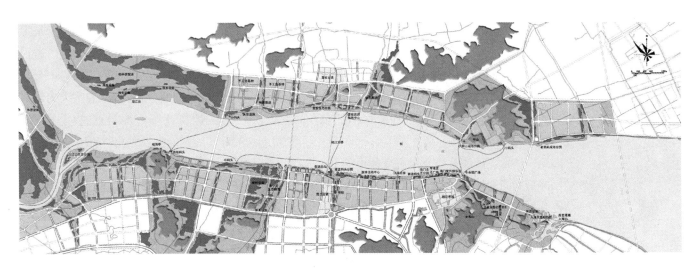

图 6.1.4-10 椒江两岸景观规划总平面 Master plan of the Jiaojiang riparian landscape

城乡休闲线路设计　　　　　　　　　　　　　　　　　　　　　　表 6-9
Recreation routes connecting urban and suburban areas　　　　　Table 6-9

	线路	范围	内容特色
1	水上线路	永宁江全线、椒江全线	自然景观、乡土文化、城市风貌的全景式体验
2	城郊自行车线路	永宁江河流廊道全线、椒江河流廊道全线	乡土农业文化体验和自然生态教育，与城郊自然保护地、城郊公园、文物古迹、环境解释系统结合
3	城市步行线路	黄岩、椒江市区段的合理廊道	以城市休闲为主，与城市的商业、公共设施、居住社区和城市绿道结合

市形象的窗口。因此针对椒江有必要从天际线和视觉景观入手制定规划。

A. 远景天际线视觉景观规划

(a) 椒江两岸城市天际线的特点

◆构成元素：椒江两岸的城市天际线主要由以下两个元素构成：山体的轮廓和城市建筑的轮廓。其中，山体构成了椒江区重要的城市标志，反映着城市所在的地理空间，同时也是城市中贯穿历史而不变的延续性景观，蕴含了丰厚的历史文化内涵（图 6.1.4-11，图 6.1.4-12）。

◆城市的天际线是一种动态和随机的景观。其原因在于构成天际线的两个要素——山体轮廓

图 6.1.4-11 椒江现状天际线 The skyline of the Jiaojiang River

图 6.1.4-12 城市天际线的构成元素 The elements of the skyline of the Jiaojiang River

和建筑的轮廓的自身形态和两者组合随观赏角度的变化而变化；城市的建筑景观经常是一种自发形成的产物，存在着诸多不确定性，往往超越了规划控制的范围和能力；对于天际线的审美取向也是多样的，因人而异的，缺乏确定的标准，我们无法找到"最美"的天际线。

因此，城市天际线是处于动态变化中的复杂景观，其形态千变万化，难以进行统一的规划设计。另一方面，这种随机性也应得到尊重和保护，从而给城市空间留下更多变化的空间。

(b) 规划原则

城市建筑群如果不加控制就可能会造成轮廓杂乱和破碎，山脊线的连续性和完整性被破坏，失去了简洁和统一的节奏，城市与山水之间形成不和谐的图底关系。所以，保护山脊线的连续性，遵循山体的形态和节奏，控制建筑的总体轮廓是视觉景观控制的关键。尽管城市的天际线难以进行统一的规划设计。但是，面对椒江两岸这样一个刚刚开始"生长"的天际线景观，仍然有很大的余地对其进行一定的控制。因此，天际线的视觉景观规划所能做的和不能做的是首先需要明确的。对此，本次规划采取了这样的原则：

◆如果无法确定一个最美的视觉景观，那么至少可以避免最差的景观出现；

◆如果无法控制和设计一个复杂和动态的视觉景观系统，那么可以只是去控制这个系统中的某些特殊部分，设计这些部分的特殊效果；

◆对于余下的部分，则可以产生无穷的可能性，从而带来视觉景观丰富和难以预料的变化。

(c) 规划方法和内容——避免不良景观效果

◆沿江视墙。根据国内外滨江、滨海城市的经验，由于城市滨水地区独特的景观、环境和交通、经济等区位优势，往往是城市开发的黄金地段。如不对其中的城市建设进行控制，这一地区往往形成高层建筑的集聚，出现连续的板式高层，形成沿江的"视墙"，如广州市珠江北岸，它们对城市原有的自然景观造成严重的破坏，同时也造成了单调而缺乏变化的景观（王欣，梅洪元，1998）。因此，这种趋势是最应当避免的（图6.1.4-13）。

◆山脊线的破碎化。根据国外学者的研究，在包含的建筑量相同的基础上，人们所倾向于选择的景观是变化多样的建筑高度，但所有建筑均低于山脊线；最不倾向于选择的是山脊线被建筑打破，尽管其可以留出更宽的视线通廊 (Zacharias, 1999)（图6.1.4-14）。

因此在城市天际线规划中，保护山脊线的连续性对于维持建筑与山体之间合谐的图底关系是非常重要的。

◆建筑轮廓的破碎化。另一方面研究则显示，

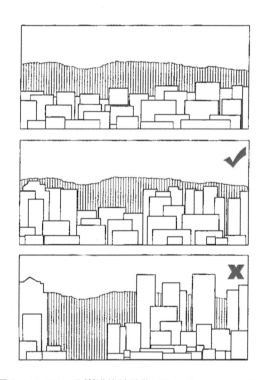

图6.1.4-14 山脊线的破碎化 The fragmentation of the ridge line（引自：J. Zacharias., 1999）

图6.1.4-13 沿江视墙 The visual wall of the skyline

6 中观——分区生态基础设施及重要廊道控制性规划

人们希望建筑的形态有最丰富多样的变化，但是其总体轮廓则越简洁越好（Nasar et al., 2001）（图6.1.4-15）。

因此，对于滨水建筑的形态，可以通过规划控制形成一个简洁流畅的总体轮廓，避免混乱建设形成的破碎化的总体轮廓线。

(d)规划方法和内容——基于视觉战略点的景观控制

◆视点选取。沿椒江两岸选择4个重要的观景点（图6.1.4-16）作为进行特殊视觉景观控制的场所，它们是城市重要的公共空间和视觉感知的关键点，包括：

牛头颈和小圆山两个点距海最近、同时具有历史内涵；

滨江公园是城市的重要公共空间；

江北现有码头所在地，在这里将新建一个滨江公园。

◆山脊线作为保护对象。在上述观景点应能感知最能体现城市个性和地域特征的景观，强化人们对于城市的意象。对于椒江的海港景观，山体是最有代表性的景观元素，对于山体的轮廓，应首先予以保护。因此，以4个观景点为视点，将其可视范围内的山脊线作为保护控制目标，以此保护和控制海港城市的独特风貌。

◆基于4个重要观景点的视觉分析，建立沿江建筑高度控制网，形成如图中的景观整体效果。它形成了连续而完整的山脊轮廓线，同时建筑追随山体的节奏形成了简单而有韵律的总体形态。

◆在沿江的其他观察点，这种形态随着视角的转换，产生不同的变幻组合。

因此，本规划通过对特殊视点的景观控制，实现了对整体形象的控制，同时强化了城市的整体意象，保护和突出了椒江海港城市的景观特征。

(e)规划方法和内容——山脊线保护

◆山脊线的保护遵循以下限度：对于椒江南岸，构成山脊线的山体部分应保证20%的高度可见；对于椒江北岸，应保证60%的高度可见——这一标准参考了香港的城市山脊线保护标准，同时考虑了背景山体与沿江建筑的建筑高度比例关系而确定（黄华生，2001）（图6.1.4-17，图6.1.4-18）。

◆建立建筑高度控制网：在确定上述原则基础上，根据可视度分析，建立需保护的山脊线和重

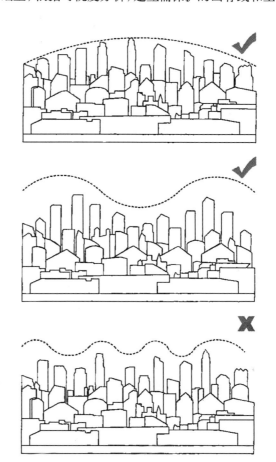

图6.1.4-15 建筑轮廓的破碎化 The fragmentation of the building skyline（引自：Arthur E. Stamps. Fractals, 2002）

图6.1.4-16 特殊视点 Special viewing positions

要视点间的建筑高度控制网。将各视点生成的高度控制网叠加，取最低值，最后分别生成椒江南岸、北岸最终的建筑高度网，它为城市滨水地区的建筑高度控制提供了直接的参考依据，可融入城市的控制性详细规划，用于指导土地开发（见彩图41，彩图42，图6.1.4-19～图6.1.4-22）。

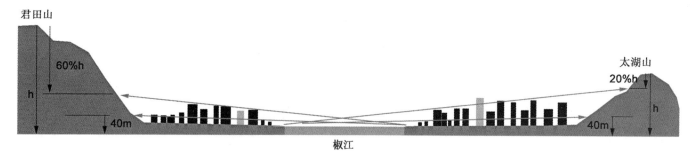

图6.1.4-17 椒江沿江山体可见度 The visibility of hills along the Jiaojiang River

图6.1.4-18 椒江南岸沿江山体可见度 The visibility of hills southern Jiaojiang River

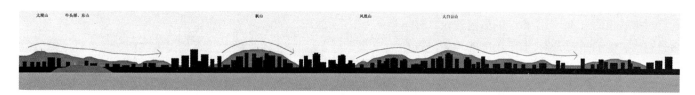

图6.1.4-19 规划沿江天际线效果 Proposed skyline along the Jiaojiang River

图6.1.4-20 视角转换后的天际线效果 Skyline at various visual angles (1)

图6.1.4-21 视角转换后的天际线效果 Skyline at various visual angles (2)

图6.1.4-22 破碎化的沿江天际线 Fragmented skyline along the Jiaojiang River

6 中观——分区生态基础设施及重要廊道控制性规划

图6.1.4-23 沿江的两种视觉体验 Two visual experiences along the Jiaojiang River

(f)规划方法和内容——强化沿江观景点的设计

上述规划中所确定的重要沿江观景点,应作为重要的城市公共空间进行建设,它们应与城市和滨江绿道系统相结合,或作为城市广场、公园向大众开放,使其具有吸引力,有很高的可达性,否则在这些视点建立起来的视线走廊会形同虚设。

B.沿江近景的视觉体验规划

(a)规划目标和内容

滨水地带的视觉体验,不仅包括对于远景的城市天际线的观赏和认知,也包括近景的视觉体验(图6.1.4-23,图6.1.4-24)。

滨水区作为城市重要的开放空间,不应当成为建筑合围的局面,造成山体被遮挡、破坏,空间的定位和场所感消失,而应强化滨水空间同重要的城市地标、特色景观之间的视觉联系,保证一定的开敞视廊,可远望山景,同时也形成开合相间的空间变化。

对于椒江城区,环抱城市的山体构成了城市最有特色的景观架构,矗立于山顶的太湖山塔、电视塔、观景亭等更是一系列随处可见、具有空间指示作用的地标。因此对于滨江游憩廊道的各个节点,应保护和创造其与这些地标之间的视觉联系,建立一系列的视觉通廊,在节点处形成开敞的空间(图6.1.4-25)。

这些节点之间的间距为300~400m(节点的选择参照椒江区开放空间规划,即城市绿道系统与滨水游憩带相交的节点),节点之间不做建筑高度的控制,因此在节点与节点之间的段落便可能形成抑扬交错的空间节奏,人们沿江步行4~5分钟,空间就会豁然开朗,看到山体和重要的地标,获得一种对城市意象的认知和空间定位。

同时,通过这种视廊也建立了从山顶到水岸的联系,从位于山顶的观景点可以看到城市的海

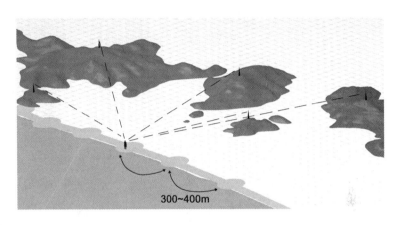

图6.1.4-24 沿江地标 Landmarks along the Jiaojiang River

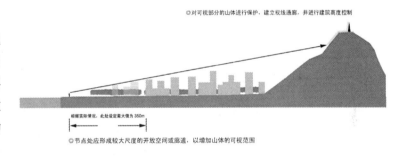

图6.1.4-25 视觉节点与廊道剖面 The section of visual nodes and corridors

港和滨水空间,而不是层层叠叠的高楼大厦。

(b)规划方法

◆视点的选取

根据椒江区的开放空间规划,沿江选取9个节点作为观景点,建立开放空间和视廊。

◆建立视点与山体之间的视廊

根据实际情况,设定节点处开放空间和视廊的最大纵深达350m时被多层建筑所遮挡,以此为依据对9个视点分别计算其可视的山体范围,并模拟各个视点所见的山体轮廓,综合评价其保护价值,并结合节点自身的地段特征和重要性等级,筛选和确定各个视点所建立的视觉廊道(见图6.1.4-26~图6.1.4-31)。

"反规划"途径

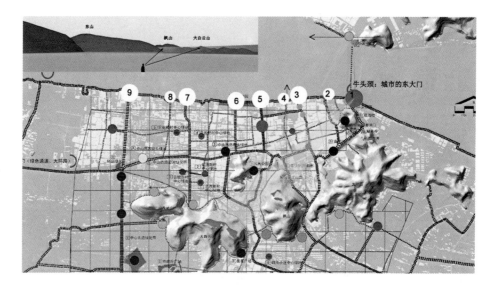

图6.1.4-26 沿江视觉节点与廊道 Visual nodes and corridors (1)

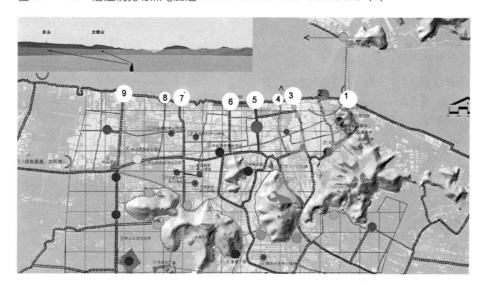

图6.1.4-27 沿江视觉节点与廊道 Visual nodes and corridors (2)

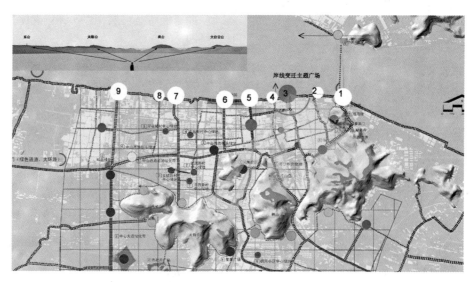

图6.1.4-28 沿江视觉节点与廊道 Visual nodes and corridors (3)

6 中观——分区生态基础设施及重要廊道控制性规划

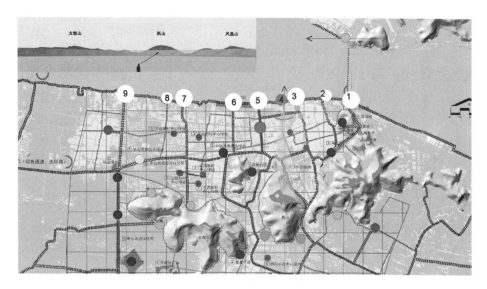

图6.1.4-29 沿江视觉节点与廊道 Visual nodes and corridors (4)

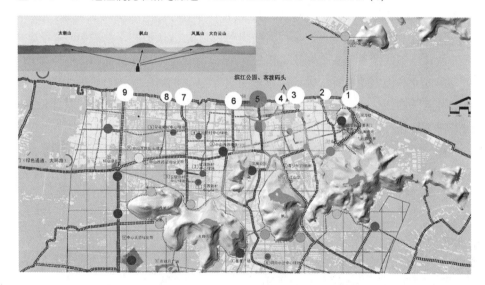

图6.1.4-30 沿江视觉节点与廊道 Visual nodes and corridors (5)

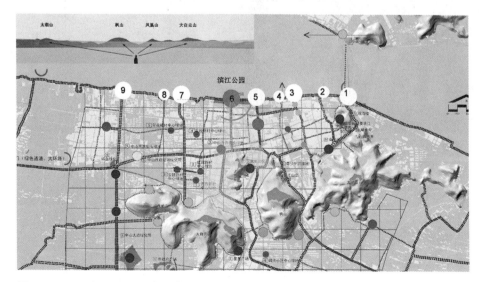

图6.1.4-31 沿江视觉节点与廊道 Visual nodes and corridors (6)

◆ 综合叠加成果

将各视点的视觉廊道进行综合叠加，建立总体的建筑高度控制网面（见彩图43）。

(c) 与天际线视觉控制成果相结合

将近景视觉体验规划的建筑高度控制网与前面所得的天际线视觉控制网相综合叠加，得到椒江南岸综合建筑高度控制网（见彩图44）。其中不同的颜色表示城市中不同地区建筑的高度，通过这样的控制可形成独具特色的城市天际线。同时，在城市内部，视觉通廊建立了山水间的联系，强化了城市意象和滨水空间的场所感。

这一高度控制网在保证良好视觉景观的同时，也给城市建设留有大量余地，如滨江地段仍有大量地段可兴建30m以上的中、高层建筑，只要位置得当，土地开发可以最大程度地实现其经济利益，并自由选择不同的建筑高度和建筑形式。可见，规划所建立的控制系统并未破坏城市景观的多样性和可建设量。

为了使其更具可操作性，必须将这一建筑高度控制网进一步与城市具体的土地利用结构相结合，从土地使用的经济性、城市用地的功能配置等多个方面对其进行修正，最终确定满足各方面需求的城市建筑高度控制网，指导城市建设。

6.2 洪家场浦游憩廊道规划

在区域EI规划中，联系山海的洪家场浦是一条主要重要的生态与游憩廊道，因此有必要对其进行进一步的控制性规划（见图6.2.1-1）。

6.2.1 景观表述

洪家场浦作为椒南水系众多支流中的一条，西起九峰山脉东至十塘大堤，位于台州市椒江区和路桥区的交汇处，区段内地势平坦。作为一条东西向的河流，将历史上台州人民围海造田形成的十道海塘贯穿了起来，在农业生产和防洪泄洪中发挥了重要的作用。

(1) 一个生态文化景观剖面

从东边的十塘开始，随着盐碱度的逐渐降低，流域呈现出从滩涂向森林逐渐演替的趋势，这可从对流域植物的分析图中清楚看出。廊道景观也随着土地性质的变迁呈现不同的特质。可以依次划分如下：

A 绿心段——B 农田段——C 村落段——D 城市段——E 村落段——F 农田段——G 旱地段——H 咸田段——I 滩涂段（见图6.2.1-2）。

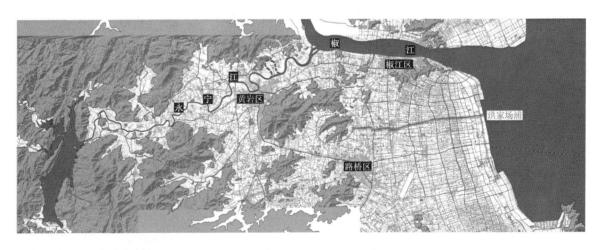

图6.2.1-1　洪家场浦区位 Location of Hongjiachangpu recreation corridor

图6.2.1-2　洪家场浦沿线景观 The landscapes along Hongjiachangpu recreation corridor (1)

6 中观——分区生态基础设施及重要廊道控制性规划

(2)各段的景观特征

从最东边的滩涂景观 I 逐渐过渡到以海产养殖为主的养殖渔场景观 H；然后再过渡到以芦苇等耐酸碱植物为主的湿地景观 G；经过湿地景观区，土地的盐碱度已经降低到能进行正常农业生产的程度，这时出现了以蔬菜大棚为主的旱地农业景观区 F；随着河汊的逐渐增多，植被类型出现多样化的趋势，出现以水田为主要特征的水田景观区 E；并出现了发育良好的村落，随后出现多种产业形式并存的城乡结合部，直到进入城市区域 D；河流流经城镇区域向西又依次出现农田、农居村落、湿地景观区 C；以经济林为主的农业景观区 B；最后是处于九峰山脉下的农业景观区 A，其特征为分布有大片的橘林、村落点缀在农田草地之间，具有发育成熟的人工林，是具有较高审美和生态价值的区域。(见图 6.2.1-3，图 6.2.1-4)

6.2.2 过程分析

上述生态文化景观剖面的形成来源于下述三种过程之间的相互作用：

A. 自然过程：包括海潮、盐碱、风雨和洪水及旱灾等；

B. 生物过程：包括不同生物种群和群落的生存、繁衍、竞争和共生等；

C. 人文过程：包括海塘围筑、排盐碱地工程、养殖、农业、园艺和城市建设等。

盖迪斯曾经提出过著名的流域分区图（盖迪斯剖面，见图 6.2.2-1），生动而深刻地描绘了人类与土地休戚相关的关系。三种过程的相互作用

图 6.2.1-3 洪家场浦沿线景观 The landscapes along Hongjiachangpu recreation corridor (2)

图 6.2.1-4 景观现状分段示意图 The subsections of existing landscapes

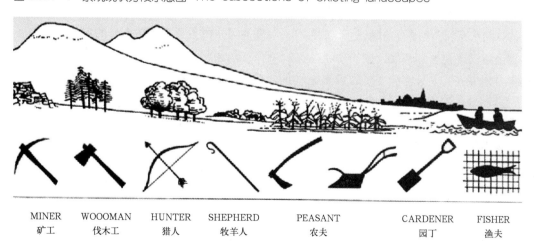

图 6.2.2-1 盖迪斯剖面图 The Valley Section by Patrick Geddes

体现在随海拔变化和离海远近而出现不同的平衡状态。盖迪斯描绘了从山顶一直延伸到海滨在不同地域生活、从事不同生产活动的人。盖迪斯认为如果不遵从这样的人地关系，其结果要么是失败，要么就是花费大量的能量并且冒很大的危险。不难发现，洪家场浦廊道正是这样一条随着环境条件的变迁而出现了不同的景观特质和人类行为特征的盖迪斯剖面的具体体现。从山到海的洪家场浦廊道，记载着台州人民与土地和谐共处的悠久历史。它是一条具有很高生态价值的廊道，这里所说的生态价值不仅指自然生态，还包括社会人文生态，如沿着洪家场浦重要的十塘、古桥等乡土文化遗产以及现代城市生活，因此它构成了一条地方乡土文化的剖面，生动地解说了乡土文化的形成过程。

6.2.3 景观评价

作为一条人工开凿的河道，洪家场浦在长期的农业生产中发挥了重要的作用。随着多年的生态发育，河岸已经形成了完整而丰富的生态系统。同时洪家场浦流域存在着面积较大的高产农田和经济林区，具有很高的生态学价值和审美价值。

近年来随着城市经济的发展，城市发展所带来的负面效应也影响到洪家场浦。由于人口的增长，污水和垃圾的排放也与日俱增，已影响到水质。再加上对人工林和经济林的砍伐，导致流域内绿化覆盖率的下降和生物栖息地的破坏。可以预见随着城市的发展，椒江、路桥两个城区有融合为一体的趋势，如果不加以科学有效的规划管理，城市将以"摊大饼"的方式无序蔓延，最后将具有很高生态价值的自然水系、湿地侵吞殆尽。这不仅使洪家场浦作为区域内重要生态基础设施的功能丧失，还将使得台州失去实现可持续发展的重要基础。鉴于以上分析，我们提出在椒江区和路桥区的交接区域的洪家场浦流域建立生态游憩廊道，为整个台州地区生态安全格局的实现提供重要的支持，为城市居民提供一个游憩的良好环境，同时为生物提供一个安全的生境，实现人和自然的和谐共处。

6.2.4 景观改变

(1)目标——山海之间，一条生态廊道，一个文化景观剖面，一条游憩长廊

完善区域生态基础设施，将洪家场浦规划设计成一条融生态、审美、游憩、历史文化和教育功能为一体的生态游憩廊道。洪家场浦廊道将是一条关于乡土文化景观发育、发展的生态文化景观剖面，是乡土文化和城市的记忆脉络。具体目标包括：

A.展现从山到海不同区段的变化多样的乡土文化景观序列

台州人民在漫长的历史发展进程中，创造出了一种具有强烈地域特色的地方文化。十塘的变迁史就是台州人民的奋斗史。方案通过对文化元素的总结和提炼，将时间元素加入到场地当中，展现从山到海不同区段的变化多样的乡土文化景观序列，唤醒人们的历史文化意识和乡土景观意识。

B.作为EI的骨干廊道，将区域自然环境要素整合为一个科学高效的生态网络

在洪家场浦流域内存在着丰富的景观元素和完整的生态系统，方案充分利用现有的生态系统，通过对生态系统的恢复和培育，建立一条具有完整生态系统的生态廊道。同时，由于廊道周边地域存在着类型丰富的自然环境要素，如河汊、湿地、农田、经济林等，随着城市的扩张，这些自然要素所处的斑块破碎度加剧，面临着被城市建设用地分割蚕食的危险，因此在本规划中将对这些自然和半自然的元素通过这条骨干生态廊道的建设，整合为一个科学高效的生态网络。

C.在生态与文化景观廊道本底上的一条游憩廊道

随着城市的发展和城市人口的增长，城市居民对游憩场所将有很大的需求。方案将在不同的区段提供满足不同游憩行为需要的场所，使得人们在充分享受优美的生态与文化景观的同时，获得关于人与自然和谐共处的伦理教育。

(2)边界

根据宏观区域EI规划成果，洪家场浦作为一条重要的生态游憩廊道，将成为整个生态基础设施规划中非常重要的一部分。根据台州文化遗产和游憩安全格局，洪家场浦与环绿心绿廊和滨海湿地共同构成区域EI的骨干网络。因此很难将洪

6 中观——分区生态基础设施及重要廊道控制性规划

家场浦廊道与其他廊道截然分开。为讨论和研究的方便，在此部分将廊道的起点设为九峰山东麓，终点为洪家场浦与十塘汇合处，也包括周边的局部滩涂和海面。

与前述几条廊道相同，廊道的宽度将很大程度上影响到廊道内各种生物的生存质量和人类活动对自然的干扰强度。关于宽度的研究，在理论与方法部分已有较为全面的论述，借鉴以往学者的研究成果，结合洪家场浦的现状特征，我们就洪家场浦廊道的宽度提出了以下建议：

A. 由于洪家场浦处于两大城区的中间过渡地区，因此不能以一般的河流廊道的宽度来处理，而应该对廊道宽度做长远的考虑，保证其在未来迅猛的城市建设过程中不至于因为受到蚕食而丧失有效的改善城市环境、调节城市微气候等重要的生态服务功能。

B. 由于在廊道不同的区段存在着不同的人类活动方式和土地利用类型，应该根据不同的区段特征确定廊道宽度，从而保证廊道剖面的完整性和科学性，只有这样才能将其建设为一条具有较高生态价值和社会人文价值的生态游憩廊道。

C. 在未来的城市发展过程中，廊道周边的城市区域的扩展将是必然的趋势，伴随而来的是人类不断增强的活动对自然环境的干扰以及人们对生态游憩需求的增长，这些问题都需要我们在处理廊道宽度时作出回应。

基于以上思考和洪家场浦不同段落的景观特质，根据不同区段的具体情况确定宽度，最小宽度为400m左右，最大宽度为1200m左右，平均宽度为700m左右（见图6.2.4-1）。

(3)九个功能与景观区段

整条廊道从西到东被划分为九个区段，当然这些区段的边界并不是严格规定的，事实上在区段之间存在着逐渐过渡的模糊地带，但总的说来，区段的划分将有利于我们对土地进行科学的分析并提出可操作的规划方案。基于景观表述和过程分析，这九个区段依次为A绿心段——B农田段——C村落段——D城市段——E村落段——F农田段——G旱地段——H咸田段——I滩涂段。

A. 绿心段 从九峰山东麓为起点，逐渐过渡到山下的平原地带，在这片区域主要分布有恢复和培育的人工林和经济林（主要为橘林），并在林间开发出部分开放空间（包括水面），支持农业观光、野餐、露营、骑马、泛舟等活动。总体限制人类活动的强度，为洪家场浦提供良好的上游生态系统。

B. 农田段 以水田为主的农业区，以创造独特的农业景观为目的。对区域内具有地域特色的原有村落进行改造和再利用，为人们提供假日会所和享受田园风光的好去处。

C. 村落段 由于靠近城市区域，该区段有比较稠密的农居，但房前屋后的少量水田、菜地也是主要的景观元素。利用该区段密度较高的河网和村落，并保留部分高产农田，既可以提供具有强烈乡土特色的民居体验旅游，又可以保证农业生产的正常进行。同时在合适的区域建立城市公园，为附近的城市居民提供游憩的场所（见图6.2.4-2～图6.2.4-4，图6.2.4-13，图6.2.4-14）。

D. 城市段 此地段已经呈现城市化的特征，由于两边城镇的胁迫，这一区段的廊道宽度已经

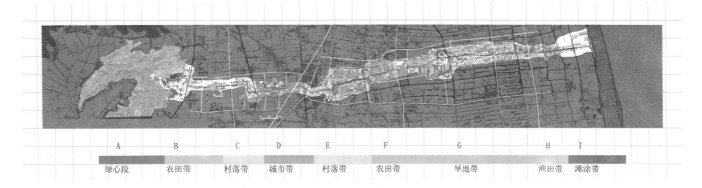

图6.2.4-1 洪家场浦生态廊道总平面 The master plan of Hongjiachangpu recreation corridor

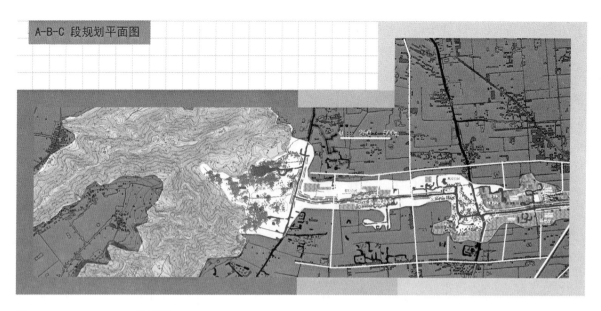

图 6.2.4-2　A、B、C 段平面　The plan of A、B、C parts

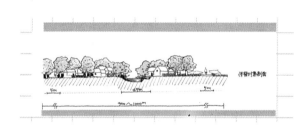

图 6.2.4-3　保留村落剖面示意图　The section of reserved villages

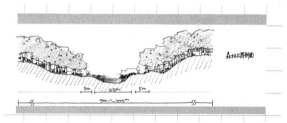

图 6.2.4-4　森林公园剖面示意图　The section of the forest park

受到限制。城市中心区域将规划成为城市居民提供游憩活动场所的城市绿色游憩带，在中心区域东侧将利用场地的湿地开发为湿地公园，将起到调节城市区域小气候的重要作用，在湿地公园南侧将规划成满足城市居民体育活动的体育公园。

E. 村落段　这一段的规划手段基本与 C 段一致，但有更多的自然湿地景观。

F. 农田段　与 B 段保持基本一致，所不同的是这一段有更多的自然湿地系统与农田系统相互作用（见图 6.2.4-5～图 6.2.4-7）。

G. 旱地段　由于这一地段将由水田逐渐过渡到旱地，然后又向东逐渐过渡为盐碱滩涂，因此在土地性质和水质改变方面能反映出围海造田过程中水土的变迁，规划将考虑在此地段保留大部分的旱地，既可以保证具有很高经济价值的旱地瓜棚不受影响，又可以为人们提供一个了解土地变迁的现实教材，再通过设立小型土壤博物馆和水博物馆，让人们对人类改造土地的过程有科学全面的认识，让人们懂得珍视和爱护自己所居住的这一方水土。

H. 咸田段　H 区段将基本维持现状，只是在现有的基础上提供相应的服务配套设施，人们可以在节假日在这里游憩、垂钓，享受美味的海鲜。这里将成为融养殖生产和游憩娱乐为一体的养殖公园。

I. 滩涂段　该区段将加强防护林带的建设，恢复盐沼植被，营造良好的滨海自然环境和多种生物的栖息地，并设置相应的观鸟、观海等游憩设施（见图 6.2.4-8～图 6.2.4-15）。

（4）景观解说系统和景观节点

由于洪家场浦具有较高的乡土文化价值，规划考虑重要的景观地段设立景观节点和解说设施，可以通过多种形式对台州乡土文化景观进行解说，如多媒体、现代装置艺术、行为艺术等，人们可以

6 中观——分区生态基础设施及重要廊道控制性规划

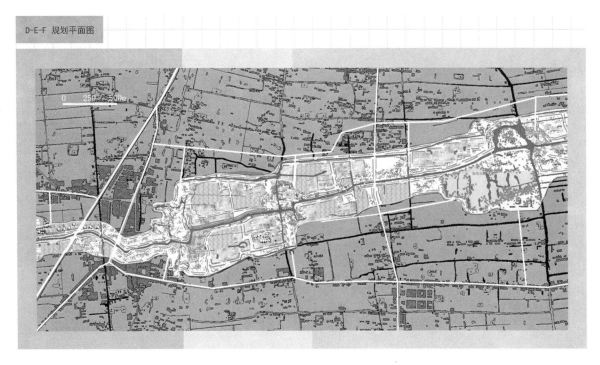

图 6.2.4-5 D、E、F 段平面 The plan of D、E、F parts

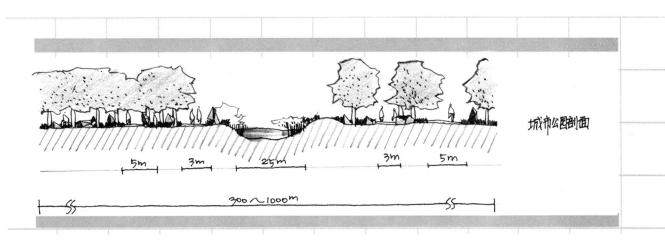

图 6.2.4-6 城市公园剖面示意图 The section of the urban park

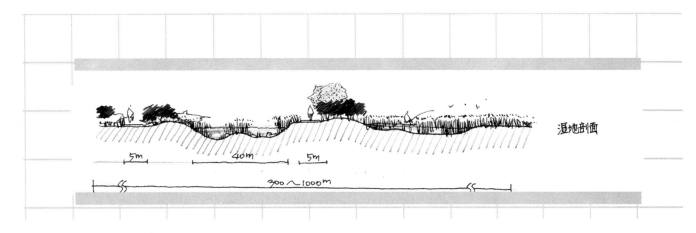

图 6.2.4-7 湿地公园剖面示意图 The section of the wetland park

111

"反规划"途径

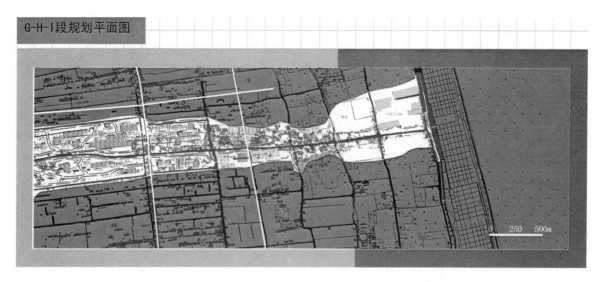

图6.2.4-8 G、H、I段平面 The plan of G、H、I parts

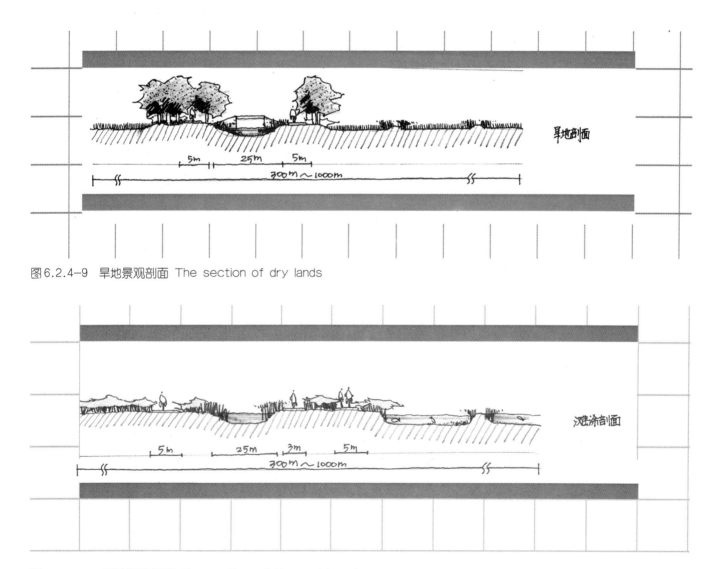

图6.2.4-9 旱地景观剖面 The section of dry lands

图6.2.4-10 滩涂景观剖面 The section of the mud beach

6 中观——分区生态基础设施及重要廊道控制性规划

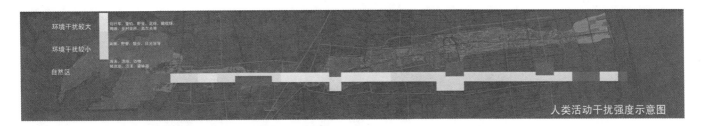

图6.2.4-11 洪家场浦生态廊道人类干扰强度 Suggested human disturbance intensiveness in the Hongjiachangpu recreation corridor

图6.2.4-12 滨河步道效果 The landscape of riparian footpaths

图6.2.4-13 绿岛景观效果 The landscape of the green island

图6.2.4-14 森林公园景观效果 The landscape of the forest park

113

图 6.2.4-15 湿地公园景观效果 The landscape of the wetland park

透过这样的解说系统理解海塘、农业、果树园艺等乡土景观演变历史,从而以理智而充满激情的心态去创造台州辉煌的未来。在这些景观节点,文化景观被融入到自然景观之中,体现出人与自然和谐共处的设计哲学。同时这里也将为人们提供综合的游憩服务。

(5) 水系规划设计

为满足生态、生活和游憩的需要,必须建立一套完整、高效、科学、安全的水系,为廊道建设提供保证。

A.保护廊道内现有的河道、湿地、池塘等水环境要素,并将这些要素联成网络。可以利用主要河流周边的河汊和湿地进行雨水的收集、沉淀和过滤,并通过水位的调节,保证旱涝两季对水进行有效和科学的利用。

B.通过对两岸的治理,加强廊道的植被建设,减缓地表径流的速度,防止水土流失。通过湿地,对河水进行生物过滤净化。

C.在局部水域限制游人量,并规划完全不允许人涉足的区域,为流域内动植物创造良好的栖息地(见图 6.2.4-11)。

(6) 道路交通规划设计

道路系统规划的目的在于为享受游憩廊道的人们提供方便快捷的交通路线,同时尽量不牺牲廊道的生态完整性和连续性。除了联系椒江、路桥两区的主要交通干道,其他道路将避免穿越生态廊道。

A.调整道路骨架,提高廊道的可达性 在廊道南北两侧各建立一条交通次干道,从两侧干道延伸出来的支路大部分以尽端路的形式进入廊道的主要景观节点,而不穿越廊道,既保证廊道的可达性同时保证廊道的完整性。

B.建立连续的滨水步行系统 为游人提供漫步绿色走廊的滨水步行系统(见图 6.2.4-12)。

C.建立连续的自行车系统 自行车通道同样能为游人提供连续的场所体验,兼作消防通道和防洪专用通道,同时满足其他紧急情况下的交通需要。

D.局部架高城市交通性主干路,保证河流廊道的连续性 对主要城市干道可以考虑使用架高的方式穿越廊道,从而保证连续的动物迁徙通道。

6.3 西江遗产廊道规划

基于区域 EI 的规划,确定沿西江——南中泾——鉴洋湖为乡土文化遗产廊道。沿该廊道分布有包括五洞桥、委羽山、鉴洋湖双桥等重要历史文化景观。同时两岸橘林密度,历史悠久。廊道以西江——南中泾——鉴洋湖水系为基础,与自然资源结合紧密,文化景观和游憩资源丰富,容易形成游道,在游憩开发方面具有一定优势。

6.3.1 景观表述

(1) 廊道位置

西江——南中泾——鉴洋湖遗产廊道位于台州市区西部,主要部分位于黄岩区境内(见彩图39)。主要由西江水系的部分干流、支流和鉴洋湖连接构成。廊道北接永宁江,南连鉴洋湖,穿黄岩老城西侧,经委羽山、东南中泾。廊道穿越黄岩城区及其南部的乡镇地区,主要为院桥镇,并包括澄江的部分村庄。该地区是台州社会经济发展程度最高的区域之一,为地区文化中心,人口

6 中观——分区生态基础设施及重要廊道控制性规划

密度大，城市化程度高，人民商业意识浓厚。工业为台州之首，乡镇企业收入在工业收入中比重很大。盛产柑橘，声誉甚广，亦为地区主要产粮中心（图6.3.1-1）。

(2) 地形

廊道区域内地形以平原为主，地势平坦，河网密布，偶尔有零星山地和丘陵地貌。平原地貌主要为水网平原。多为第四纪冰后期的海侵沉积而成，距今有五六千年，最晚也有上千年的历史。地势一般呈西北高，东南低。高程一般在3～3.3m。平原内河道密布，土壤肥沃，灌溉便利，农业条件极佳，故长期为地区农业中心。但因为距离海岸较远，排水不便，经常受到洪涝灾害影响（见图6.3.1-2）。

(3) 水系

廊道水系以西江水系为主，西江为该水系最大河道，是永宁江的最大支流，源出太湖山，干流全长22km，流域面积198km²，流量7.9m³/s。左岸支流有西建河、中干渠、西官河等，右岸支流有南中泾、南官河。

廊道主要可以分为西江段、东南中泾、鉴洋湖三段（各河段概况见表6-10）。其中西江段指西江委羽山到永宁江一段，长约4.7km。东南中泾为黄岩县境南部主要排水通道。鉴洋湖位于鸡笼山下，为境内第一大湖，由上下两湖组成，西自绛洋桥入，东至鉴洋湖桥出，长2500m，宽500m，目前湖泊面积约1000亩，湖中有沙洲，以水田、水产养殖场为主。

(4) 生物

该区域植物资源丰富，植被主要有短叶松、柳杉、金钱松、苦竹、马尾松等，主要分布于海拔600m以上山坡。其余区域植被以人工植被为主。主要包括马尾松、杉木、泡桐、油茶、茶叶、果木等。果木以橘林为主。在动物方面，该区域是鬣羚、野猪等的监测区域。同时，滨河湿地、湖泊也是琵嘴鸭、青头潜鸭、绿头鸭等水鸟偏爱的栖息地。

(5) 文化遗产及可解说资源

主要的文化遗产点有三个：五洞桥、委羽山大有宫、鉴洋湖桥（各遗产具体情况见表）。此外的已有可解说资源，包括：

A. 委羽山。历史上即为黄岩四大景区之一，除大有宫及委羽洞外，尚有多种可解说资源。

B. 鉴洋湖。湖为古海湾演变而成的泻湖。湖之演变沿革、湖边浮岛、杨晨湖墅、湖之水产资源等。

C. 鸡笼山。两座杨府庙、自在轩古庙址、农历5月18日庙神寿日的庆祝活动。

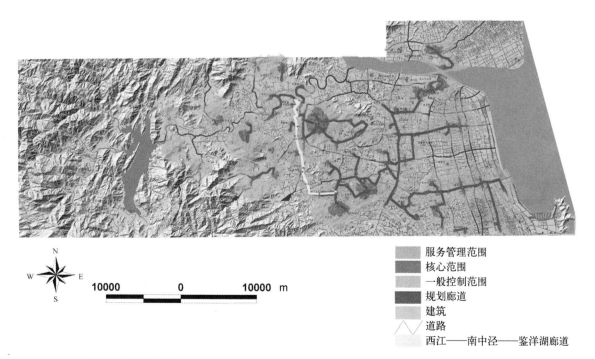

图6.3.1-1 西江遗产廊道区位 Location of Xijiang heritage corridor

图 6.3.1-2 西江遗产廊道周边环境 The context of Xijiang heritage corridor

D. 现有江闸及古代废弃江闸、堰等。现有江闸计有西江闸、黄沙闸、沙门金闸等。废弃古江闸有杨柳闸等。

一些潜在的资源通过挖掘以后，也可以变成可解说资源，包括：

A. 东南中泾。作为抗洪产物，东南中泾本身的修建目的、修建技术、修建过程、运行情况就是重要的潜在可解说资源。

B. 廊道区域农业技术发展史料。包括柑橘文化、稻作文化，种植、栽培、发展等。

C. 廊道区域生物、地质、水文等方面的知识。

D. 村庄和具有场所意义的地点的民俗和历史故事。

总体上，西江——南中泾——鉴洋湖遗产廊道上既分布着五洞桥、委羽山大有宫等重要文化遗产，又是区域水系的重要河流廊道，具备建立地区性乡土文化遗产廊道的必要条件。

6.3.2 景观过程

本节主要讨论廊道的演变历史及其自然、生物和人文过程，以此来作为遗产廊道规划设计的自然和人文的历史依据和功能要求。

(1) 区域水系及滨水地带主要历史变迁过程

西江——南中泾——鉴洋湖遗产廊道及滨水地带的历史变迁可以分为三个历史时期，即黄岩建县至清末、民国时期及解放后。这一过程主要表现为人文过程及其影响下的物理和自然过程。其基本的动因是人类的定居、发展经济和追求安全。

西江廊道各河段概况表　　　　表 6-10
The general situation of various sections of Xijiang Heritage Corridor　　Table 6-10

名称	位置	流经区域	水资源	社会经济概况	景观概况
西江	西江委羽山到永宁江段，俗称西江	城区及城关镇区域	连接西官河、中干渠、东、西南中泾等水系，为地下水较富水区，为浅层孔隙承压水，多为淡水，水域沿岸50m为饮用水源一级保护区（浙江省台州市市域城镇体系规划1999～2020）	城市化水平达48%，支柱产业为化工、模具、机电等	主要景观类型有现代城镇滨河景观、古桥及传统民居滨河景观、工业滨河景观、农田村庄滨河景观、宗教山水景观等四种类型
东南中泾	永丰河口至鉴洋湖	澄江部分村庄及院桥	连接西南中泾、下洋山河、温州河、双纲河、池头河、官路河、洋汇河、复兴河、西溪河、岩水河等水系，为地下水较富水区，为浅层孔隙承压水，多为淡水	城市化水平13%，支柱产业为工艺品、食品和货物中转、仓储等，农业生产亦占有很大比重	主要景观类型有村镇滨河景观、橘林景观
鉴洋湖	鉴洋湖	院桥	连接山水泾支河、山水泾、东南中泾等水系，为地下水贫水区，为孔隙承压淡水	城市化水平13%，以农业为主	主要景观类型有农田村庄景观、湖泊景观、丘陵山地景观、古桥景观三种类型

主要表现为防洪、灌溉和航运目的下对水系的整治和改造。

从黄岩建县的唐代开始，历代地方的首要任务便是发展农业。农业的发展带来了对灌溉的要求。与农业并行的是定居的发展，直到村庄和城市的形成，以及随之而来的抵御洪水、追求社区安全方面的要求，因此在土地利用的变化上主要也表现为持续不断的农业开垦、施肥和种植过程，以及以黄岩老城等为中心的城市用地和乡村居住用地扩大过程，进入现代，随着工业的兴起和发展，这一进程中又增加了工业用地的扩展。可以说，由黄岩建县至今，这一过程形成了西江——南中泾——鉴洋湖遗产廊道景观变化过程的核心。

在这一过程中，农业开垦和种植、居住要求及工业发展是三个主导性因素，在这些因素的影响下，这一过程对水系的物理和自然状态发生着持续不断的影响，从而影响到河流的完整性，使得水系在物理和自然方面都发生着广泛而深刻的变化。其主要的物理变化表现为水系物理状态的变化，包括河道形态、流速、侵蚀、携沙量、水位等方面的变化，其自然变化则表现为污染增加，生态系统的结构和功能都发生改变，生态系统健康受到影响，物种结构发生改变。

(2)1962～2002年的水系及滨水地带变迁

综合1962、1989、2002三个年度西江、东南中泾、鉴洋湖三段的建筑、道路、水系变化图纸，可以发现以下几点变化：

A.水系的消失和填埋。1962到2002年间，西江段的水系变化主要表现为局部水系的消失和填埋。东南中泾段，一些小型的池塘、小河汊也消失了；从1962年到1989年，鉴洋湖的面积减小了许多，一些小池塘、支流也被填埋掉了。从1989年到图纸相对细致的2002年，可以发现，鉴洋湖的面积不但减小了，湖泊和中间沙洲也有很大部分为水田鱼塘侵占。

B.东南中泾的取直和开凿，由于防洪需要，原来曲折的水系变成了一条直线。随着水系的调整，道路系统也发生了一些变化，原来小规模、广为分布的村镇依然存在，但出现了几个规模较大的中心性村镇，分布在主要道路交叉口和沿线上。

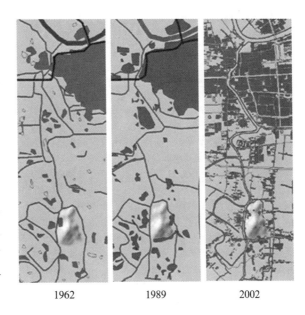

图6.3.2-1 西江水系与建成区变迁 The urbanization and the evolution of Xijiang water system

C.城市和村镇建成区域的扩张。最明显的表现在西江段。从1962年到1989年，建成区有一些扩张，但不够明显，1990年代以后到2002年，建成区经历了大幅度的扩张。发生这些变化背后的社会经济动因是：

◆人口和户数的增加。建国以来，廊道所在的台州市人口快速增加，这种增加既表现为人口数量的上涨，也表现为户数的增加。建国初期人口普查为68万户，到1990年时为140多万户，户数增加了一倍多。由于多数的户数和人口增加大都集中在农村，居住用地面积因而随之扩展，人口压力、产业结构使得农业用地的需要显著上升，使得一些水系被农业用地和居住用地侵占。同时，这一阶段城市化进程保持较为平稳的状态，城市建成区扩张不显著。

◆上世纪90年代以来，进入高速城市化阶段，由于计划生育政策的实施，农村人口增长逐渐放缓，城市化增速，同时产业结构的调整使得工业和第三产业迅速发展，其结果表现为：一方面，城市建设用地迅速扩展；另一方面，工业用地开始扩展。表现在图纸上就是城市建成区大幅扩张。因而也形成了对水系的填埋。而工业用地扩展的结果就是工业污染迅速增加，水质大幅度下降（见图6.3.2-1，表6-11，表6-12）。

"反规划"途径

西江廊道文化遗产点的变迁过程 表6-11
The evolution of the cultural sites along Xijiang Heritage Corridor Table 6-11

名称	位置	陈述模型 现状及主要特征陈述	过程模型 沿革及变迁过程	评价模型 保护级别	主要价值
五洞桥	位于黄岩城区西街与桥上街之间	桥分五孔,由大型条石砌筑,全长63.5m,五孔等跨,每孔净跨8.7m,桥面宽4.3m,拱券条石分节并列发券,桥面随券砌筑,此起彼伏,富有动感,桥两侧设随桥面起伏的拦板、望柱,拦板为须弥座形式,望柱上端为覆莲状。现因淤积,仅余四孔	始建于北宋元祐年间。北宋元祐六年(1091),知县张孝友垒石为桥,人称"孝友桥"。建成近百年后于庆元二年倒塌,后由县人赵伯云纠众重建,"筑为五洞,桥面亦五折,取道其中,坎两旁以窍水,翼拦其上"。后历代屡有修葺,现状为清雍正四年(1726)重建	为省级文物保护单位	该地区古代桥梁代表作,具有较高的历史、科学与艺术价值
委羽山大有宫	位于黄岩羽山	宫门侧有古柏9株、古塘1个,宫后有一仙洞。大有宫现有大殿、前殿、两厢、山门、侧房等建筑。大殿西侧有丹井1口,宫前有瑞井1口,宫内藏有古钟1尊,有民国20年蔡理鉴书石碑、民国22年刘文介书方丈木匾、叶公辅题书龙虎等。宫内塑有塑像多座	传说周时仙人刘奉林在此控鹤飞升,鹤羽坠地得名。此后晋、梁、唐、宋、元、明、清均有著名道士在此修炼,如葛洪、萧子云等人。现大有宫始建于后梁时代,历代屡有重建,现大有宫为民国22年重修(参严振非等,2002,黄岩道教志)。除现存古迹外,尚有来鹤亭、薛萝深处亭、大有亭、凭虚亭、琪树等废弃古迹	现为县级文物保护单位	为道教第二洞天。具有较高的历史和宗教学价值
鉴洋湖双桥	鉴洋湖	绛洋桥,在湖西端,长60m,宽2.5m;鉴洋桥,又称镇锁桥,形如锁链,长135m,宽2.5m。造型奇特,结构别致	为明末清初所建	尚未列入文物保护单位	为重要乡土文化遗产,具有历史、科学与艺术价值

参考资料:政协浙江省黄岩区委员会学习、文史委员会编,黄岩文史资料

西江水系及滨水地带变迁的主要历史事件、社会与经济动因及其生态后果 表6-12
The cultural historical events associated with Xijiang River and their social and economic forces and ecological results Table 6-12

历史时段		建县至清末				民国到建国				建国以来			
水系变迁历史事件		唐上元二年(675),沿干河凿五支河入西江	宋元祐间(1092~1094),创永丰闸	庆元二年(1196),疏浚城乡河道	咸丰五年(1855),建院桥下街闸及店头乡前郑村杨柳闸	民国10年(1921),开凿永丰河	民国20年(1931),建西江闸,设计流量141m³/s	民国32年(1943),西江雅林汇动工取直	民国33年(1944)西江山西汇取直	1963年,疏浚南关河、西官河、山水泾等	1972年,东南中泾开凿	1975年,西江疏浚	近年来的整治措施
社会、经济动因	直接动因	灌溉	防洪	灌溉、航运、防洪	防洪	灌溉、防洪	防洪	灌溉、防洪	防洪	灌溉、防洪	防洪	防洪	防洪及美化
	深层动因	农业和定居发展	农业及居住安全,定居发展和村庄、城市的形成	农业发展、农业及居住安全、交流需要,定居发展和城市的形成、商业发展	村庄、城市的安全	农业及居住安全	农业发展、农业及居住安全	农业及居住安全	农业及居住安全	农业发展、农业及居住安全	农业及居住安全	农业及居住安全	居住安全、城市美化
滨水地带变迁		持续不断的农业开垦、施肥和种植过程,以及黄岩老城等为中心的城市用地和乡村居住用地扩展过程			同左					主要表现为农业用地的扩展、城市用地扩大过程,以及工业用地的加入和拓展过程			
廊道生态系统后果	事件后果	扩大水域面积,破坏开河区域原有生境	使部分水域水位相对稳定,影响其他水域水位	改变河槽宽度,流速降低,携带泥沙量减少,造成沉积	使部分水域水位相对稳定,影响其他水域水位	减小原有水系运行长度,扩大水域面积,破坏开河区域原有生境	使部分水域水位相对稳定,影响其他水域水位	增大坡降,增加泥沙输送,大于上游来沙	减小河道长度,增大坡降,增加泥沙输送,大于上游来沙	改变河槽宽度,流速降低,携带泥沙量减少,造成沉积	减小河道长度,扩大水域面积,破坏开河区域原有生境	改变河槽宽度,流速降低,携带泥沙量减少,造成沉积	护岸硬化,导致水过程被割断
	积累后果	水体受到侵占,农业污染、工业污染积累增加,灌溉用水累积增加,局部沉积和盐碱化积累,反复沉积,造成反复疏浚,导致河道逐渐渠化。部分护岸硬化。同时下游沉积增加。河水含盐量增加。原有生态环境受到影响,物种结构改变,生态系统结构和功能都受到影响,并发生变化,生态系统健康受到影响											

6.3.3 景观评价

景观评价需要解决的问题是对遗产廊道的价值和现状的结构与功能问题进行分析评价，为下一步的景观改变提供依据。

(1) 西江遗产廊道的价值及景观特色分析

重要性是保护的前提，是价值的体现。一般认为，线路型文化遗产的重要性表现为几个方面，即廊道整体的文化价值、实物型文化遗产本身的价值、非实物文化遗产价值、廊道所依托的自然系统所包含的自然生态价值（CIIC，2003）。

总的来说，西江——南中泾——鉴洋湖遗产廊道的重要性主要表现为遗产廊道所依托的河流、湖泊、山体的生态价值、历史遗产的价值、沿廊道分布的乡土文化景观（包括一些具有地点意义的场所）三者之综合。其景观特色在于农耕、水利和宗教，主要可以概括为如下几个方面：

A. 桥闸文化。五洞桥、西江闸，是地方桥、闸的代表，同时，一桥、一闸见证了黄岩城的历史发展，与西江黄岩段一起，形成了黄岩城西的历史文化走廊。

B. 宗教山水。黄岩历史名人杜范早就将委羽山看做是地方四大景区之一，羽山之特，在于道教，道教之兴，在于山水形胜，西江羽山与第二洞天，本来就是相得益彰的关系。

C. 渠河田园。农业在历史上长期居于主导产业的地位，农业文明是地方历史之本质。橘乡之

现状景观表述

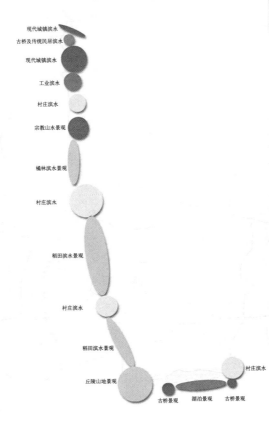

景观类型分布图

现状景观表述

图 6.3.3-1 西江现状景观类型分布 The distribution of existing landscape types

"反规划"途径

誉，鱼米之名，东南中泾之凿，相邻水系之变迁与延续，地方传说与民俗之发生与演替，都以渠河田园为载体，形成农业文明之整体。

D.湖山野趣。九老聚处，东海可鉴，古桥可渡，银鱼可食，清水可濯，杨公庙可望，湖光山色可以佐酒，故云：湖山野趣（见图6.3.3-1）。

(2)西江遗产廊道存在的问题

就遗产廊道所依托的河流廊道自然价值而言，主要表现为游憩服务方面的价值和河流、湖泊在洪水调蓄方面的功能价值，目前，体现这些价值的生态服务功能都存在着一些问题。

A.土地利用存在的主要问题：

◆工业用地造成水体污染，从而造成水质下降，形成噪声；

◆农业用地缺少缓冲和污染防止措施；

◆绿地缺乏，系统性和连续性较差；

◆缺乏游憩设施和游憩开发用地；

◆沿河道分布居民点规模过小，耕作半径小，土地整理潜力挖掘不够。

B.现状交通存在的主要问题：

◆廊道内机动车交叉过多；

◆廊道内存在机动车道，影响安全并形成噪声源；

◆出入口与水滨缺乏联系；

◆缺乏连续的游道(见图6.3.3-2)。

C.景观质量存在的问题：

◆乡土文化景观特色有待强化；

◆部分景观类型视觉质量较差。

D.河流廊道、湖泊存在的问题有：

◆鉴洋湖为农田等侵占，已基本失去调蓄功能；

◆西江、东南中泾的水系调蓄基本还是通过水闸、堰坝等工程措施来完成，应结合区域水系整体，逐步向非工程措施过度；

◆水体的游憩功能未得到开发和利用；

◆部分河段护岸已经硬化和私有化。

E.各分区存在的问题：

(a)西江段：

◆滨水空间开放性差，视线被遮挡，使用上私有化；

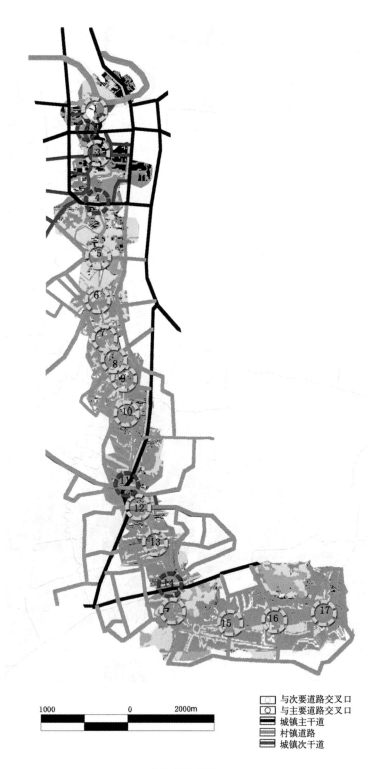

图6.3.3-2 西江现状交通状况分析 The existing circulation system along Xijiang River

◆护岸设计缺乏亲水性,部分河段已经硬化;
◆景观视觉质量差,缺乏吸引力和凝聚力;
◆水污染,工业和居住区缺乏有效的水处理措施是主要原因。

(b)东南中泾段:
◆缺乏对滨水地段的有效控制,沿江开发多处于自发状态;
◆滨江沿山空间的封闭化和私有化趋势已经出现;
◆缺乏游憩设施。

(c)鉴洋湖段:
◆湖滨未得到有效利用和开发;
◆杨晨湖墅等历史文化景观缺乏挖掘;
◆湖泊破碎化;
◆缺乏游憩设施。

F.文化遗产保护中存在的问题

(a)五洞桥:
◆周边缺乏控制,滨水乱建乱盖,历史环境受到破坏;
◆缺乏解说系统;
◆缺乏可停留空间。

(b)委羽山大有宫:
◆与西江间缺乏便捷联系,路线过于迂回;
◆周边缺乏控制;
◆历史气氛有待强化;
◆缺乏解说系统,与委羽山其他历史文化景观资源缺乏整合。

(c)鉴洋湖双桥:
◆破损严重,缺乏管理;
◆周围环境有待整治改善;
◆可达性差,缺乏解说系统。

6.3.4 景观改变

(1)目标

将"西江——南中泾——鉴洋湖"建设为一条以乡土文化遗产保护功能为核心的、为市民提供游憩服务、并兼顾防洪调蓄等生态服务功能的绿色遗产廊道。在上述分析的基础上,对涉及的文化遗产和乡土文化景观、自然和游憩资源进行保护和强化,对廊道各个区段进行必要的景观整理,提升廊道使用上的舒适性。具体目标包括:

A.历史遗产保护:通过对廊道本身的历史文化意义和价值进行保护,使之成为区域地方精神的重要载体和纽带。采取措施包括:
◆修缮、保护遗产实物;
◆整治遗产周边环境;
◆收集资料,对地方性渔耕文化加以系统解说;
◆建设可参与的观光农场、渔场,通过展示、参与等强化地方性文化特征;
◆改造利用旧民居、村庄,开展乡土文化及民俗旅游。

B.游憩:连接主要城市发展区域和历史文化及游憩区域,将成为区域游憩网络的组成部分。具体措施包括:
◆对滨水地段不适宜游憩的土地利用要加以调整;
◆设计游道系统和解说系统,使人们可以亲近水,亲近历史,亲近文化;
◆疏浚湖泊,改善水质,提高水体的游憩适宜性;
◆设立游船码头,建立水上游道,提高水体利用率。

C.河道与湖泊保护与恢复:将现有绿道建设为区域整体水系统的重要构成部分。采取的措施有:
◆建设农田缓冲区,减少土壤营养流失和水体污染;
◆疏浚河道和湖泊,加强调蓄功能,同时作为游憩资源进行利用。

(2)遗产廊道范围依据

廊道范围的确定基于以下几点:

A.各遗产保护范围及建设控制范围

(a)五洞桥

桥体、桥西侧小广场、桥东侧5m为绝对保护区。结合遗产保护需要划定建设控制区和环境协调区。

(b)委羽山大有宫

大有宫建筑用地范围及古树区域为核心保护区。结合遗产保护需要划定建设控制区和环境协调区。

(c)鉴洋湖双桥

桥体周边为绝对保护区，结合遗产保护需要划定建设控制区和环境协调区。

具体各遗产点保护范围划定应结合微观专项规划设计，在本规划基础上进一步具体划定。

B.河流与农田保护要求，主要是农田缓冲区的要求和防洪要求。

C.现状建设状况。

(3)不同安全水平的廊道范围

在以上因素基础上，考虑三个安全层次划定遗产廊道范围：

A.低级安全层次　河道疏浚宽度、农田缓冲及滨河游憩绿带宽度（20m）及遗产保护范围要求。对五洞桥和鉴洋湖双桥，为建设控制区；对委羽山大有宫，为环境协调区，即委羽山整体都划入遗产廊道范围。

B.中级安全层次　河道疏浚宽度、农田缓冲及滨河游憩绿带（50m）及遗产保护范围要求（同上）。

C.高级安全层次　河道疏浚宽度、农田缓冲及滨河游憩绿带（50m）、遗产环境协调范围，以及主要滨河农田保护范围。

其中，高级安全层次的遗产廊道范围，随着沿河道迁村并点和土地整理的进一步规划将会有所扩展（见图6.3.3-3）。

(4)文化遗产保护规划

基本原则：对于文化遗产实物，要保护其真实性与完整性；对非实物遗产，要挖掘、整理和展示，以强化遗产廊道的历史文化意义。

A.五洞桥

◆对形成五洞桥历史环境的部分建筑应保留原貌，以修缮、改善基础设施为主；并利用作为商业和文化设施；利用原有街巷作为步行道，连接廊道其他部分的游道系统；

◆对已经拆毁的部分，不应复建，其场地作为绿化和开放空间用地；

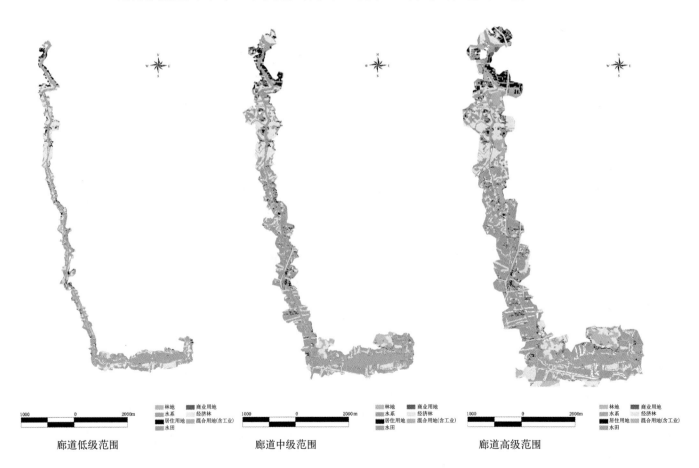

图6.3.3-3　西江遗产廊道范围 The buffer zone of the heritage corridor

6 中观——分区生态基础设施及重要廊道控制性规划

◆对桥体进行加固和修缮，去除桥身附着的、破坏其综合价值的附加物；

◆在桥头原入城处（现民居拆毁处）设游憩广场，结合解说和设施设计，使之成为社区中心；

◆进行景观整治，强化历史氛围。

B.委羽山大有宫

◆严格控制委羽山周边建设；

◆禁止委羽山和西江之间的开发建设，保持其自然联系；

◆建设沿山游步道，建立与大有宫的便捷联系；

◆整治大有宫周边环境，强化历史氛围。

C.鉴洋湖双桥

◆临桥建设广场，增加坐椅等设施，为人们提供可停留空间；

◆结合解说系统，建设小型游憩设施。

(5)河湖保护、恢复及土地利用调整规划

基本原则：减少河流污染、减少农田养分流失、恢复湖泊以增强调蓄能力。结合区域水系整治规划，逐步以非工程措施取代工程措施来实现水系的调蓄功能，逐步恢复自然河道（见图6.3.3-4~图6.3.3-6）。

近中期具体措施：

A.迁出工业污染源，调整原有工业、居住混合用地和工业、商业混合用地为居住用地和商业用地；

B.沿河道设农田缓冲区域（10m），以乡土植被形成农田与河流间的缓冲地带，同时结合该绿带建设主要游道，既可稳定河岸，又可成为物种迁徙通道，同时还可以减少水污染和农田养分流失，亦可形成绿道之骨架；

C.平均疏浚鉴洋湖2m深，可增加蓄水量140万m³；

D.沿湖沿河建立马蹄型湿地，起到水体自净和提供野生动物栖息地的作用。

E.对沿河道分布的超小型农村居民点和村落实行迁村并点和土地整理，原居民点占地在迁村并点后实行复耕或生态恢复；

F.以东南中泾段农田、橘林为主体建设农业文化主题区，发展游憩农业和生态农业。

远期措施：

G.集中发展中心村镇，对沿河道分布的小型农村居民点和村落实行迁村并点、土地整理，原居民点占地在迁村并点后实行复耕或生态恢复。

(6)设施与环境解说规划

A.规划基本原则：通过建设适当设施，整合已有可解说资源，挖掘潜遗产廊道主题与特色。

B.解说规划总主题：宗教历史、农业民俗、湖山野趣。沿着历史和文化的通道，由城市走向田园

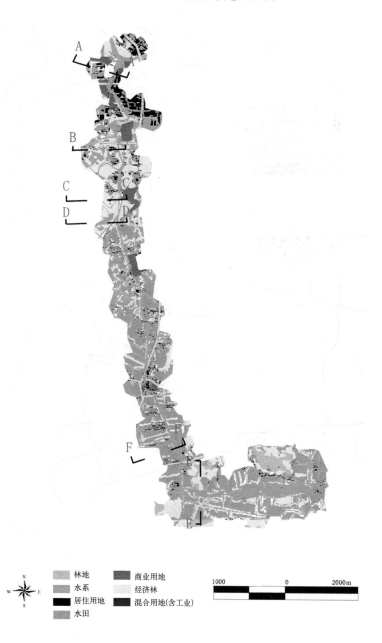

图6.3.3-4 西江遗产廊道土地利用 The land use along Xijiang heritage corridor

和自然。

C.解说规划分主题与主要信息的解说原则

(a)分主题一 桥闸文化

以五洞桥和西江闸为基础，建设桥闸文化公园，结合黄岩城市发展，形成黄岩城西的历史文化走廊。对五洞桥的解说应强调：

◆建造年代及名称演变；

◆技术、工艺和材料上的重要性，及相关的桥梁科技历史知识；

◆周边环境演变；

◆相关历史故事、传说和文学作品。

(b)分主题二 宗教山水

整合委羽山历史文化景观资源，保护大有宫、委羽洞等文化遗产，复原和解说委羽山废弃历史文化景观，建设形成委羽山宗教文化公园，使委羽山成为地域人文景观的重要中心。对委羽山大有宫的解说应突出：

◆山的名称演变与相关传说、历史故事；

◆建筑的建造年代、演变的解说；

◆第二洞天的由来、相关的道教宗教和历史知识；

◆建筑小品、雕像、藏钟的解说。

(c)分主题三 渠河田园

以原有农田、橘林、村庄为基础，建立农业主题游憩区，探索新的管理和运营方式，展示农业、水利、民俗的发展和变迁，发展生态农业和游憩观光农业。

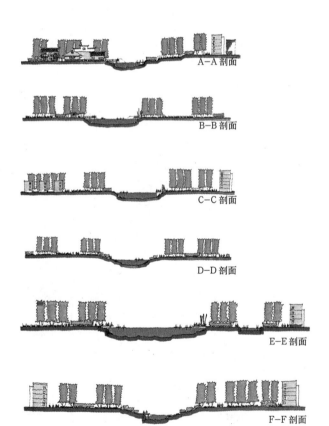

廊道各段剖面图

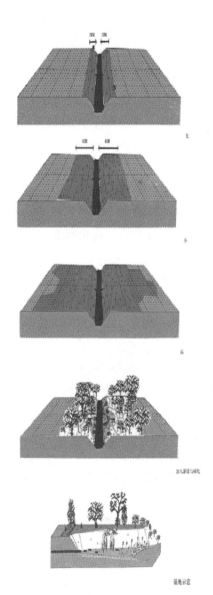

河道整治示意图

图6.3.3-5 西江遗产廊道剖面示意图 The section of the Xijiang heritage corridor

图6.3.3-6 西江遗产廊道河道整治示意 The reconstruction of Xijiang watercourse

(d) 分主题四　湖山野趣

在疏浚鉴洋湖的基础上，建设鸡笼山——鉴洋湖度假村、杨晨纪念馆、水上运动俱乐部等项目，整合沿湖、山分布的庙宇及古庙宇遗址、古坟墓、古亭、古山寨遗址、古桥等历史文化景观、及动植物等自然景观资源，使廊道的景观特色得以升华，并达到高潮。

对鉴洋湖双桥的解说应突出桥的建造、技术，风水上的讲究等。

D. 解说物设计概念与基本原则：共设计三种不同类型的解说系统，结合不同区段的具体设计加以使用：

◆单纯的标志牌；

◆与茶饮、小卖结合的小型展廊型解说系统；

◆景观地标型解说系统；

◆在交叉口、入口处的解说系统应说明廊道地图方位、道路；

◆解说系统应与照明等设施结合；

◆景观地标型的解说系统应与主要开放空间相结合，以提升景观的吸引力（见图6.3.3-7）。

(7) 游道及交通系统规划

现状交通系统进行调整的基本原则是：机动交通迁出廊道，减少与机动车交叉，增强可达性。

游道规划基本原则：每个出入口都有可达的游道，同时考虑滨水游道连续贯通。

具体措施：

◆增加辅路，迁出机动交通；

◆保留主要机动车交叉口，其余交叉口作为非机动车使用；

◆在机动车交叉口设置停车场；

◆用游道连接出入口；

◆游道为自行车和步行混合使用，禁止机动车进入。宽度4~6m（见图6.3.3-8）。

(8) 分段设计策略与导则

A. 西江段

◆对造成水污染的工业，应通过土地置换等手段逐步迁出。同时加强污水处理和垃圾回收设施的建设；

◆除五洞桥区域外，沿江60m作为绿道控制范围；

◆在护岸设计上应注意设置亲水的小品和构筑物，岸线设计要生态化和亲水化、人性化；

◆在建筑高度设计上应尽量保证通向水面视线，滨水建筑要注意与水的结合；

◆强调乡土植物的使用，对古树、形成历史环境的重要植物进行保护；

◆游道应形成连续完整的滨水步行系统，并与相邻的城市步道系统连接，廊道内部的机动交通除交叉口外应逐步迁出；

◆结合开放空间建设游船码头。

B. 南中泾段

◆开放已经封闭的河道，同时沿江两侧各控制60m作为绿道范围；

◆保持护岸的自然形式，滨水结合度假木屋

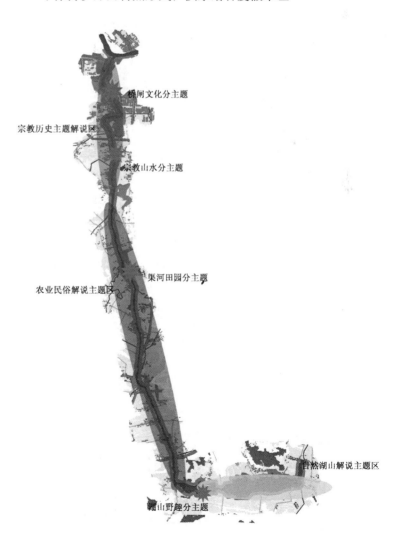

图6.3.3-7　西江遗产廊道解说主题示意 Interpretation themes of the heritage corridor

等设施设计亲水小品；

◆疏解沿江经济林，建设连贯的步游道系统；

◆结合村庄码头设立游船码头；

◆现廊道内部的机动交通除交叉口外，均应逐步迁出，以保证廊道的安静、安全；

◆结合沿江村庄，发展特色农业旅游；

◆规划建设可参与的观光农场、渔场，通过参与、展示和解说强化地方文化特色；

◆整理地区农业、防洪史料，结合解说系统进行展示。

C.鉴洋湖段

◆两侧控制60~100m为绿道范围；

◆涌岸保持自然形式，尽量避免工程砌筑，可结合度假、码头等设施设计亲水小品；

◆湖泊的疏浚深度不小于2m；

◆结合湖泊疏浚，建设小型度假设施。

6.4 椒江区生态基础设施暨开放空间控制规划

城区范围内的EI规划的两个主要目标是：

（1）如何让EI与城市居民的日常生活和工作建立联系，即如何建立一套城市EI，让每一个居民都能平等地共享EI所提供的生态服务；

（2）如何让城市EI能维护自身的健康和完整，以提供安全健康的生态服务功能，包括如何建立与区域EI的有机联系，使城市EI能从区域EI中获得持续的生态服务。

这里保留了城市设计领域惯用的城市开放空间的概念，并把它作为城市和区域EI的有机组成部分。这里的开放空间概念可以被理解为城市EI中可以被公众所直接使用的部分，包括居住小区中心绿地、道路街头绿地、城市级公园广场、专用绿地、保护性自然绿地及保护性历史文化场所。

6.4.1 景观表述

（1）概述

椒江位于台州湾入海处，为台州的海上交通门户（见图6.4.1-1）。地貌主要类型为沿海海积平原，占土地总面积的65%。余为低山丘陵、滩涂和海岛。椒江境内河网密布，山和水组成椒江主要的自然开放空间，人工开放空间由公园、广场、街头绿地、历史文化场所等组成。

椒江1981年设市，1994年与黄岩县、路桥镇合并为台州市。近些年来，椒江处于快速城市化阶段，人口和城市建设用地的快速增长对境内丰富的自然与人文景观资源包括山地、丘陵、江河、湿地、海岸、滩涂、稻田、橘林、庙宇、古街等造成严重威胁。具体包括河流的不断消失，河流亲水性的降低，山体破碎化的增强，生物栖息地的破坏，非农

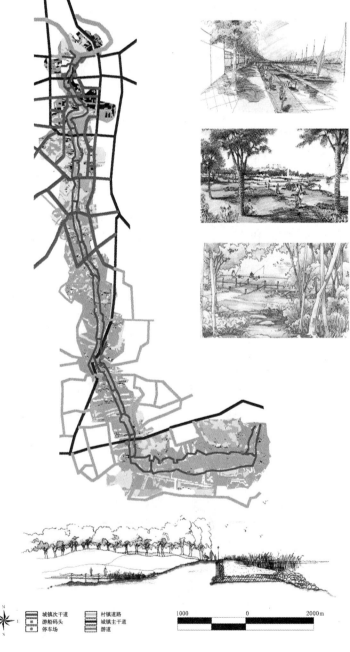

图6.3.3-8 西江遗产廊道游道与交通系统 The path and transportation system of Xijiang heritage corridor

6 中观——分区生态基础设施及重要廊道控制性规划

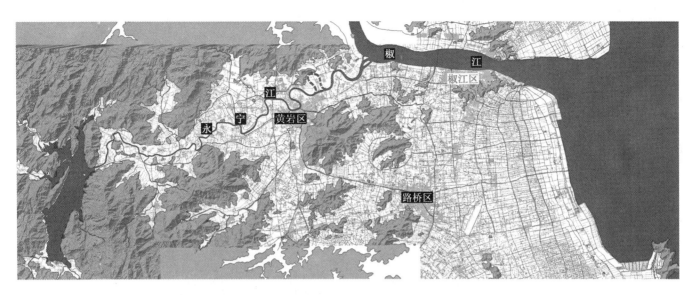

图6.4.1-1 台州市三个市区的区位关系区位 Location of the three districts of Taizhou City

业人口与城市建成区面积的快速增加，耕地的快速减少，被高速公路围困的自然保护区，隐藏在新建居住区中的文物古迹，破坏的山体，非人性尺度广场的修建等各种问题。椒江的城市和环境建设期待着更加合理的规划理论和方法。

(2)椒江区现状开放空间类型分区

通过对椒江开放空间的格局以及历史发展研究分析发现，椒江城区现状开放空间由以下四类区域组成：

A.传统街区（见图6.4.1-2，图6.4.1-3）

这个分区位于原海门卫所在地段，此地段属于椒江区的旧城区，其开放空间是由建筑限定

图6.4.1-2 椒江区开放空间现状 The existing open space of Jiaojiang District

127

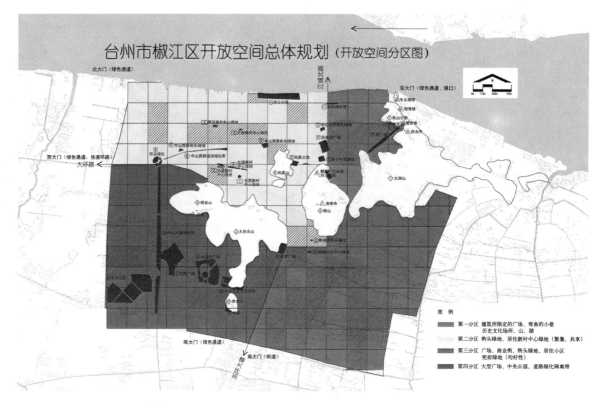

图6.4.1-3 椒江区开放空间类型 The types of existing open space of Jiaojiang District

的广场、弯曲的小巷、历史文化场所、山体和护城河等组成，空间尺度亲切宜人。

B."工人新村"

"工人新村"的开放空间是由街头绿地、居住新村中心绿地所组成。此分区主要是在20世纪80年代建成的，属于政府集中建设分配给职工的居民楼，其建筑密度大，公共开放空间严重缺乏，居住新村中心绿地面积较小，但具有聚集、平等、共享的特点。

C."花园住区"

"花园住区"开放空间由广场、商业街、街头绿地、居住小区宅前绿地组成。此分区主要于20世纪90年代建成，具有绿地率增高、绿地呈现均好性的格局等特点，但是缺乏能促进居民交往的公共绿地。

D."城市美化"区（新市政中心区域）

此分区位于椒江区西南角，是20世纪90年代末台州建市后的新市政中心，其开放空间是由大型广场、中央公园、宽阔的道路绿化隔离带组成，这些开放空间缺乏亲人的尺度，由于其距离居住区较远，且无可达性好的非机动车绿道，所以居民使用不便。

6.4.2 景观过程

本节重点讨论椒江城市与区域EI的历史和人文过程、自然过程和生物过程及其与景观格局的关系。

(1)明代海门卫城的山水格局与功能

椒江历来是军事要地。明洪武二十年建海门卫城（1387），为明七十二卫中规模最大者。首任参将便是戚继光，至今城内还留有戚公庙。海门卫城的建设形成老海门的雏形。椒江老城区即原海门卫城所在地段。在这个时期，椒江卫城与自然的关系和谐，主要表现在以下诸方面：

◆ 卫城由自然屏障山体和人工筑起的城墙构成；

◆ 山体连续性好，而且小圆山、东山、太和山等作为天然航标；

◆ 城市开放空间由小广场、古塔、庙、寺、祠、城门、城墙、山、河流、大海、农田组成（图6.4.2-1）。

(2)清代海门卫城的山水格局与功能

清代海门城区建设由于椒江岸线的后退而向

北发展。清代海门卫城与自然的关系：

◆椒江岸线后退，城区突破城墙向北发展，卫城逐渐远离椒江；

◆山体连续性好，山体依然作为天然航标；

◆由于军事的需要，城区增加了大面积的营地；

◆城市开放空间由小广场、古塔、庙、寺、祠、营地、城门、城墙、山、河流、农田组成（图6.4.2-2，图6.4.2-7）。

(3)民国时期海门卫城的山水格局与功能

民国时期海门卫城城墙的东、北段被拆除，城区向西北方向发展。

◆城内万济池的修建，标志着水体向游憩功能的转变；

◆城市向西北扩展；出现城市郊区；

◆城区西部开凿河道，用作农业灌溉、排洪、交通等；

◆城市开放空间由小广场、古塔、庙、寺、祠、残墙、山、河流、农田组成（图6.4.2-3）。

(4)1962年海门镇山水格局与功能

椒江从1956年开始对私营工业和手工业进行社会主义改造，逐步发展全民工业和集体工业。扩建和新建了电力、造船、橡胶、化工、水泵、机床等骨干企业；城墙被全部拆除。这个时期椒江城市开放空间的特点：

◆由于发展工业以及人口的增加，城内河流污染严重，于是填河修路，劈山筑路，山体连续性降低；

◆以工业建设为核心，工业沿江、沿山发展，对自然破坏严重；

◆城市开放空间由码头区、水库、小广场、古塔、庙、寺、祠、残墙、山、河流、农田组成，城

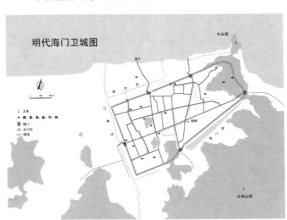

图6.4.2-1 明代海门卫城图 The Haimen Fortress in Ming Dynasty

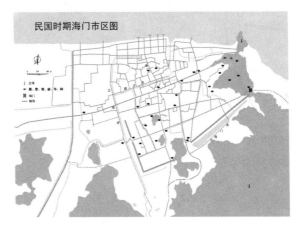

图6.4.2-3 民国海门卫城图 The Haimen Fortress in the period of Repbulic of China

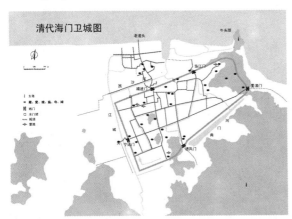

图6.4.2-2 清代海门卫城图 The Haimen Fortress in Qing Dynasty

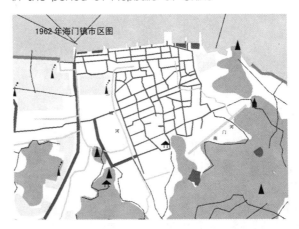

图6.4.2-4 1962年海门镇城区 The Haimen Town in 1962

"反规划"途径

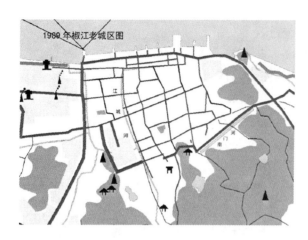

图 6.4.2-5 1989年椒江老城区 The old district of Jiaojiang in 1989

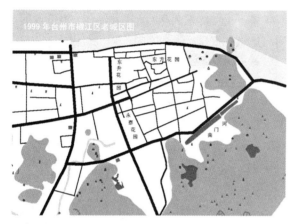

图 6.4.2-6 1999年椒江老城区 The old district of Jiaojiang in 1999

市烟筒、水塔林立（图6.4.2-4）。

(5) 1989年椒江老城区山水格局与功能

在1962年至1989年之间，椒江城市继续向西南扩张，城内河流继续被填筑成路；城市开放空间由港区、公园、居住区中心绿地、街头绿地、山、河流组成；城市内烟囱、电视塔成为城市的标志性构筑物（图6.4.2-5）。

(6) 1999年椒江老城区山水格局与功能

在1989年至1999年之间，城市继续向西南扩张，最后的护城河被填；南门河以游憩功能为主；开放空间由港区、大广场、公园、居住区中心绿地、街头绿地、山、河流组成；城市内高楼、电视塔、环岛、烟囱、巨大的广告牌、雕塑等组成城市的标志（图6.4.2-6）。

6.4.3 景观评价

椒江区的景观从一个依赖土地自然和生物过程进行人类文化活动，甚至包括军事防御，到近年来完全忽视对土地格局和自然及生物过程的尊重和利用，不但导致自然和生物过程的严重损害，同时人文过程，包括游憩和环境体验也受到严重威胁。

从1921年到2003年之间，椒江城市建设与山水的关系由和谐走向对立，概括为以下几方面：

(1) 山水格局和自然过程受损

图6.4.2-7 清代海门卫城所在地现状 The existing landscape of the former Haimen Fortress

A. 水系统的破坏

椒江在明清、民国和建国初期，城市建设中都很好的延续了"引水入城"的生态思想。在1921年之前，水的过程表现为山洪一部分由山脚下的湿地蓄积起来，另外一部分则由人工开凿的河道排入椒江或部分蓄积起来。湿地和河道所蓄积的水可用来灌溉农田，调节城市微气候。

然而从1956年开始，椒江发展工业，工业选址在水前区和山脚下，基本布局在公路沿线；同时发展畜牧业，畜牧场选址在山体边缘带。山脚下的湿地被填掉，河道的堤岸加高、河流亲水性降低、水资源没有得到有效利用等等。到1962年，椒江老城区内部的河道基本全部改为暗沟。只留下南门河至戚继光纪念馆之间的河道。到1989年，此条河也被改为暗沟。到1999年，老城区的护城河江城河也被填筑成城市道路。1986年将凤凰山东侧河段填筑为解放南路，凤凰山北侧河段填建成"小吃一条街"。位于西部的新建城区也填塞河道，城市内的河流在不断消失。城市内的河道除了被填塞外，有的则被城市所遗弃，作为排污沟。除了填塞河流外，椒江在后来的建设中也填塞了湖泊，例如1979年将万济池填平作为居住区用地等。

椒江在快速的城市建设中，除了建成区的水系遭到严重破坏外，建成区周边的水系也首当其冲严重干扰，包括填塞湿地、裁弯取直或加宽河道、硬质护岸的砌筑等。例如将原白云山等山体脚下蓄积山洪的湿地填筑为工业用地或开垦为农田；裁弯取直或加宽河道使得河道的自然形态被改变为单调的人工形态，例如1957年将椒北地区的前所——杜桥——上盘河道加宽，部分截弯取直，海门河、葭沚泾、华景河等也相继进行了砌石护坡、截弯取直等。根据椒江市志中的记载，椒江多种动物栖息在水边，这些都破坏了自然水文过程、也严重损害了生物的栖息地和迁移的廊道（见图6.4.2-8）。

B. 山体的破坏

椒江境内山林资源丰富。由于人类活动的强烈干扰，原生植被基本为次生植被和人工植被取代（见浙江省椒江市综合农业区划，1985）。建国以后，政府十分重视植树造林，但是在1958年大炼钢铁、"大跃进"和"文化大革命"期间，林木资源均遭受不同程度的过量采伐，包括1958年打破队界、乡界砍树烧炭炼钢；1959~1962年毁林开荒；"文化大革命"中片面强调"以粮为纲"，农田代替森林、乱砍滥伐山林、牧场停办、山林被毁、苗圃均被荒废等。20世纪80年代后的居住区侵占山体，劈山修路、采矿处处可见。近些年来又出现以人工绿化代替自然植被等现象，城市建设过分强调植物的装饰功能而忽视生态群落。总之，在此阶段，山体可谓遍体鳞伤、千疮百孔，山体连续性降低，同时，采用大量人工绿化和引进外来物种，也使乡土生境受到损害（图6.4.2-9）。

(2) 生物过程受到严重损害

随着上述水系统的破坏和山林的破坏，生物过程受到严重干扰，直接导致生物多样性的丧失。在椒江市志中选介的216种记载动物中，6.5%的物种在50年代后绝迹，21.8%的物种如今已经成

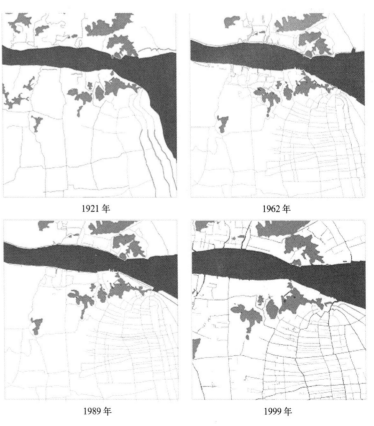

图6.4.2-8 1921~1999年椒江水系演变 The water system evolution of Jiaojiang

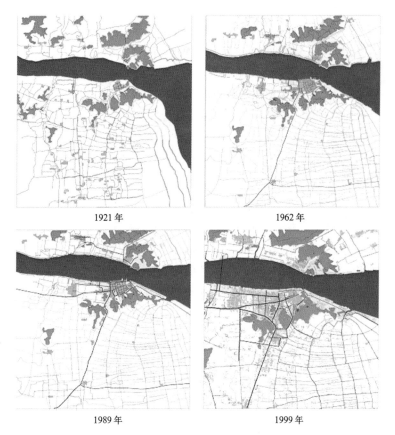

图6.4.2-9　1921～1999年椒江城市建设与山水格局演变 The urbanization and the water system evolution

主要是由于大量使用化学农药以及人类滥捕蛇类、黄鼬等鼠类天敌造成的。大部分鸟类的数量从20世纪60～70年代后逐渐减少；数量基本无变化的鸟类栖息地多为疏林和海涂。爬行类动物大部分是从20世纪70年代后逐渐减少或变为稀有，绝迹的爬行类动物栖息地为村舍和山林；现在稀有的两栖类动物栖息地为山麓带；淡水鱼类数量今减少的有5种，主要原因是由于近代陆续在所有河口修筑闸坝，洄游受阻造成。

(3) 历史文化过程受到严重损害

从1921年到2003年之间，城市建设不尊重历史，使得城市记忆不断丧失。民国时期，海门在城市建设中就忽视对于历史文化景观的维护与管理，包括城墙的拆除、有保留价值的老建筑被新建筑取代、古树遭致砍伐等。到20世纪80年代，椒江对于历史文化场所采取了设立文物保护单位的措施，城市的部分历史文化景观得到了保护。

然而，大部分被保留的历史文化景观或被新建居住区或工业堆场所包围，或被隐藏在垃圾堆里。这些文物只是被孤立的保护起来，没有发挥其所具有的历史文化价值，也没有很好的唤起人们对于城市的记忆，更没有发挥增强居民认同感和外来人对这个城市的了解的功能。如象征海门历史由来的椒江小圆山与牛头颈之间的码头消失了；作为最初海门镇入口标志的

为椒江的稀有物种，11.1%的物种数量减少，因此50年代后，物种减少、绝迹、今稀有的物种占到将近40%（具体变化见表6-13）。

除了一些珍稀物种绝迹外，鼠类却大量繁衍，

椒江区生物种类的状况　　　　　表6-13
The biodiversity condition of Jiaojiang District　　Table 6-13

动物类别		种类总数(种)	绝迹的种类数(种)	今稀有的种类数(种)	减少的种类数(种)	基本不变种类数(种)	增多的种类数(种)	人工饲养种类数(种)
兽类		24	6	15		1	2	
鸟类		30		16	5	7	2	
爬行类		15	2	4	2	7		
两栖类		5		2	1	2		
鱼类	海洋鱼类	37	1	5	7	21	1	2
	淡水鱼类	18		1	5	4		8
甲壳类		22	1	1	1	18		1
软体动物		27	1	2	2	20		2
昆虫类		32	3	1		28		
其他类		6			1	5		
占总种类数的百分比		216	6.5%	21.8%	11.1%	52.3%	2.3%	6.0%

资料来源：根据《椒江市志》中的记载统计而成(陈志超 主编，椒江市志编纂委员会编，椒江市志，杭州：浙江人民出版社，1998)

小圆山和牛头颈塔也埋没在杂乱的工业原料露天堆场里。

(4)自然山水的游憩价值被忽视

椒江城市建设忽视自然山水的游憩价值主要体现在：滨水区多为硬质边界，缺乏亲水空间；水体的可达性和可利用性差；工业区、港口占据滨水区，城市居民难以接近水体；山体边缘受到建设用地的侵蚀；山体被"化妆"；山体边缘"私有化"等。

(5)新建开放空间的形式化

椒江城区不和谐的人工开放空间主要表现在以下几个方面：

◆可使用性差，包括大面积的城市主干道交叉口的绿地、河堤不连续的非机动车道；大环路50m宽的绿化带、被工业堆场包围的小园山塔和牛头颈等；

◆尺度过大的广场、公园，包括市政府前广场和规划的中央公园；

◆难以感知和体验的开放空间；

◆使用效率低下的开放空间，例如以行政办公为主的椒江区西部的市民广场，只能以高成本的音乐喷泉换取居民的使用。

(6)可利用的开放空间有待重视维护

这类开放空间包括：

◆山脚下蜿蜒的小路；

◆穿过居住区的河流；

◆城市建成区内遗存的菜地；

◆街头绿地；

◆机动车与非机动车分离的林荫路；

◆山体及河流等自然开放空间(见图6.4.3-1)。

6.4.4 景观改变

(1)目标及指导思想

通过对椒江现状开放空间的分析，明确景观改变的目标及指导思想，即通过合理有效的土地利用，保护、恢复和重建城市EI，通过良好的城市EI，将区域生态服务功能引导到城市里来，使城市居民能公平地获得良好的生态服务（见彩图45）。具体包括：

◆满足构建区域EI的整体需要，形成完整的区域EI，保证城市能在区域尺度上获得安全健康的生态服务功能；

◆通过建立城市EI，保护和完善中观尺度上各种自然过程和生物过程的健康和完整；

◆通过建立城市EI，满足各种人文过程的健康和安全，包括：保护和体验城市的记忆；增强社区认同感和归属感；通过开放空间的均衡分布，向居民提供平等的游憩机会；建立便捷的通勤和游憩通道。

(2)景观改变途径

景观改变主要从两个方面入手，第一，如何

作为排污沟的河流　　正在固化的河岸　　　　　白云山路非机动车道

工业区受污染的河流　　老城区的改造　　　　　枫山脚下的菜地

人工绿化胜过自然　椒江堤岸不连续的非机动车道　椒江沿岸的湿地

侵蚀山体的住宅区　　美化山体　　城郊的河流　　太湖山一角

市区亲水性差的河流　劈山开路　　　　　　　海门河凤凰山段

道路交叉口的公园　山脚下的居住区绿地　　　海门河枫南小区段

政府前大尺度的广场　与山体隔离的居住区　　西枫山路北段

图6.4.3-1 椒江区现状景观评价 Evaluation of existing landscape of Jiaojiang District

根据人对生态服务的需要，建立城市开放空间系统；第二，如何根据城市和区域EI本身的健康和完整性需要，建立和完善EI。具体途径包括：

A. 通过服务半径，确定城市开放空间的分布

本研究分别从三个级别的开放空间，即邻里开放空间、社区级开放空间、城市级开放空间对椒江城市开放空间系统的服务半径进行了分析。

◆邻里开放空间的分析原则：面积大于0.4ha；服务半径小于350m（步行5分钟内）；将邻里及其以上级别的开放空间均计在内；历史文化场所等特殊用地不计在内；环岛绿化不计在内。

◆社区开放空间分析的原则：面积不小于1公顷；服务半径小于700m（步行10分钟内，骑车4分钟内）；将社区及社区级以上的开放空间均计在内。

◆城市级开放空间分析原则：根据城市规划关于城市级公园广场的规划指标即城市游憩集会广场面积指标为$0.13\sim0.4m^2$/人；市级广场每处宜为$4万\sim10万\ m^2$；区级广场每处宜为$1万\sim3万\ m^2$得出椒江城市现状广场面积已满足2020年规划期末的面积需求（见图6.4.4-1～图6.4.4-3）。

B. 通过建立绿道，完善城市EI

绿道是EI的重要组成部分。本规划中将绿道分为4种：生态绿道、遗产绿道、游憩绿道、通勤道（见彩图46～51）。这种分类方法主要考虑空间布局以及规划设计原则制定的方便，实际上，它们的功能是相互交叠的。

(a) 生态绿道　沿着自然廊道（例如：河流、小溪、山脊线）；常在乡村区域，强调自然和生物过程的保护。通过对栖息地的保护、恢复、连接和管理来维持和提高生物多样性，并使自然研究和游憩活动（例如，徒步旅行）成为可能。椒江城市生态绿道主要有三条，即：

◆连接椒江与南部山地的永宁河绿道；

◆连接乌龟山与东海的东西向河流绿道；

◆南北向与椒江入海口连通的历史海塘一条河绿道。

目前这三条河流廊道两岸植被丰富多样，水质较好，且位于城市建成区的外围，受人工干扰较少。由于是河流廊道，大环线等交通干线没有完全切断其连续性（见彩图48）。

(b) 遗产绿道　连接历史文化场所，沿着文化

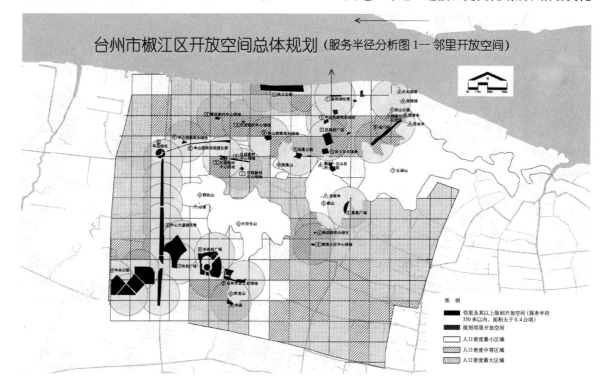

图6.4.4-1　椒江区开放空间服务半径分析——邻里开放空间 Service radius of open space of Jiaojiang District for neighborhoods

6 中观——分区生态基础设施及重要廊道控制性规划

图6.4.4-2 椒江区开放空间服务半径分析——社区开放空间 Service radius of open space of Jiaojiang District for communities

图6.4.4-3 椒江区开放空间服务半径分析——城市及区域开放空间 Service radius of open space of Jiaojiang District for city and region

遗产廊道（例如，古街道、城墙）或结合自然廊道（例如，水道）建立（见彩图47）。乡村或城市环境，有高的美学、历史、文化价值。椒江历史文化绿道较多样化，包括：

◆连接椒江入口原标志（即两座小园山）的古航道，使得人们可以体验到椒江城市的由来；

◆沿老城区内传统街巷的绿道，连接寺庙、纪念馆、小广场、古井，使人们可以体验到传统的城市空间及生活方式以及椒江岸线变迁的过程；

◆沿原城墙并连接城门遗址及观海楼、寺庙的绿道，它可以使人们体验到卫城的险峻地势；

◆沿着山脊线，并连接山上诸多寺庙的绿道，可使人们体验到宗教文化的清静。

(c)游憩绿道 连接公园、广场、山体、水体等开放空间节点，也应该连接步行的起点和终点，例如从家到学校、车站、商场等。它们可以沿着自然和文化廊道，具有乡村或城市环境。也可能是沿着河流、运河、纤道、铁路的线性城市公园，是全面的公共通道，具有较高的美学价值，是可供步行、骑车运动的连续系统（见彩图46）。

椒江的游憩绿道主要连接了椒江已有的以及新规划的社区级及社区级以上的城市公共开放空间，构成城市的游憩绿道网络，采用了多样化的线路，包括充分利用大环线两侧50m宽的绿化隔离带以及从城内到工业区的工程管线走廊。

由于游憩绿通道增加了大量的绿地面积，因此，应结合城市绿地用地指标进行规划。

(d)通勤绿道 这类绿道主要连接居住区与办公区、工业区以及商业区，目的是为市民提供绿色的、宜人的通勤环境。通勤绿道应该具有线路短捷、安全、指示系统明确等特点，最好与机动车道分离布局。狭窄的旧路可以改建成自行车或步行的通勤绿道，而不是拓宽和使其现代化，另外，也可充分利用现状城市道路中的非机动车专用道。

由于通勤绿道中要设置较宽的非机动车道，吸纳城市的部分交通量，因此应结合城市交通用地指标进行规划。另外，通勤绿道应和城市的公交网络有很好的衔接。

椒江的通勤绿道网络规划结合了椒江2003～2020年总体规划中的功能分区规划。另外，在选线中一部分选择从居住区内部或居住区之间可改造和开辟的区域通过，并且尽量利用废弃地和未建设用地，另一部分则充分利用现有新建道路中的非机动车专用道（见彩图49）。

C.通过景观战略点，高效地建立和完善城市EI

景观战略点是对景观过程具有关键性意义的元素和空间位置，包括：

◆生态、游憩战略点的恢复。在1921至2003年之间，椒江城区河流和湿地系统严重破坏，水体污染严重。所以，在城市和区域EI重建中要恢复关键性的水系和湿地。重点要恢复山脚下的湿地，它们是城市和区域EI的关键点，是联结山地生态系统和水系生态系统的战略点。通过恢复形成湿地公园，可以起到蓄水浇灌绿地，调节河道旱涝季的水量，调节城市微气候的作用，同时还作为生物栖息地和供城市居民游憩之用（见图6.4.4-4）。

◆历史文化景观战略点的保护和设计。自明代至民国之间椒江岸线不断向北后退，小园山及牛头颈已成为城市的门户标志，码头作为椒江沿岸的重要节点。对这些具有战略意义的历史文化景观需要特别关注。为此，规划在明代、清代以及民国时期的码头位置依次新建3个主题广场，用来纪念椒江岸线变迁过程；搬迁小园山周围的工业及仓储设施，新建海门入口广场，使小园山及牛头颈重新成为椒江的入口标志（见图6.4.4-5）。

(3)设计导则

为便于说明，整个椒江区分为八个分区（见彩图50，彩图51），相应制定EI建设导则。主要包括：

A.第一分区建设导则：

◆保护和维持现状街巷的空间格局和传统风貌；

◆改善生活居住环境；

◆建立非机动车道；

◆建设规划的开放空间，恢复重要城市节点地段的活力。

B.第二分区建设导则：

充分利用工人新村小巷，建立连接椒江和城市内部山体的南北向主要非机动车绿道，逐步完

6 中观——分区生态基础设施及重要廊道控制性规划

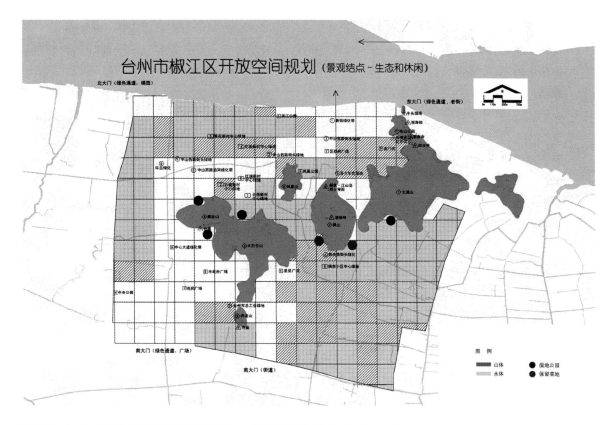

图6.4.4-4 椒江区开放空间景观结点——生态和游憩 Strategic points of open space of Jiaojiang District for ecology and recreation

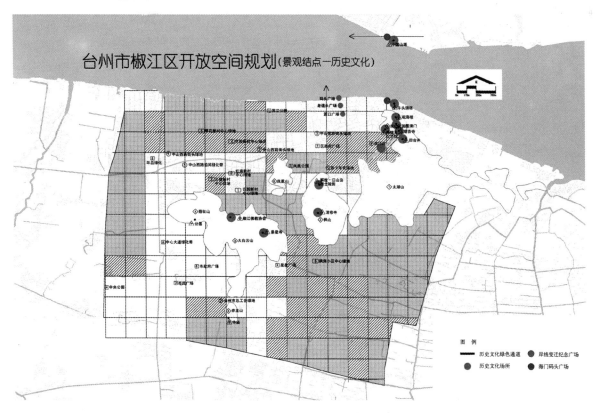

图6.4.4-5 椒江区开放空间景观结点——历史文化 Strategic points of open space of Jiaojiang District for heritage

成此区域的绿道网络建设。

C.第三分区建设导则：
◆整治河道，改善河流岸线的环境卫生状况；
◆增加河流两岸的非机动车专用道；
◆增加道路绿化隔离带内的非机动车绿道。

D.第四分区建设导则：
◆培育城市湿地公园；
◆建立山体边缘的非机动车绿道。

E.第五分区建设导则：
◆保留城市内部的菜地；
◆建立山体边缘的连续的非机动车绿道；
◆整治河道，改善河流岸线的环境卫生状况；
◆增加河流两岸的非机动车专用道。

F.第六分区建设导则：
◆增加社区及社区级以上的开放空间；
◆建立区之间的非机动车绿道。

G.第七分区建设导则：
◆划定规划绿道的界线，保留其内的高产农田；
◆增加市府大道绿化隔离带的宽度和行道树的种植；
◆增强中心大道绿化带内非机动车道的连续性。

H.第八分区建设导则：
◆划定规划绿道的界线，保留其内的高产农田；
◆培育绿道内的植被；
◆建立绿道内连续的非机动车道（分别见图6.4.4-6~图6.4.4-25，表6-14）。

第一区 体验历史、记忆城市
Focus Area 1

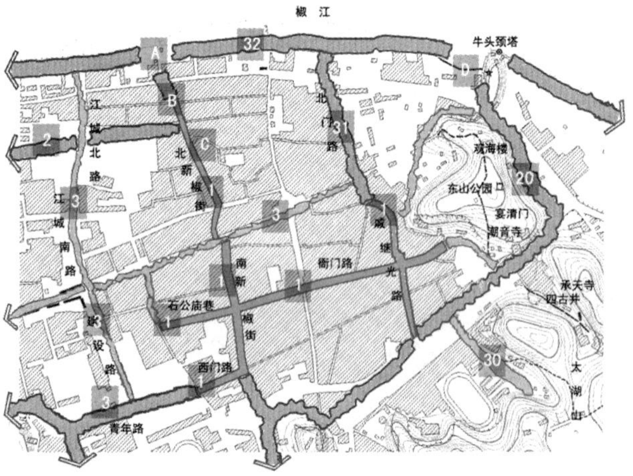

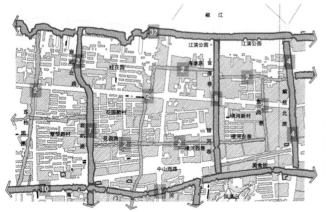

1	历史文化非机动车绿色通道、体验传统街区、保持传统路面材料、部分路段做修整、不拓宽
2	非机动车绿色通道，并以沥青修整路面、两边拓宽，以乡土树种绿化、林荫路
3	增加非机动车道和绿化隔离带、林阴路、记忆护城河、城墙
20	非机动车绿色通道，保留绿色通道内的农田，体验海门卫城的自然屏障
30	非机动车绿色通道、林阴路、通往太湖山
31	增加非机动车道、林阴路、连接古街与椒江
32	建立滨江绿色通道、增加连续的非机动车道增加水前区的活力
A	岸线变迁主题广场—民国以后
B	岸线变迁主题广场—清代
C	岸线变迁主题广场—明代
D	海门码头广场、海门标志的重现

图6.4.4-6 椒江区开放空间第一分区导则 The guideline for section 1

第二区 体验"工人新村"的生活气息、感受非机动车绿色通道给城市居民所带来的安全、舒适和健康
Focus Area 2

2	非机动车绿色通道，并以沥青修整路面、两边拓宽，以乡土树种绿化、林荫路
4	建议减少非机动车道上的出入口，增加沿路绿化的连续性
7	增加非机动车专用道和绿化隔离带、林阴路
9	非机动车专用道、增加河岸的绿化、使用乡土树种
10	在绿地中增加连续的非机动车专用道
32	建立滨江绿色通道、增加连续的非机动车道增加水前区的活力
8	将金海港、银河巷及其中间用地一起规划为绿色通道，原路面改造为非机动车道、中间绿化带以乡土树种进行绿化、绿化带内规划连续的步行道

图6.4.4-7 椒江区开放空间第二分区导则 The guideline for section 2

6 中观——分区生态基础设施及重要廊道控制性规划

第三区 体验河流绿色通道及道路绿化隔离带中的非机动车道给城市居民生活所带来的健康和便捷
Focus Area 3

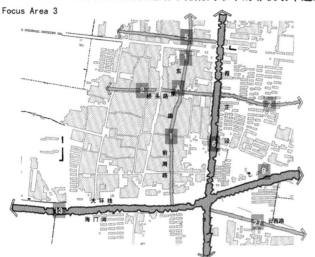

1	非机动车道、保持传统路面材料、部分路段做修整、不拓宽、体验传统古镇风貌
2	非机动车绿色通道,并以沥青修整路面、两边拓宽,以乡土树种绿化、林阴路
5	拓宽路面、增加非机动车专用道
6	生态河岸、两边修建非机动车道乡土植被绿化
13	在绿化带中增加连续的非机动车专用道、生态河岸
27	增加与机动车道隔离的非机动车道
A	规划新增加的社区级公共绿地
B	中山西路街头绿地、扩大规模、为社区居民之间的交流提供场所

图6.4.4-8 椒江区开放空间第三分区导则 The guideline for section 3

第四区 体验河流绿色通道及道路绿化隔离带中的非机动车道给城市居民生活所带来的健康和便捷
Focus Area 4

2	非机动车绿色通道,并以沥青修整路面、两边拓宽,以乡土树种绿化、林阴路
11	在绿带中增加连续的非机动车专用道
28	规划连续的非机动车绿色通道,以乡土树种进行绿化、绿化形式和路面材料以自然为主
A	规划社区及城市级湿地公园,具有生态、休闲、蓄集雨水、教育等功能(1)
B	规划社区及城市级湿地公园,具有生态、休闲、蓄集雨水、教育等功能(2)
C	规划社区及城市级湿地公园,具有生态、休闲、蓄集雨水、教育等功能(3)

图6.4.4-9 椒江区开放空间第四分区导则 The guideline for section 4

第五区 体验城市中的农田所具有的生态、休闲、教育等功能
Focus Area 5

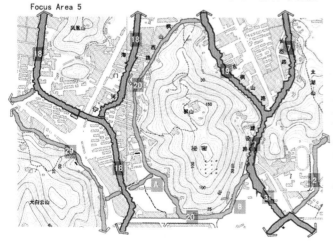

2	非机动车绿色通道,并以沥青修整路面、两边拓宽,以乡土树种绿化、林荫路
7	增加非机动车专用道和绿化隔离带、林阴路
18	增加两岸绿化、使用乡土植被、两岸增加连续的非机动车道
19	建立非机动车绿色通道,增加沿路绿化,保留绿色通道内的农田
20	改造为非机动车绿色通道,并以沥青修整路面
29	建议减少非机动车道上的出入口,增加沿路绿化的连续性、减小交叉口道路的转弯半径
31	增加非机动车道、林荫路
A	保留菜地(1)
B	保留菜地(2)

图6.4.4-10 椒江区开放空间第五分区导则 The guideline for section 5

139

"反规划"途径

第六区 增强"花园住区"里的社区精神、增强行人在城市快速干道交叉口过马路的安全性
Focus Area 6

15	增加绿化隔离带宽度、林荫路、减小交叉口道路的转弯半径
17	近期限制车行速度、远期禁止机动车进入
18	增加两岸绿化、使用乡土植被、两岸增加连续的非机动车道
21	规划非机动车绿色通道、保留绿色通道内的农田
22	规划非机动车绿色通道
23	生态河岸、两岸修建非机动车道、保留绿色通道内的农田
26	规划非机动车绿色通道、保留绿色通道内的农田
29	建议减少非机动车道上的出入口，增加沿路绿化的连续性、减小交叉口道路的转弯半径
A	规划增加社区及社区级以上开放空间(1)
B	规划增加社区及社区级以上开放空间(2)

图6.4.4-11 椒江区开放空间第六分区导则 The guideline for section 6

第七区 提高城市大广场、大公园的可参与性
Focus Area 7

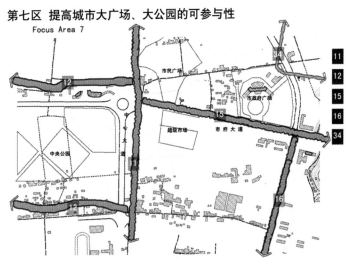

11	在绿地中增加连续的非机动车专用道
12	规划为农田绿色通道、其中修建连续的非机动车专用道
15	增加绿化隔离带宽度、林荫路、减小交叉口道路的转弯半径
16	建议减少非机动车道上的出入口，减小交叉口道路的转弯半径、增加沿路绿化的连续性
34	规划非机动车绿色通道、连接广场与山体

图6.4.4-12 椒江区开放空间第七分区导则 The guideline for section 7

第八区 城市边缘区的生态基础设施建设
Focus Area 8

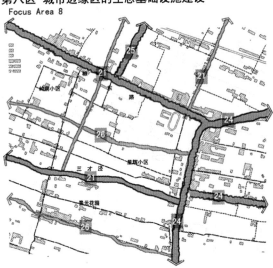

21	规划非机动车绿色通道、保留绿色通道内的农田
24	生态河岸、两岸修建非机动车道、保留绿色通道内的农田
25	非机动车绿色通道、绿化植被以工业区需求为准
26	规划非机动车绿色通道、保留绿色通道内的农田

图6.4.4-13 椒江区开放空间第八分区导则 The guideline for section 8

6 中观——分区生态基础设施及重要廊道控制性规划

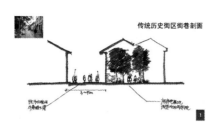
图6.4.4-14 椒江区传统历史街区街巷 Traditional streets and districts

图6.4.4-15 椒江区海门卫城遗址景观 The relics of old Haimen Fortress

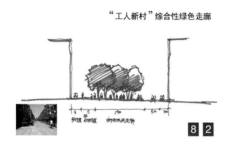
图6.4.4-16 椒江区工人新村街道剖面 The section of residential streets (1)

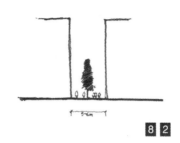
图6.4.4-17 椒江区工人新村街道剖面 The section of residential streets (2)

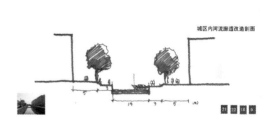
图6.4.4-18 椒江区内河流改造 The waterway alteration

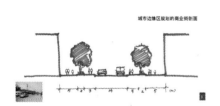
图6.4.4-19 椒江区边缘区规划商业街改造 The commercial streets alteration in the urban fringe

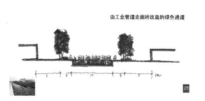
图6.4.4-20 由工业管道改造的绿道 The greenway changed from the industrial corridor

图6.4.4-21 城区内山体边缘的游憩廊道 The recreation corridor along hills in the city

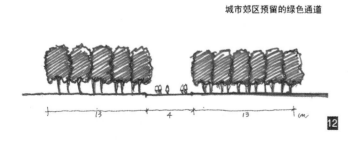
图6.4.4-22 城市郊区预留的绿道 The proposed greenway in suburban area

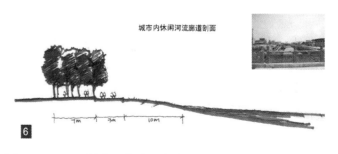
图6.4.4-23 城市内游憩河流廊道剖面 The section of recreation corridor in the city

"反规划"途径

图6.4.4-24 椒江城区段水前区剖面 The section of riparian area of Jiaojiang corridor in the city

图6.4.4-25 椒江、永宁河郊区段剖面 The section of Jiaojiang and Yongninghe Corridors in the suburban area

椒江区 EI 的主要绿道和关键性节点清单　　　　　　　　　　　　　表6-14

The list of main greenways and strategic points of the ecological infrastructure in Jiaojiang District

Table 6-14

绿色通道				
编号	位置	现状	规划	备注
1	戚继光路 衙门巷 石公庙巷 北新椒街 南新椒街 西门路东段 东岸路 前周路	狭窄弯曲的老街、青石板铺面、人车混行	非机动车道、保持传统路面材料、部分路段做修整、不拓宽、道路两侧建筑保持传统风格、改造废弃的宅基地为休闲院落、中远期将排污渠改造为景观水渠	宽度为2.5~5 景观水渠宽0.5~1m
2	通衢路 东风巷 渔工巷 东橘园路 桥头路 岩屿北路 花园路 横河西巷	狭窄、路面不平整、人车混行	改造为非机动车绿色通道，并以沥青修整路面，近期不拓宽，非机动车道与步行道以绿化隔离带分开；远期拓宽，其中布置两条非机动车道，以乡土树种绿化，建成为休闲、通勤绿色走廊	总宽度为30m，其中非机动车道为3~5m，休闲绿带内适当布置座椅、电话厅等休憩和服务设施
3	中山东路 江城北路 江城南路 西门路西段	水泥路面、人车混行、沿路绿化少	改造为3块板，增加非机动车道和绿化隔离带、林荫路	增加非机动车道宽度3~5m
4	解放北路 解放南路	有非机动车道、较安全	建议减少非机动车道上的出入口，增加沿路绿化的连续性	
5	工人西路	美食街、几乎无绿化、人车混行、交通混乱	拓宽路面、增加非机动车专用道	总宽度为30~40m，其中非机动车道宽度为3~5m，绿化隔离带宽度 > 2m
6	葭东路段 葭芷泾	正在固化河道、水质差	生态河岸、两边修建非机动车道乡土植被绿化	河流两岸绿化各为30m，绿化带内的非机动车道宽度各为3m
7	岩屿路 长岙路 建设路	尺度适宜、但人车混行，安全性差	增加非机动车专用道和绿化隔离带、林荫路	非机动车道宽度为3m
8	金海东巷 金海西巷 银河东巷 银河西巷	狭窄、路面不平整、商业街	将金海巷、银河巷及其中间用地一起规划为绿色通道，原路面改造为非机动车道、中间绿化带以乡土树种进行绿化，建成为休闲、通勤绿色走廊	总宽度为30~40m，非机动车道各为3~5m，以沥青铺面、休闲绿带内适当布置座椅、电话厅等休憩和服务设施
9	海门河	沿河机动车与非机动车混行道	非机动车专用道、增加河岸的绿化、使用乡土树种	

6 中观——分区生态基础设施及重要廊道控制性规划

续表

绿色通道

编 号	位 置	现 状	规 划	备 注
10	中山西路海门河段	沿街绿化较好、有步行道	在绿地中增加连续的非机动车专用道	非机动车道宽度为3～5m
11	中心大道葭芷泾段	绿化带宽、绿化质量较高、城市快速干道、有非机动车道	在绿化中增加连续的非机动车专用道，充分利用绿化带	非机动车宽度为3～5m
12	预留绿色通道	荒地、部分为农田	规划为农田绿色通道、保留绿色通道规划宽度内的高产农田，绿化带内修建连续的非机动车专用道	总宽度为50m，其中非机动车道宽度为3～5m
13	海门河大环路段	绿化带宽、绿化质量较高、但很难体验到绿化带、河流水质差	在绿化带中增加连续的非机动车专用道、生态河岸	非机动车道宽度为3m、河南岸绿化宽度不小于20m
14	永宁河	水质较好、河流两边为荒地和农田、部分地段为村落	生态河岸、两岸修建非机动车道、保留绿色通道建议范围内的高产农田	两岸绿化各为50m，其中非机动车道宽度各为3m
15	市府大道	宽阔、路面平整、有非机动车道	增加绿化隔离带宽度、林荫路、减小交叉口道路的转弯半径	绿化隔离带宽度不小于3m，交叉口半径降低为12～15m
16	白云山南路	路面平整、有非机动车道、沿路绿化好	建议减少非机动车道上的出入口、减小交叉口道路的转弯半径、增加沿路绿化的连续性	道路交叉口半径降低为12～15m
17	经中路	现代商业街、环境较好	近期限制车行速度、远期禁止机动车进入	
18	三才泾凤凰西路河段、枫山新村段	水质差、两岸为居住和办公用地	增加两岸绿化、使用乡土植被、两岸增加连续的非机动车道	建议河流两岸绿化各为15～20m，其中非机动车道宽度为3m
19	东枫山路	水泥铺面，路面平整、人车混行	建立非机动车绿色通道、增加沿路绿化、保留绿色通道建议宽度内的农田	绿色通道总宽度为10～30m，其中非机动车道宽度为3m
20	西枫山路	路线沿山体蜿蜒布局、尺度宜人、绿化好、人车混行	改造为非机动车绿色通道，并以沥青修整路面、将其沿枫山边缘继续延伸、局部地段安排座椅等休息设施	非机动车道宽度为3～5m
21		河道干枯，两岸为工业区及农田、规划为居住用地	规划非机动车绿色通道、保留绿色通道建议范围内的高产农田	总宽度为30～50m，其中非机动车道宽度为3～5m
22	岭南小区与台都花园之间河段	河道干枯，两岸为居住用地	将河道改造为收集小区内雨水的湿地、改水泥固化河岸为生态河岸，沿岸布置步行道	总宽度为20～30m，其中步行道宽度为2～2.5m
23	三才泾	水质差、河流两岸为居住区、工业区、规划为居住用地 水质差、河流两岸为工业区、规划为居住用地	生态河岸、两岸修建非机动车道、保留绿色通道建议范围内的高产农田 生态河岸、两岸修建非机动车道、保留部分农田	河流两岸绿化各为30～50m、其中非机动车道宽度为3m 河流两岸绿化15～20m，其中非机动车道宽度为3m
24		水质差、河流两岸为居住区、部分地段为工业	生态河岸、两岸修建非机动车道、保留绿色通道建议范围内的高产农田	河流两岸绿化各为30～50m，其中非机动车道宽度为3m
25		工业管道用地	改造为绿色通道、管道渠内种植小灌木、绿化植被以工业区需求为准、管道渠上面铺设供人步行的栈桥	总宽度不小于40m，其中步行道宽度2m

续表

绿色通道

编号	位置	现状	规划	备注
26		河道干枯、两岸为居住区及农田	规划非机动车绿色通道、保留绿色通道建议范围内的高产农田	总宽度为20～30m、其中非机动车道宽度为3m
27	云西路	路南绿化较好、但人车混行	增加与机动车道隔离的非机动车道	非机动车道宽度为3m、绿化隔离带宽度不小于2m
28	仙鹤路等	现状用地包括绿地、荒地、居住、学校等	规划连续的非机动车绿色通道、以乡土树种进行绿化、绿化形式以自然为主	总宽度不小于50m、非机动车道宽度为2.5～3m
29	东环大道	城市快速干道、非机动车道与机动车交叉口较多、交叉口快速的车辆对过路行人造成威胁	建议减少非机动车道上的出入口、增加沿路绿化的连续性、减小交叉口道路的转弯半径	
30	明珠路	水泥路面、绿化少	改造为非机动车道、林阴路	非机动车道宽度为3～5m
31	乃崦路、北门路	水泥路面、绿化少	增加非机动车道、林阴路	非机动车道宽度为3m
32	椒江水前区城区段	工业、军事用地	休闲绿色通道、其中修建连续的非机动车道	总宽度＞100m、非机动车道宽度为3～5m
33	椒江水前区郊区段	工业、农田用地	生态和休闲绿色通道、增加连续的非机动车道、保留绿色通道建议范围内的高产农田	总宽度不小于300m、非机动车道宽度为3m

规划改造和培育的结点开放空间

第一区的A、B、C岸线变迁主题广场		依次分布于北新椒街与椒江南岸之间、现状从椒江到北新椒街之间依次为仓储、道路、荒地及新建住宅用地	规划为岸线变迁主题广场、近期建设A广场即民国码头广场、远期建设清代及明代主题广场	广场尺度不应过大，以纪念和回忆岸线变迁为主题。与北新椒街应很好的衔接。从而成为一条城市记忆的主线
D.海门码头广场		现状为工业仓储用地、小圆山可达性差、牛头颈隐蔽	海门入口码头广场	旅游和居民客运码头，广场应尺度宜人，与新建的26号绿色通道相衔接
第三区A,B公共绿地	A位于东岸路与桥头路的交叉口；B为中山西路街头绿地	A.现状周围是较老的居民区；B.现状为绿地，但面积过小	规划为社区级公共绿地、设置可供居民之间进行交流的空间和设施	面积不小于1hm²
第四区A，B，C湿地公园	位于葭沚山、大白云山脚下	现状为居住、绿地、荒地等	规划为湿地公园	面积不小于1hm²，以自然景观为主
第五区A，B为保留菜地	位于枫山的西南和东南角	现状为菜地	规划保留菜地	面积保持不变
第六区的A,B为社区级公共绿地		现状为农田、河流、荒地	规划为预留的社区级公共绿地	面积不小于1hm²

6.5 路桥区生态基础设施暨开放空间控制规划

6.5.1 景观表述

路桥为台州市南部主城区（见图6.4.1-1）。境内整体形成从西向东的山地、丘陵、平原、浅海滩涂梯度递减的地貌格局。陆域面积274km²，主要位于温黄水网平原，海拔一般为3～3.3m，地势低洼。河流均属金清水系，河网密集。主要河流有南官河、山水泾、青龙浦、新桥浦、三才泾、一条河、三条河、七条河等。降水量从东南向西部递减。灾害性天气主要有台风、暴雨、洪涝等。气候具有明显的亚热带季风气候特征。同时受海洋性季风影响，降水充沛。气候适合于多种作物、果树生长，如著名

6 中观——分区生态基础设施及重要廊道控制性规划

路桥文化遗产和乡土文化景观要素　　　　　　　　　　　　　　　　　表 6-15
The heritage sites and vernacular cultural landscape elements　　　Table 6-15

历史文化景观	名　称
水文化景观	南官河、山水泾、鉴洋湖
山文化景观	石浜山、琅玑山、鸡笼山、莲花山等
宗教文化景观	南山善法寺、香严寺
工程设施景观	十塘，众多的桥梁
历史建筑和街区景观	十里长街（省级历史文化保护单位）、五凤楼、柯横故居
遗址和陵墓景观	西周文化遗址
乡土文化景观	数量众多的祠堂、宗庙以及民俗活动场所

的桐屿枇杷观光园。从农副业生产来看，平原土地肥沃，区内大部分为基本农田，是粮棉高产区。沿海滩涂和内陆水域发展海水、淡水养殖潜力很大。低山丘陵地带盛产亚热带水果。从生物多样性方面，境内沿海滩涂是浙江大陆海岸地区的重要鸟区之一，在候鸟保护中具有重要的国际地位。同时，西北部丘陵山地都是台州的重要生物栖息生境。

路桥依山傍水，境内人文与自然景观较为丰富。同时，路桥境内河网密布，湖塘星罗棋布，以水、桥、舟、商为主题的乡土文化景观十分具有特色，航运以及与水相关的文化和生活方式一直在当地占有重要的地位。如南官河素有"浙东小运河"之称，对温黄平原的经济发展具有十分重要的作用。除了经济和社会职能，南官河还沟通了黄岩与路桥，沿途将文庙、五洞桥、委羽山大有宫，以及路桥的历史文化和经济的发源地——十里长街联系起来。而山水泾是路桥与历史上的著名风景区——鉴洋湖的游览线路。清光绪三十一年，御史杨晨及当地名士筑堤围湖，种桑修亭，遍植花木，并在此著书垂钓，还有文人诗会等趣谈。因此，沿这几条水系分布的乡土文化景观蕴含有独特而丰富的历史信息（见图 6.5.1-1，表 6-15）。

6.5.2 景观过程

(1) 自然过程分析

就现在路桥区的范围而言，上古时代大都泡在海中，为第四纪冰川后期的海侵沉积所形成。在水动力和泥沙综合作用下，海岸和滩涂随海平面的进退而不断变化。现在的平原距今有五六千年，最晚有上千年历史，故也称老海积平原。据记载，路桥在宋代时候为一片平原，水湾纵横，行人走路十分不便，因此不断兴修水利，使得自然的河网变成了人工化的纵横整齐的渠系，大量湿地被围垦

造田，同时大量的桥梁为便利出行而被修建。"路桥"也因其"路路有桥，桥桥接路"而得名。就目前而言，路桥境内水系完全处在人工控制之下。复杂的排灌和渠网系统已经取代了古代的自然河网和湿地。

路桥河流水源都来自黄岩长潭水库和温黄交界的太湖山。境内最大河流南官河是跨越西江、金清两大水系的人工河道。据史志记载，南官河大约在公元 907～931 年间由吴越王钱镠开凿，是纵贯温黄平原的一条干河，但由于地势低洼，地面高程一般在 3～3.3m，最低只有 2.5m，由西北向东南倾斜，所以历史上的涝水主要通过诸支流汇入南官河，后排入金清港和永宁江。南官河一旦排水不畅，极易发生洪涝灾害，所以对路桥区而言，南官河对于当地的经济、文化及城镇生态安全具有十分重要的意义。

山水泾是排泄太湖山区洪水入金清港的主要河道，并且沟通台州境内最大自然湖泊——鉴洋

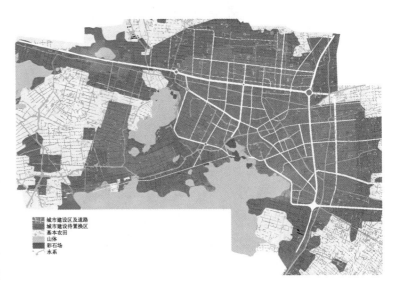

图 6.5.1-1　路桥区土地利用 Current land use of Luqiao District

湖，全长13.65km。其中，鉴洋桥以下至路桥河段上大下小，洪水宣泄不畅，两岸地势低洼，涝灾频繁。鉴洋湖系古海湾演变而成的泻湖，原有水面2000余亩，中有沙洲，芦荻丛生，各种水鸟栖息其间，水中多银鱼。但是随着围垦和平整土地，大量湖塘遭到填埋，鉴洋湖也难逃厄运。从20世纪50年代初开始，鉴洋湖先后作为劳改农场和鱼种场，不断的围堤挖塘使得上下两湖河港逐渐相连，湖面逐渐缩小，南部基本消失。今湖东西长约2500m，南北宽500m，水面面积仅约0.7km²，周长4km，分隔为130多个小鱼塘。

(2)路桥区城市化过程分析

A.城市化过程

路桥区的快速城市化进程始自改革开放之后。其中两种城市化动力机制在起作用，包括："自下而上"的就地城市化和"自上而下"的政策推动城市化。"自下而上"的城市化动力为民间推动，而"自上而下"为政府推动。

路桥素来有经商办实业的民间传统。自从南宋以来，路桥在清、民国等时代都曾发展为浙东南商业、手工业重镇。例如清代杨晨归隐后创办"越东轮船公司"；民国期间，郏道生兄弟创办"普明织物厂"，织机达百台；以及十里长街"三八为市"的传统。近年来，行政等级的提升与"自上而下"的社会、经济动因极大地推动了城镇化进程。"自下而上"的就地城市化作用巨大。

历史上台州市城镇体系基于农业生产模式而较为涣散，城市化发展缓慢。20世纪80年代以前主要是通过行政关联。而从20世纪80年代后，以经济关联为主的城镇体系开始发育。大量小城镇脱离了农业依存模式，走上了工业化和城市化的道路。乡镇企业、民营企业和市场推动人口非农化，成为典型的"自下而上"的城市化模式。1994年，台州撤地建市，路桥镇行政等级提升，成为台州三个主体城区之一，进一步推动了城市化的进程。行政等级提升与编制总体规划成为"自上而下"的城市化发展和建设的直接动力。

通过对1922、1962、1989和2002四个时期的

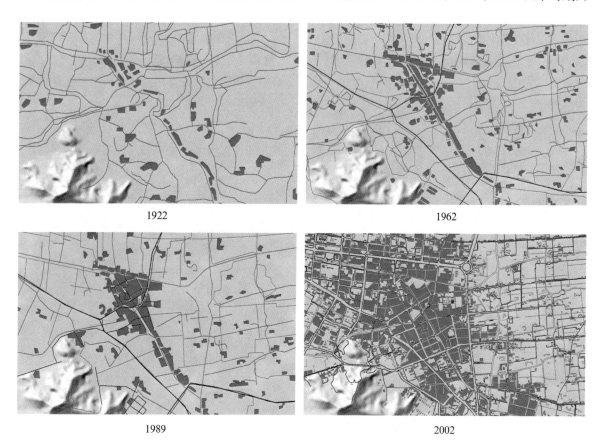

图6.5.2-1 路桥区城市化过程 The urbanization process (1)

6 中观——分区生态基础设施及重要廊道控制性规划

路桥区城市化状况进行分析，其空间扩展过程具有如下特点（见图6.5.2-1，图6.5.2-2）。

◆1922年，多为规模较小的村镇，分散布局，有一定沿南官河发展的态势，此时道路格局不明显；

◆1921~1962年，沿官河以及鲍浦线形发展的态势明显。几条主要道路形成，但对城市形态影响不大；

◆1962~1989年，沿河继续生长；原来水系廊道之间的楔形空地被逐渐填充；发展开始接近山体边缘。主要道路基本不变，建成区开始有沿路趋势；

◆1989~2002年，沿道路发展态势增强，迅速填充原来的空地，并与沿河建成区连成一片。城市扩展从沿河的趋势转化为沿路的趋势。大环线及几条干道建成，城市路网密度迅速加大，建成区面积迅速扩大。

B.城市开放空间演变过程

路桥城市化过程中，城市空间也在发生着演变。从历史上沿南官河以十里长街为核心，路桥的城区范围在逐渐发展扩大，基本上形成圈层模式而逐层向外扩张。根据空间肌理、尺度、形态、要素的不同，路桥区城市开放空间可以划分为传统街区、居住小区、现代城市公共空间、混合空间四种（见图6.5.2-3，图6.5.2-4）。

(a)传统街区

台州目前保存较为完好、风貌较为完整的传统街区主要是以十里长街为主的沿南官河老街。路桥老街的产生可追溯到东汉在这里设立邮亭的时代。在路桥的历史发展过程中，十里长街成为传统文化和商贸经济的缩影，并且形成了水——街——桥——房——人的清晰的空间序列和景观特色（见图6.5.2-5）。

◆整体格局为河、房、街平行伸展，支巷蜿蜒曲折，普遍较为狭窄。街巷分临水和建筑围合两种空间类型，在一些庙宇或埠头前形成小尺度的公共空间节点。街面多为石板铺砌，店面密集，具有较为人性化的空间尺度和细部。

◆桥为路桥的景观特色之一，也是十里长街的重要景观节点。形式多样，典故颇多。"五桥夜月"为路桥八景之一。如福星桥、中镇桥、涌金桥、

图6.5.2-2 路桥区城市化过程 The urbanization- proces (2)

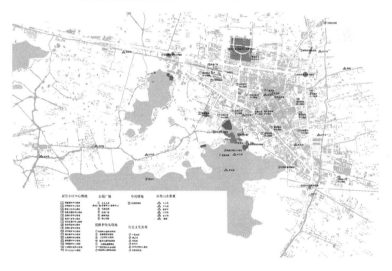

图6.5.2-3 路桥区公园绿地现状分布 The distribution of existing green space

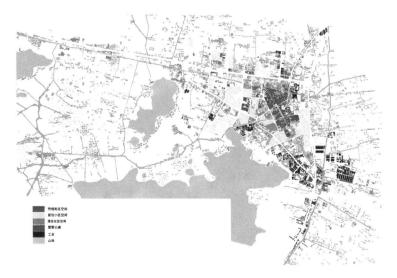

图6.5.2-4 路桥区现状城市空间分类 Types of open space

图6.5.2-5 传统街区肌理及开放空间分析 The texture and open space of traditional districts

新安桥等。

◆建筑材料多为木材,具有当地明清风格,以斗式吊楼二层为主,吊楼与底楼结合处的廊下三角撑雕有花鸟、人物等各种精致图案。实物遗存数量丰富,类型较为多样,包括祠庙、民居、店铺、商埠等。

(b) 居住小区

随着大规模的旧城改建和新的开发,围绕旧城周围以及城市周边出现了单纯居住功能的居住小区。根据不同建造年代,可以划分为自建或开发的连排式新村、统一开发的强调围合感的居住小区、强调空间质量的花园别墅等类型。居住小区开放空间包括宅前绿地、组团中心绿地、大型小区中心绿地等,面积不等,分布包括独立设置、沿路、沿水等类型(图6.5.2-6)。

(c) 现代城市公共空间

城市化的快速推进,在城区外围形成了现代城市公共开放空间,如城市道路、专用绿地、重要公共建筑外部空间(如市场)、城市广场、公园与街头绿地等类型(图6.5.2-7)。

◆城市道路主要指城市主干道,如三块板、双向六车道的路桥大道、泰隆街、南官大道、新安西街等,以及一块板四车道的新安南街、下里桥东路等;

◆专用绿地如区政府以及其他一些企业和单位的绿地等;

◆重要公共建筑外部空间主要包括商场、汽车站以及较大规模的专业市场等;

◆城市广场、公园与街头绿地包括会展中心、文体中心和世纪广场的三大工程,永安广场以及沿石浜山和南官河的一些小街头绿地。

(d) 城中村及手工业、工业区

路桥在近年来的快速城市化过程中,民营资本、市场商贸经济的繁荣是巨大的推动力,"无街不市,无巷不贩,无户不商"为路桥经济形式的一大特色。"自下而上"的建设所形成的自发生长的城市空间在路桥开放空间中所占比例很高,这种空间属于"非正式"空间(张庭伟,1998;罗仁朝,张帆,2003),"非正式"强调自下而上的决策,往往由居民自发的建造活动。处于城市边缘、被就地城市化围入城区的"城中村"是这类城市空间的重要组成部分。这类街区的一般特征

6 中观——分区生态基础设施及重要廊道控制性规划

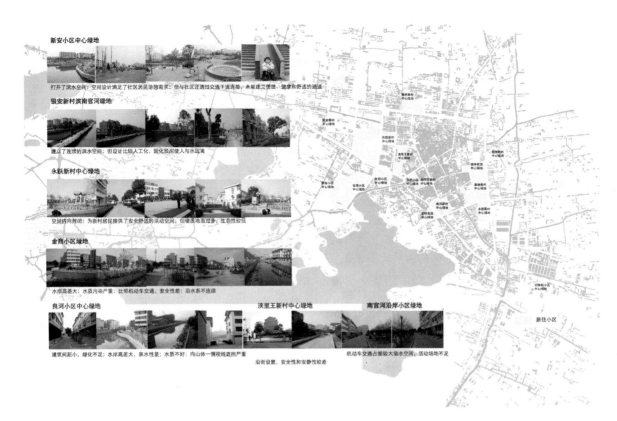

图6.5.2-6 居住小区肌理及开放空间分析 The texture and open space of the new residential neighborhoods

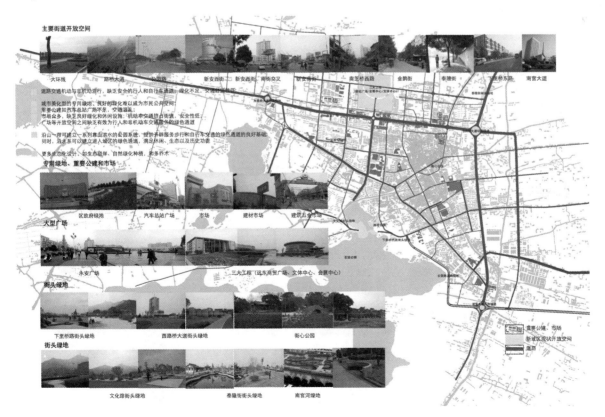

图6.5.2-7 城市现代公共空间肌理及开放空间分析 The texture and open space of the new public space

包括：

◆功能混杂，包括商业、市场、居住、工业、服务业等；

◆人口和建筑密度很高，如路桥全区人口密度为1500人/km²，具有经济发达地区的人口密度大的典型特征；

◆往往缺乏重要历史古迹；

◆建设无序，部分已经形成住宅与小作坊、小店铺、市场街和工业的并置局面。

从成长机制以及功能角度来看，传统街区也属于这种类型，例如十里长街前店后宅的格局，但是从所包含的历史文化信息、场所感及空间特色角度，两种空间具有较大差异，因此予以分开（见图6.5.2-8）。

6.5.3 景观评价

(1)城市化过程对自然山水格局及功能的影响

基于以上过程分析，城市化对现状山水格局的影响主要有以下几方面问题：

A.水系的破坏威胁自然和生物过程

水系的以下变化都导致了防洪能力和旱涝调节能力的下降，生物栖息地受到破坏：

(a)格局被破坏　从1922至1962年间，现在的路桥城区范围内水网仍然较为密集，水系弯曲，格局也较为连续。但是1962年之后，城内水系明显减少，环绕大人尖山体的连续水系被破坏，尤其是山体东北边缘地带。到了1989年左右，由于城市和道路修筑，城内水系迅速减少，水系格局呈现不连续状态；局部新开挖很多人工沟渠，水系呈现更加人工化趋势。

(b)渠化　路桥河流的日益人工渠化处理，河网的日益减少使得洪水自然调蓄能力下降，抵抗洪水能力下降。

(c)湿地消失　人工建设使自然湿地、湖塘减少，使得洪水自然宣泄空间骤减，增加了洪水的高风险。河流丧失了生物栖息地和生态廊道的作用。

(d)淤积　河道淤积严重，造成水交换能力的下降。

(e)污染　工业、居住和大量小工业和小作坊

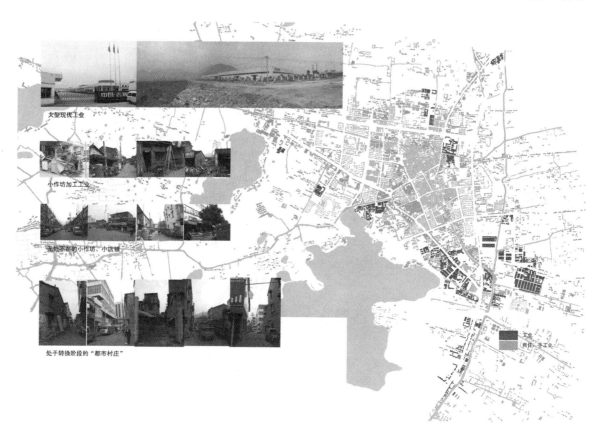

图6.5.2-8　城中村和手工业及工业区肌理及开放空间分析 The texture and open space of handicraft industry, industry and remnant villages in the city

缺乏对废物排放的控制，城区整体水系质量严重恶化（图6.5.3-1）。

B.城市建设破坏山体边缘地带

城市建设逼近山体边缘，如石浜山东南麓的大型厂房明显破坏了水系山体的良好格局。而工业区建设缺乏区域协调和整体布局考虑，不恰当的选址和规划使一些适合生态保护和游憩的地段被破坏（图6.5.2-8、图6.5.3-2）。

C.城市外围基本农田受到威胁

城区周边基本农田受到城市化威胁，包括当地就地城市化和主城区的外溢。工业开发和住宅建设占用标准高产农田，造成土地资源面临被城市化逐步蚕食的境地。并且一些关键局部，例如生物廊道等面临威胁，应该在规划中得到预先的保护。

（2）现状城市绿地系统与开放空间存在问题

路桥城市化扩张过程中形成圈层式格局，四种不同类型的城市空间具有不同的特征（图6.5.3-3），也存在诸多问题。

A.传统街区开放空间——缺乏开放空间，基础设施不足，环境质量低

◆水是传统街区开放空间的重要功能和景观要素，负载居、行、游、交流等行为活动。目前可通行小型船只，但河水污染较为严重；

◆水、电、卫生设施缺乏，绿化不足，交通亟需整治；

◆一些较为古老的桥交通职能已经减退，但其所蕴含的文化内涵却应予挖掘和强调；

◆房屋建筑材料多为木材，但年久失修，有一定的质量隐患。

B.居住小区开放空间——开放空间不足，格局不连续，布局不均衡

居住小区开放空间布局分为独立设置、沿路、沿水三种类型：

◆独立设置型具有一定的内向性，安全程度较高，但是较为封闭，相互之间缺乏联系，也缺乏与自然环境的联系；

◆沿路设置型受机动交通影响较大，安全程度低；

◆沿河设置型驳岸固化、高差大、水质差，缺

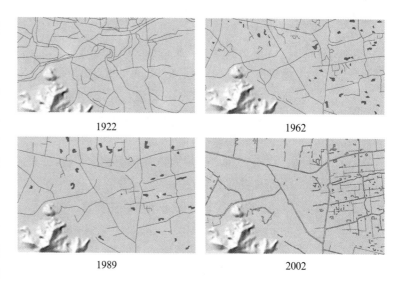

图6.5.3-1 路桥区城市化过程对水系格局的影响 The impact of urbanization on the pattern of water features

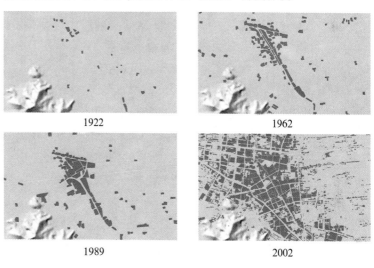

图6.5.3-2 路桥区城市化过程对周边山体的影响 The impact of urbanization on the pattern of remnant hills

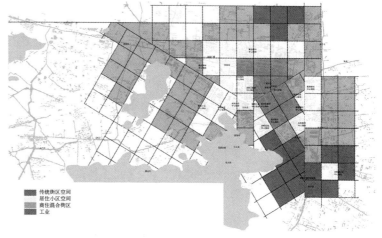

图6.5.3-3 路桥区开放类型分区 The zoning map of the open space types in Luqiao District

乏亲水性空间。

总体布局不均衡，从功能和空间上缺乏与自然系统（山体、水系）的联系，相互之间也缺乏安全、便捷、舒适的联系通道。

C.现代城市公共开放空间——"城市美化"，缺乏系统连续性

"自上而下"规划建设形成的现代城市公共开放空间存在如下问题：

◆城市道路　存在的问题主要包括机动车与非机动车混行，缺乏安全的人行与自行车通道，绿化不足，交通舒适性低；

◆专用绿地　如区政府等，绿化状况普遍良好，但封闭、内向，并且属于城市化妆式的设计，图案化和形式化倾向较为突出；

◆重要的公共建筑外部空间　如商场、汽车站以及较大规模的专业市场等，普遍存在人车混行，绿化不足和缺乏环境设施等问题；

◆城市广场、公园与街头绿地　如三大工程、永安广场以及沿石浜山和南官河的一些小街头绿地，尽管内部空间与环境质量较好，但整体缺乏系统连续性，与山体、水系的关系不够紧密。

D.商住混合开放空间——缺乏开放空间，环境质量低

"自下而上"的自发生长的城市空间在路桥开放空间中所占比例很高，存在诸多问题：

◆污染较为严重，小工业和小作坊往往对水体、土壤造成严重的污染；

◆环境质量差，缺乏绿化、游憩场所，一些地段基本的夜间照明和卫生设施都没有；

◆由于缺乏重要历史古迹，环境缺乏场所感和凝聚力；同时社会组织结构受到冲击而趋于解体；

◆无处不在的"市场街"及周边街区内部环境普遍存在机动车与非机动车混行，绿化不足等问题。

尽管缺乏规划，建设无序，在一定程度上最缺乏开放空间，但这种"自下而上"所形成的城市空间也有其丰富的社会、经济、文化基础，如：具有很高的社会与文化多样性，依托一个小商店或修鞋摊往往会形成丰富的社区情感网络和多样的交流载体；是路桥经济的重要组成部分，是著名的"温台"模式的基础；或脱胎于传统街区的肌理或自发形成，其空间形成一定的特色。因此对这一部分规划不应该简单对待。

(3)乡土文化景观及体验评价

随着城市化和工业化进程，路桥的乡土文化景观特色面临消失的危险。

A.传统街区保护方式堪忧　路桥的古今商业文明和现实市井生活的结合成为当地人文景观的特色。但这种特色如何在现代生活方式和大规模的地产开发中得到良好的延续与发展十分值得研究。现实中的"高档化"、雕琢化的传统街区保护方式使得原有的社会组织结构和生活方式被生硬地破坏，原有居民被挤出老街，原生文化消失。

B.乡土文化景观之间缺乏联系　现状中重要乡土文化景点之间缺乏联系，造成连续历史体验的丧失和乡土文化认同感的降低。南官河沟通黄岩与路桥，山水泾沟通路桥与鉴洋湖，都是历史上航运、游览的历史线路。这些线路以及周边的乡土文化景观特色面临着消失的危险。

6.5.4 景观改变

基于上述景观格局和过程的分析和评价，提出以下景观改变规划策略：延续和完善宏观尺度上的区域EI，在中观尺度上确定EI构成元素的具体边界和范围，控制其可建设的强度和方式。整体形成以生态、游憩和遗产廊道为骨架的绿道网络，联系城市级、区级和邻里级公园（见彩图52~彩图59）。其遵循的原则包括：

(1)保护洪泛湿地，恢复自然河道，保护河流廊道的连续性

路桥地区地势低洼，遭受涝灾的几率非常大，但河流逐步演变成为人工管理下的工程化系统，河流逐渐丧失了其自然的泄洪、生物、美学等功能。而工程化的抽排和填埋低洼地带并不能根本解决洪涝发生的自然过程。由洪泛平原以及沿河的小面积湿地、沼泽地、湿林地等提供了多样的生态环境，本身是河流系统的一个组成部分。因此，应留出可供调、滞、蓄洪的湿地和河道缓冲区，满足洪水自然宣泄的空间。具体导则如下：

◆南官河作为泄洪排涝的主通道，应该保证河流两侧一定的缓冲区宽度，控制在三个层次的

宽度：80m、100m、150m。同时应保护沿途湿地；

◆从山水泾鉴洋桥以下至路桥河段，应严格保护其密集的水网、水塘和湿地，保障其宣泄洪水和涝灾的空间，并且保障其格局的连续性；

◆禁止填埋河道，在城区内部有可能恢复一些旧河道，将破碎的水网重新联系起来；

◆避免裁弯取直和护岸硬化；

◆禁止工业性和生活性污染排放。

(2)保护生物栖息地及廊道

路桥境内滨海湿地生态价值很高，具有战略意义，同时沿河湿地及周边山体也是重要的生物栖息地。而生物栖息地的破碎和消失，廊道的断裂是造成生物多样性减少的重要原因之一。对此应制定保护与恢复措施(见彩图53)，具体导则如下：

◆滨海湿地　应保持滨海湿地自然面貌；控制村镇扩张，控制围垦，避免开发，禁止发展污染性工业，提倡生态工业、生态农业；

◆水系　对河流、水系应保持其连续性，使生态过程在城区内外得以连续；保护两岸植被带，在洪水缓冲宽度的基础上，保持生物通道的宽度；对重要湿地进行生态恢复，如鉴洋湖；

◆农田　农田是建立生物保护缓冲区的主体，应严格保护城区周边的高产农田和经济林，避免城市化侵占；

◆残遗斑块和林带　严格保护农田基质和破碎化景观中作为跳板的林地斑块，加宽景观元素间的联接廊道并与现有防护林体系相结合；

◆山缘　山体边缘地带划为建设控制地带，控制高度；对现状建筑进行逐步搬迁；保护山体植被，禁止挖山、采石等破坏行为，对已经挖采形成破坏的区域进行生态恢复；同时发展水土保持林、水源涵养林，保护植被，并以乡土树种为主进行绿化树种的选择。

(3)建设遗产廊道

在宏观区域EI研究中，确定建立西江——南中泾——鉴洋湖——山水泾——南官河——十里长街的乡土文化遗产廊道。在此基础上，针对路桥区范围内的文化遗产和乡土文化景观，建立包括南官河——十里长街、山水泾——十里长街和石浜山善法寺——普泽寺三段遗产廊道(见彩图54)。

◆在南官河——十里长街段，针对具有重要历史文化价值的十里长街街区，应限制建筑高度，保持其原有风貌的真实性，并采取有机更新的方式，采取一定政策优惠、资金支持和提供设计导则，鼓励社区的自我发展；

◆山水泾——十里长街段，重点保持其水网密布、水系连续的格局，并尽可能恢复至鉴洋湖的通航，保护河流水系两侧的乡土文化景观以及所依存的有关民俗和乡土文化背景，从而维护乡土文化景观的完整性；

◆石浜山善法寺——普泽寺段，建设沿山的自然游览步道，避免对自然背景带来破坏；

◆保护乡土文化遗产廊道内的自然生态系统，如保护廊道内部的河道、湖泊和其他水体，并沿水体周边建设缓冲性林带和湿地；

◆建设沿廊道的连续游憩系统，包括建设步行和自行车绿道；建设解释系统和必要的游览设施；同时对于廊道景观质量较低的区域进行景观整治，以提升遗产廊道的景观质量。

(4)建设游憩绿道

◆沿南官河、山水泾、永宁河、上分水、鼻头泾等主干水网，并将一些断裂但密集的水系重新联系，建立沿水系的非机动车游憩绿道；

◆恢复远东商贸广场、文体中心、会展中心北侧，徐翁泾至永宁河之间破碎但密集的水系的连续性，建设北侧非机动车游憩绿道；

◆吉利汽车城东侧，以东西向干渠，如鲍浦、青龙浦、长浦河、辽洋泾、竞争河等为主，将破碎的南北向水系恢复连续性，构成东侧游憩绿道。

(5)建立公园系统

根据开放空间的可达性标准，确定不同服务半径内的公园(见彩图55)。如：

(a)邻里公园　根据小区出行5分钟，步行距离小于350m范围内

◆针对传统街区，应结合旧城保护性详细规划，在适当位置根据传统的空间节点布置绿地，尺度不宜过大，并需体现传统文化特色。如在下里桥路古樟树周边规划小型绿地，设置休息设施与解说系统，反映地段历史；对街巷内部的小型传

统空间节点，应保存其原有的人性尺度和肌理，完善水、电等市政设施。

◆针对现状居住小区，可利用良好的水系网络和山体来布置公园绿地，结合游憩绿道规划多处小型社区公园，使之与自然山水格局相联系，成为有机系统。

◆针对城中村及混合型街区，首先根据服务半径确定所需公园数量，再根据绿道系统结构规划公园系统。这一过程中，应基于社会结构和市场发展机制进行规划。如针对不同专业市场，根据人流线路来选择合适位置建设公园，或者选择在不同社区之间建设社区公园，使之成为不同职业和社会人群共享的开放空间，形成与社会结构相协调的空间结构。

◆针对其他城区部分，如根据现状分析，路南街道主要为工业区，包括吉利汽车城、双鹿空调等占地面积较大，公共绿地面积不足，因此以东部游憩绿道为构架，建立连续的多处社区公园（见图6.5.4-1）。

(b) 区级公园　出行时间小于10分钟，步行距离小于700m范围内

◆在路南南官河与永宁河交叉位置设立一处公园，使之服务东部城区，并且形成与石浜山良好的视觉节点；

◆在新安西路与新安南路的交叉口东侧布置一处街头绿地，形成街道空间的良好转折关系；

◆在山水泾、岙泾交汇处，至与南官大道交叉的位置，规划一处公园，使之成为从南官大道望石浜山的视线通廊的一处节点，并完善环石浜山北侧的公园系统（见图6.5.4-2）。

(c) 市级公园　出行时间小于30分钟，步行距离小于2000m，公交车可达的范围内

◆结合石浜山山体边缘地带的建设控制和生态恢复，规划山前游憩带，并与石浜山、山水泾，以及公园路的道路绿化相结合，形成路桥南侧的市级游憩区域，以自然山水和历史文化景观为特色，可对"路桥八景"之中位于石浜山的四景进行挖掘，设置相应的解说系统或必要的设施；

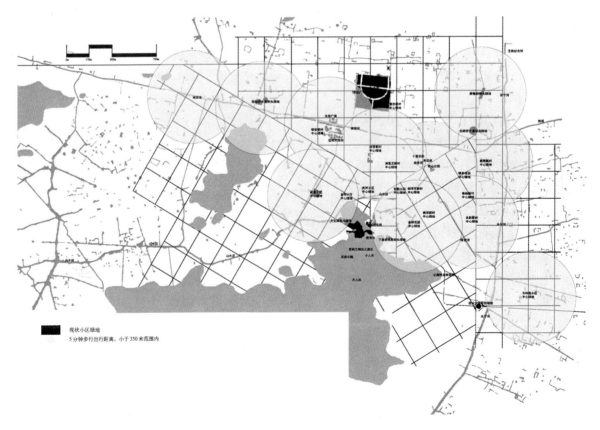

图6.5.4-1　路桥区开放空间服务半径分析——邻里开放空间　Service radius of open space of Luqiao for neighborhoods

6 中观——分区生态基础设施及重要廊道控制性规划

◆城区北侧的三大工程应建立其与周边水系和公园系统相联系的绿道，使之更趋于人性化尺度，增加必要的遮荫、游憩等设施，增加具有生态功能的水系和绿地，如增加乔木种植，与周边水系相连通等，使之成为路桥北侧以体育馆、会展中心等现代大尺度广场和绿地景观为特色的市级游憩区域（见图6.5.4-3）。

(6)建立通勤绿道

利用沿河、沿山现状小路、次要城市道路，规划为通勤绿道，采用当地植物加强绿化，联系传统街区、居住小区和商业区，使之成为具有美感，舒适、安全、健康的非机动车绿道，满足城市居民的出行、通勤和游憩等功能需求(见彩图56)。

(7)控制视线通廊

◆根据现状调查，石浜山大、小人尖峰以及宝塔从城市各个角度都作为城市视觉标志。因此确定视线通廊体系，并依此划定建筑高度分区；

◆在重要的道路、水系、广场、绿地等，建立与石浜山的视线通廊，控制沿视线两侧的建筑高度。高层建筑布局应该考虑与整体实现通廊体系的关系，避免遮挡（见彩图57，彩图58）。

基于以上的生态、历史文化遗产及通勤、游憩等各种功能的综合考虑，将影响上述各种功能的景观元素和结构进行整合，形成中观尺度上的城区EI暨城区开放空间规划(见彩图59)。它将被用于引导和完善城市内部空间结构。

6.6 影响评估

EI规划从自然、生物和人文各种过程分析出发，基于对现状景观与这些过程的关系的认识和评价，提出景观改变策略——体现在EI上，目的是保障上述自然、生物和人文过程的安全和健康，为城市和居民提供持续的生态服务。从科学的角度来讲，EI规划方案的可行性和优缺点最终体现在其提供综合生态服务功能的能力，需要通过事后的效果的长期观测。这显然是本案例的这一阶段研究所无法完成的。本研究只能从规划作为各方利益协调的手段和最终体现这个角度来评价EI规划成果。最终的EI是对各方利益代表的令人满意的回应（表6-16）。

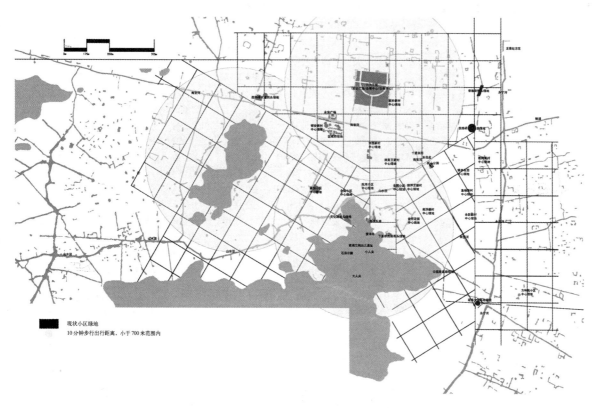

图6.5.4-2 路桥区开放空间服务半径分析——社区开放空间 Service radius of open space of Luqiao for communities

"反规划"途径

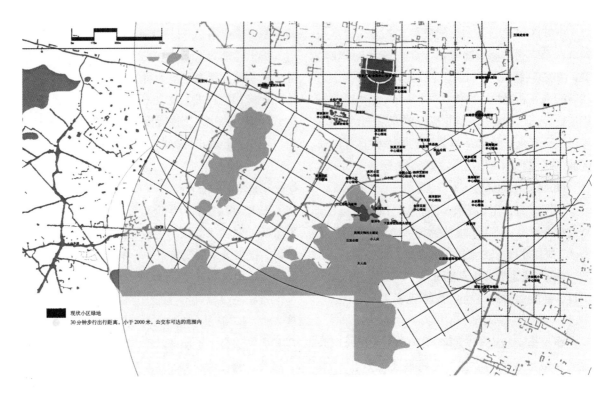

图6.5.4-3 路桥区开放空间服务半径分析——城市开放空间 Service radius of open space of Luqiao for city and region

各利益主体对现状EI及相关问题的关注与评价①以及EI规划对这些关注的回应 表6-16

The concerns and evaluations from different stakeholders to existing landscape and the responses from ecological infrastructure planning Table 6-16

利益	利益主体 代表者及主要关注问题	对现状有关问题的关注以及对EI规划的期待（根据会议记录和采访整理）	EI对这些关注的回应和对相关问题的解决
市民利益	政治协商委员会、基层市民—— 关注基本物质与精神生活要求，反映了一些"自下而上"的城市公共环境的诉求②	(1)市府大楼的衙门形象不妥当，不可亲近，缺乏人文精神 (2)大草坪设计不适合人使用 (3)沿江、沿河的工业发展对环境的影响很大 (4)宗教文化场所充当着当地的"社区交流和活动中心"的作用，寄托着当地人们的精神生活，规划应该与当地人的生活相结合 (5)传统街区的活动场所和游憩场所正在丧失 (6)规划应该真正能被执行	(1)(2)分区EI控规吸取城市化妆式的开放空间的教训，强调公共空间的公平性、宜人性和生态性 (3)EI的廊道规划将使沿江、沿河的空间成为生态廊道、遗产廊道和游憩廊道 (4)EI规划中，将宗教文化场成为乡土文化景观廊道的核心进行保护和利用 (5)分区EI控规中，传统街区的活动场所和游憩空间通过城市中的各种绿道联系起来 (6)城市EI将作为城市总体规划的依据，并通过绿线控制，体现在法定规划中
开发与发展利益	开发商—— 关注利润最大化和最大的投资回报	(1)希望通过环境的改善，能提高房地产的价值，吸引更多的人到城市居住 (2)为开发提供更为便利的交通条件	(1)通过城市EI的控制性规划，将区域EI的生态服务功能导引到城市肌体，使城市向可居性目标发展，提高城市的可持续发展能力 (2)通过连续的廊道系统的建立，形成绿色、便捷的城市自行车和步行系统
部门利益	水利部门—— 关注水资源保护和水利设施建设相关事务	(1)保护河道、保护水网迫在眉睫 (2)能否对洪水作为资源来认识，从根本上解决洪涝灾害 (3)是否需要建防洪堤？现在的防洪堤太高太不美观，缺乏亲水性，也不生态，有没有别的途径来解决防洪问题	(1)江河水系是台州EI的关键元素，因而也是保护和完善的重点 (2)EI规划把洪水作为资源，通过湿地系统的保护和完善，综合解决洪涝问题 (3)EI通过洪水安全格局的分析，建立以滞洪湿地为主体的防洪安全系统，在很大程度上避免工程措施

续表

利益	利益主体 代表者及主要关注问题	对现状有关问题的关注以及对EI规划的期待（根据会议记录和采访整理）	EI对这些关注的回应和对相关问题的解决
部门利益	林业部门—— 关注林业资源保护及相应管理与开发事务	(1)道路防护绿带与土地利用的矛盾，特别是与耕地保护的矛盾突出 (2)经济林与生态林的关系需要协调：林业部门计划从产业转向生态(40%划为生态公益林)；森林资源应与游憩利用相结合 (3)古树名木保护问题 (4)对滨海植被和湿地要有足够的重视 (5)如何在必然要修建道路的前提下保持绿道的连续性，如何处理与道路的交接部位 (6)如何将生态保护成为法定规划	(1)EI而不仅包括传统意义上的林地和绿化，还包括高产农田和其他自然地系统 (2)EI考虑构成元素的综合功能，包括生态、文化遗产保护和游憩等 (3)古树名木作为重要的遗产可以通过遗产廊道的建设得到很好的保护和利用 (4)滨海植被和湿地是区域EI的重要组成部分 (5)EI控规中将保持绿道的连续性作为主要原则，在绿道与交通干道相交叉时，建议采用立交方式，以维护EI的连续性和完整性 (6)EI通过绿线划定实现法定的控制
	农业部门—— 关注农业资源保护及相关农业生产、管理事务	(1)保护耕地至关重要，必须协调农业发展与城市发展的关系 (2)农业保护的前瞻性与法定问题 (3)城市建设和农业生产用地不够，需要滩涂围垦和养殖，因此存在湿地保护与开发的矛盾	(1)(2)EI把高产农田作为有机组成部分进行保护，作为绿线划定的不建设区域，使农田溶入城市，形成城乡有机格局 (3)湿地本身具有很高生产力，水稻和其他水生作物种植田也是湿地的构成部分，同样可以起到湿地的生态服务功能，并与其他自然湿地一起，构成具有多样化生境的EI
	文化(文体、文物)部门—— 关注文化活动、历史文化资源(文保单位、文物以及地方乡土景观资源留存)的保护与管理	(1)人口失控造成现在人与自然的关系不和谐的境地，规划如何应对这一问题 (2)必须考虑今后道路、水利和市政规划纳入生态基础设施系统规划的可能性 (3)应该注重地方"风水"、自然与历史资源和山水特色的保护与利用：温黄平原河系密如蛛网，村镇星罗棋布。原有众多塘可以蓄水调洪，干旱季节灌溉，但从农业学大寨之后许多水塘、水系被填掉了，地方"风水"丧失，众多的宗教场所和乡土名胜古迹也在消失 (4)要重视当地的蜜橘特色，但近年来，许多果园都被砍掉搞开发区	(1)EI尽管解决不了数量意义上的人地关系，但主张通过关键性空间格局的设计，实现更为高效的土地利用和生态保护，来解决人地关系的矛盾 (2)EI规划是必须先行的规划，其中包括结合步行和自行车系统的廊道体系，必须考虑今后道路、水利和市政规划纳入生态基础设施系统规划的可能性 (3)(4)地方"风水"景观、海塘、水塘、当地的蜜橘果园是乡土文化景观的重要组成部分，它们将被有机地结合到EI之中
	环保部门—— 关注现状环境问题的解决对策	(1)要考虑对生态概念的理解异同，"反规划"与"环境综合整治规划"、"生态市规划"的差异与联系 (2)需要考虑产业布局结构对环境的影响 (3)需要考虑水体、空气等污染的治理策略	(1)"反规划"既是一种城市控制规划，更重要的是一种引导城市发展空间格局的规划，与通常的"环境综合整治规划"、"生态市规划"的最主要的差别在于，第一，它必须先于城市建设规划，第二，它是一种生态空间结构规划，通过EI来保障土地过程的健康和安全 (2)EI是产业规划布局的依据和限制 (3)EI是一种全面的维护土地生态系统健康和安全的空间途径，而不是针对具体治理指标的环境整治途径
	旅游部门—— 关注旅游资源的开发价值和受益情况	(1)要重视自然与文化旅游资源的开发 (2)注意旅游开发项目(东方太阳城、绿心动物园、绿心植物园)与生态规划的关系 (3)如何考虑黄岩以及绿心中乡镇居民去向	(1)(2)EI不但可以很好地保护旅游和游憩资源，同时为体验这些资源提供了一个连续完整的线路和背景 (3)EI并不排斥原住居民的存在，相反，通过控制和管理，将当地人的生活和劳动所创造的景观作为乡土文化遗产，结合在EI规划中

续表

利益	利益主体 代表者及主要关注问题	对现状有关问题的关注以及对EI规划的期待（根据会议记录和采访整理）	EI对这些关注的回应和对相关问题的解决
部门利益	土地部门—— 对土地资源整体配置与平衡的关注	(1)节约、高效地利用土地 (2)满足国家基本农田保护相关规定	(1)作为EI的判别途径，景观安全格局的基本出发点就是通过关键性空间局部和元素的设计，来保障某种过程的健康和安全，寻求多种土地利用需求矛盾紧张情况下的高效战略 (2)把基本农田作为EI的有机组成
部门利益	绿心规划委员会—— 关注（绿心）规划定位和规划的管理控制作用	(1)要考虑规划的深化，概念的系统和具体法令导则的制定 (2)必须认识搞本底调查的重要性，搞清历史和生态资源的存量以及环境的容量 (3)规划的困难和支持都来自领导、各利益主体以及公众，因此要向领导讲，向具体工作人员和公众讲生态基础设施规划的道理和意义	(1)通过宏观的区域EI的总体规划，中观中EI的控制性规划和微观EI的修建性设计来实现EI (2)土地和自然系统的研究是EI规划的基础也是有别于常规建设规划的一个很重要的方面 (3)EI规划过程多次邀请各个部门参与意见，形成贯彻和落实EI的基础，同时还须向当地最高决策者和人大汇报，并通过法规和条例的形式确定下来
外来者利益	游客—— 关注旅游体验	(1)当地自然与文化景观资源保存的真实性与完整性 (2)关注当地旅游资源与特色的价值	(1)(2)可以很好地保护旅游和游憩资源，同时为体验这些资源提供了一个连续完整的线路和背景
外来者利益	打工者—— 关注眼前的具体经济和环境利益	(1)眼前的经济收入是良好和有保障 (2)工作与居住环境质量是否能得到改善	(1)(2)健康和可持续的城市环境、公平和安全的社会环境，对外来打工者如同对当地市民一样，具有持续的吸引力
规划职能部门	计划委员会——	(1)怎样处理公共资源保护与市场利益的关系 (2)如何处理与区域规划和总体规划的关系 (3)这种思考开了个头，但是还有许多问题要处理：合法性的问题，绿、蓝、紫线的划定与执行问题	(1)"反规划"提出了一个重要问题：不仅是规划成果，也是对公共管理提出的新要求，即政府应该管什么？这提出了一个公共管理的发展方向，即把最低的底线管理起来，剩下的留给市场和开发去做 (2)区域EI和城市EI分别是区域和城市总体规划的一个主要依据和先决条件，同时为区域和城市发展规划提供"答案"空间，引导建设规划 (3)EI的合法性问题和执行问题通过两条途径来解决，第一，通过以之为先决条件的法定城市建设总体规划和控制规划来实现EI，第二，通过划绿线来单独立法
规划职能部门	规划部门——	(1)每天要批建这么多的项目，担心错将不可避免，而且可能给后代带来不可逆转的灾难性后果，如何防止这种后果发生 (2)必须考虑各规划之间的衔接以及协调问题；解决好不同层次规划实现的目标和作用 (3)应强调在与自然结合的前提下非建设用地对城市扩张的引导作用；EI应考虑城市发展功能性的需求 (4)江、河、山的系统性，宗教场所作为社区中心的系统性 (5)必须注重可操作性与定量的问题，包括几条线的确定	(1)"反规划"和EI告诉规划管理部门避免发生重大生态和环境错误的底线是什么，最主要的应该管的部分是什么，以不变应万变 (2)三种尺度和三个层次的EI规划和设计，与不同尺度和深度的城市建设规划能很好地对接 (3)无论从宏观的城市布局，还是中观的城市开放空间规划，EI都能为城市扩展和形态提供引导作用 (4)EI系统将自然山水和乡土文化景观及历史遗迹整合起来，使其具有综合的生态服务功能 (5)EI最终可以落实在控制性绿线上，并根据EI局部或元素的不同，制定了相应的实施导则

7 微观——EI修建性规划及基于EI的城市地段开发模式

为了将区域和城市EI的生态服务功能导入城市肌体，需要在微观尺度上对EI进行延伸和细化设计，使之与城市的建设规划相衔接，并在修建性规划阶段成为城市建设用地规划的依据，使EI的生态服务功能惠及每一个城市居民。具体体现在地段的城市设计过程中，微观尺度的EI设计分为两种情况：

(1)基于EI的城市地段综合设计：以城市和区域的EI作为城市地段开发的先决条件，通过城市设计途径，延伸中观和宏观EI格局和元素，犹如在树干上生长出的细枝，将生态服务功能导引入城市肌体和每家每户的后花园中。本书将解剖沿永宁江沿岸一个地段的城市设计多解方案，来探讨"反规划"思想和生态基础设施途径对城市建设的解决之道。

(2)局部EI的详细设计，直至制定保护措施或修建实施：遵照宏观和中观EI的控制导则，通过对构成EI的局部设计，强化和完善生态基础设施的功能。本书将介绍永宁江一个典型地段的设计和项目实施——黄岩永宁公园，来注解如何将EI的战略贯彻实施，并发挥切实的生态服务功能。

7.1 基于EI的城市地段综合设计——永宁江沿岸典型地段开发的多解方案

7.1.1 场地表述

基本表述模式——"千层饼"和场地认知模式（见图7.1.1-1）。

基本数据来源：10000-1000实测地形图；气象、水文地质及人社会经济统计数据；现场考察和

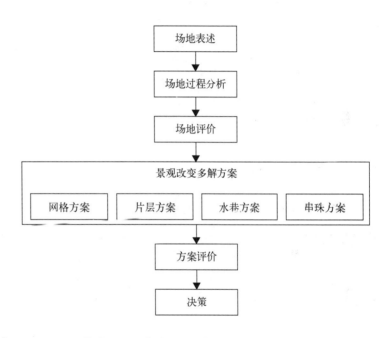

图7.1.1-1 永宁江沿岸典型地段城市设计流程图 Process of urban design on the site

社会调查及体验，重点是场地自然、历史与文化特征的考察(图7.1.1-2~图7.1.1-5)。

(1)区位与交通

场地位于台州市黄岩区永宁江两岸，西临台州市主要的对外交通干线即甬台温高速公路和104国道，北临规划中的黄岩外环线，旧的104国道则从场地穿境而过，将场地与旧城市中心相连，总用地面积约为790ha。在原有城市总体规划中，此地段定位为未来城市的新区，主要用地性质为居住、公共建筑用地。

(2)土地利用

场地现有建筑、果园、水塘、农田等多种用地类型。目前沿江部分布置了大量污染型工业，对永

"反规划"途径

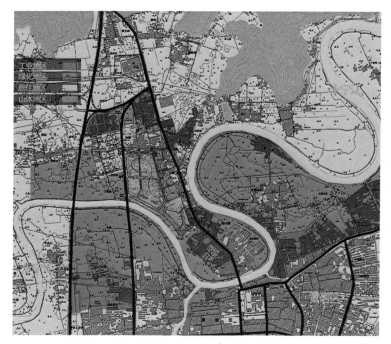

图7.1.1-2 土地利用现状 Existing land use

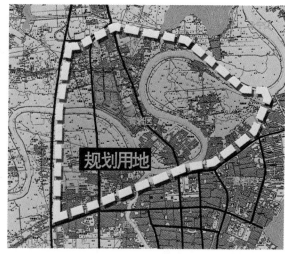

图7.1.1-3 规划用地范围 Boundary of the site

永宁江 Yongning jiang River　　河 River　　山体 Mountain

湿地 Wetland　　稻田 Rice Paddy　　河岸 River bank

橘林 Orangery　　城乡部 Suburban　　化工厂 Chemical factories

图7.1.1-4 场地现状 Exciting site landscapes

7 微观——EI修建性规划及基于EI的城市地段开发模式

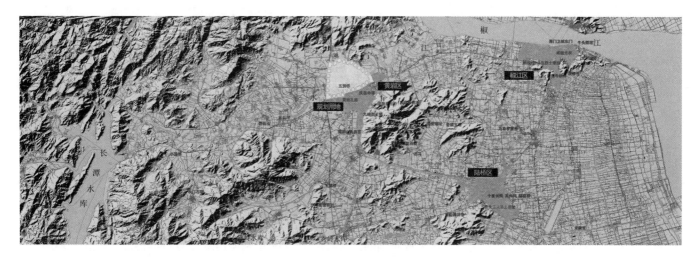

图7.1.1-5 场地与区域的关系 Relationship between the region and the site

宁江造成极大的危害。现有的橘林、池塘等生态用地在城市建设迅猛发展期面临着被吞噬的危险。

(3) 自然景观

场地内水系、池塘密布,本是重要的可供利用的景观元素,但目前水体污染严重,洪涝灾害频繁。另外,场地内现有植被以人工栽培植被为主,有经济林和稻田等,其中大面积的橘林成了该地重要的生态景观元素,同时也是黄岩城市形象的重要代表。

(4) 人文景观

黄岩是台州市建制最早的地区,区内旧城护城河至今依稀可见。另外,有大量零星分布于区内的大小佛塔寺院以及传统民居、祠堂,为场地提供了丰富的人文景观信息。但从目前区内的建设情况来看,缺乏对现有历史文化资源的保护与利用,建筑群体空间混乱,建筑为不同时期建筑类型组成,既有传统的村落民居建筑,也有近年来开发新建的住宅小区、办公楼、商业楼等建筑类型。

7.1.2 场地过程分析

场地设计中所关注的过程主要是与永宁江生态廊道有关的各种生态服务功能,包括:

(1) 自然非生物过程

洪水过程是本场地要考虑的一个主要过程。历史上,防洪是一个重要问题。资料显示,洪涝灾害是困扰本区域的主要灾害之一。建国后灾害平均3年2次,20世纪90年代随着全球性的气候现象,洪涝愈发频繁,连续数年都发生了洪涝灾害。

通过区域与场地景观过程分析,建立永宁江生态基础设施的合理空间界限。主要以永宁江的防洪安全格局来确定河流廊道的缓冲区宽度,关于这一内容,在宏观EI中已做介绍。利用GIS来模拟永宁江在10、20、50年一遇洪水自然过程情况下的河流缓冲区宽度范围和湿地格局,可以建立防洪安全格局,为场地设计提供生态基础设施边界的依据。主要由两部分构成:包括了两侧河漫滩的河道范围和潜在的湿地、蓄滞洪区。河流廊道的基本宽度在城乡应有所不同,考虑到土地节约利用,在城市段宜选择最低安全水平,即50~80m;在城郊、乡村则应选择高安全水平,即80~150m。同时包括头陀、新前、澄江等地的湿地蓄滞洪区。设计场地内属于城市段,因此,选择50~80m宽的河流两侧的防洪缓冲区宽度。

(2) 生物过程

永宁江生态廊道作为区域生态基础设施的主要构成,是区域生物多样性保护的重要保障,它不但提供多种植物和动物的栖息地,在栖息地,同时在区域尺度上连接山地、林地、湿地和河口生态系统,是一条重要的生物空间运动的连接通道。

(3) 人文过程

场地的人文过程分析包括:

◆场地的城市扩张过程

◆场地文化和演变历史

◆遗产与文化景观体验

◆视觉感知

◆市民日常工作、生活、交通和休闲

永宁江廊道是一条遗产廊道，讲述着区域和城市的发展历史，是体验城市历史和文化景观的关键线路；它也是一条视觉廊道，是城市居民和来访者感知城市和环境的关键性景观；它是一条现在和未来城市的主要的休闲廊道和城市生活的界面。

关于场地的城市扩张过程，总体上讲，规划场地交通环境便利，作为城市最初成长轴的旧104国道，目前已演变为黄岩的城市中轴线，城市的重要公共建筑、商业街区、历史古迹大多分布其左右，因此规划场地作为城市中轴线的延伸，未来将在城市生活中具有重要地位。

7.1.3 场地评价

对场地生态系统的健康与安全及生态服务功能的状况进行评价，评价现状景观对上述自然过程、生物过程、人文过程的利害。为景观改变方案的提出提供依据。归纳起来，场地与景观的各种过程的关系为设计提出了如下几大挑战：

(1)关于防洪功能

正在进行中的裁弯取直工程和河道硬化以及高堤，被作为防洪的主要工程措施，实际上并不能有效地解决防洪问题。关于这一点，本书其他部分已有较多论述。同时，这些防洪的工程措施使永宁江廊道的其他生态服务功能，如生物栖息和迁徙、休闲和视觉体验，以及作为文化景观和遗产廊道的功能消失殆尽。所以，洪水过程必须通过更科学和艺术的途径来解决。除了在宏观尺度上提出建立以滞洪湿地和水系廊道构成的防洪安全格局外，在微观尺度上如何解决防洪问题，是本案例所要面对的重要挑战之一。

(2)关于生物栖息地和迁徙廊道的功能

河道的硬化和城市开发对河道的胁迫威胁着永宁江廊道作为生物栖息地和迁徙通道的功能。在现状情况下，河流廊道的连续性和生态学意义上的完整性受到严重破坏。在临近的已被开发的江段，"化妆式"的园林绿地和外来植物种类的大量应用丧失了建设生态廊道的机会。

(3)关于休闲廊道的功能

由于片面只从防洪的需要出发，硬质的防洪堤岸，剥夺了城市居民与水体亲近的权力。沿河流纵向的连续性和垂直与河流的可达性，都没能得到保障，永宁江的休闲功能得不到发挥。

(4)关于视觉感知和文化景观体验功能

A. 场地是城市的大门　规划场地位于城市的边缘，也是甬台温高速公路进入台州的门户。南与黄岩区的旧城中心相望。

B. 山水之间　规划场地南与黄岩区的旧城中心隔相望，北面则是连绵的群山止落之处，处于郊野自然景观基质的边缘，属于两种土地类型相互渗透的交叠地带。蜿蜒而过的永宁江本身已形成该地区重要的空间认知要素，但场地内现有城市结构混乱，各时期建筑及其用地之间缺少必要的联系。

C. 城市轴与自然轴的交汇　规划场地位于黄岩的城市发展轴线上，是城市向郊野延伸的部分和重要的端点。同时，流经场地的永宁江，有着蛇形的蜿蜒的河道以及两岸连绵的橘林，是黄岩最具有地方特色的景观，在黄岩区的总体规划中，永宁江被定位为黄岩的绿色生态轴线，而场地正是在这条自然轴与城市发展轴的交汇处。

D. 乡土文化景观　黄岩地区有着悠久的历史，虽然近些年城市建设发展速度很快，对文化遗产保护带来负面的影响，但目前在规划地块内仍存在一些文化遗迹和富有特色的文化景观。代表黄岩区农业文化的大片橘林仍然成片出现在地块内，是场地景观特色的一个重要源泉。

(5)关于城市发展趋势

目前台州市最主要的对外交通联系干道即104国道和甬台温高速公路，即是在此处出北面的群山，进入台州市区；其中老的104国道则是恰好穿越规划场地的中央，跨过永宁江，进入黄岩旧城区的中心，成为黄岩最主要的城市发展轴线。目前，104国道虽已改道城市边缘，但历史形成的这一结构依然存在，只是交通性的功能逐渐削弱，而日益转变为城市公共生活和商业活动的中轴，规划场地恰位于这一中轴的端点，是城市的大门，其显赫位置将在未来的发展中不断增强。同时，由于场地紧邻市中心，具有良好的交通条件和生态潜质，因此在目前城市扩张的趋势下，它是一块备受关注的黄金地段，在市场运作的条件下，必将引入高密度的城市开发，以凸现其价值。因而这种开发过程将是未来导致本区土地发生剧烈变化的主要景观过程。从土地本身的价值和适宜性来看，这种开发过程不应受到遏制，而可以得到良好的引导，协调人与自然的关系，同时实现良好的经济效益和生态效益。它将建立在两个主要途径上，生态基础设施的建立和便于土地市场化开发的土地利用规划及城市设计。

7.1.4 景观改变——多解方案

针对上述评价和挑战，景观改变方案旨在完善和充分利用永宁江廊道的生态服务功能，并将其导入城市肌体之中。应用多解规划方法（俞孔坚等，2003），在经过多轮的"头脑风暴"之后，四个课题组完成了四个不同的方案，体现为四种城市空间模式：

A. 片层模式；

B. 网格模式；

C. 水巷模式；

D. 串珠模式。

1. 方案之一——片层模式

(1) 目标

A. 检验"反规划"与生态基础设施途径与市场化、混合型的城市开发过程的兼容性

在城市地段尺度上，寻求EI与土地的市场开发方式和混合型土地利用模式的有机结合，是本方案的主要目标。本方案首先通过建立城市地段上的EI，将区域EI的生态服务功能导入城市肌体，为城市及居民提供新鲜的空气、干净的水、丰富的休闲娱乐以及审美启智等场所。考虑到市场化的土地开发是未来城市建设的主流，通过标准化的地块划分和指标系统，建立适应这种市场化趋势的土地出让与开发控制手段；同时，为避免目前普遍存在的单一化的土地分区开发模式，通过城市设计，形成多功能、综合型、混合型的城市社区。

B. 使场地设计成为城市新的文化、商业和商务中心

对于这一目标，规划场地具有明显的区位和战略优势。经过改革开放以来多年的建设，黄岩经济取得了飞速的发展和巨大的成就，目前城市正经历着退二进三的转变，各种服务业有待完善，城市生活的质量有待提高，文化生活有待丰富。因此在新城市建设中，需要适当增加城市公共设施、商业和商务设施的开发。规划场地紧邻旧的市中心，是城市的门户位置，交通联系便捷，场地条件良好，是新城市中心的最佳选址。

C. 成为新型生态社区的典范

规划场地位于永宁江绿色生态廊道的半岛之上，处于城市向郊野延伸、郊野向城市渗透的交叠地带。在新的规划中，应该保持其生态格局的完整，凸显场地的生态和社会价值，同时建设有活力的城市社区，使该区成为标示黄岩未来城市发展方向的新型示范性生态社区（见彩图60）。

(2) 方案特色

为实现上述目标，依据场地的基本特征，提出了"片层"（Slice）模式。这一城市形态有以下几大特点（见彩图60，图7.1.4-1～图7.1.4-4）：

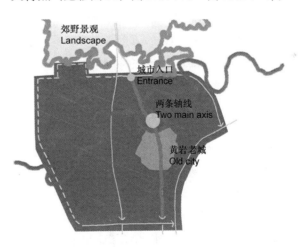

图7.1.4-1　场地特征 Site analysis

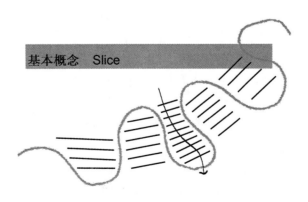

图7.1.4-2　基本概念 Main concept

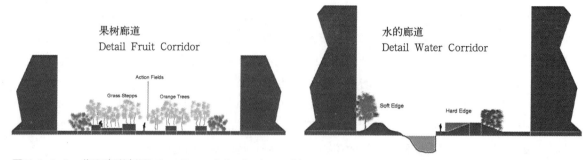

图7.1.4-3 典型廊道剖面 Section of typical corridor

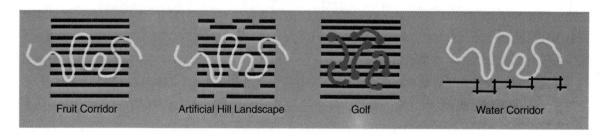

图7.1.4-4 自然与几何的对比 nature and geometry

A. 片层结构，梳理和导引生态服务功能

方案源于场地现有的基本特征即徊曲形的永宁江，造就了多个半岛，每个半岛中部是一条主要的道路如脊椎一样贯穿场地，沿脊椎组织起多层的垂直向条带开放空间，它们的两端分别连接到永宁江廊道上，一层层的建筑用地平行、并相间分布于开放空间夹层，如一叠夹满蔬菜和果酱的三明治，间距和内容变化多样，越近城市，则"面包"（建筑层）越厚，越近郊野，则"蔬菜和果酱"（开放空间层）越多，体现了自然和城市相互间有机的溶解渗透。

这样的结构，一方面在沿主要交通线，形成了一个富于变化的纵剖面，如跳动的乐章，给进出城市、来往于此的人们留下了一个难忘的城市界面；另一方面，横向的一条条绿色廊道，联通蛇形的永宁江廊道和各个半岛，完善了区域EI，发挥多种生态服务功能。

B. 交替变化，人工与自然系统的和谐共生

由片层所形成的夹层交替结构，沿中心道路构成了场地纵向变换的景观，建筑与绿地空间交替出现，为人们带来有趣的景观体验。同时开放空间也具有不同的风格，10条绿色廊道主要体现三个主题：果树廊道——种植黄岩著名的水果，包括柑橘、杨梅、枇杷；水系廊道——开挖多条新的小河道，弥补城市建设中被填掉的零碎水体，同时营造活跃的滨水街区，体现水乡特色；林荫大道——林荫下热闹的城市生活和购物街区；而在新的城市广场和文化中心，一片片人工设计的"山的切片"，从环抱黄岩的群山中散落闹市中，体现山的主题。

这样的结构，使每一社区片层都为绿地所包围，与绿地有着充分的接触，形成良好的居住环境。

在开放空间的景观设计中，方案采用了统一的概念，即自然与几何的对比，通过代表自然的有机形态和代表城市的几何形态的对比和结合，表达场地作为自然与城市交叠地带的个性。

C. 模式单元，便于土地市场化开发和混合型城市地段的形成

城市开发采用了具有灵活性和多样性的模式单元系统，以0.5～1ha左右的土地为单元，可满足多种类型的土地开发，适应形势变迁，灵活转变组合方式，形成具有复合性和多样性的城市功能和景观。

D. 动态递进，便于分期开发

片层结构和模式单元系统便于规划项目的分期开发。在开发初期，由政府首先完成土地整备，同时进行片层间绿地系统以及市政基础设施的开发，初步形成良好的环境，提升土地价值；然后可进行市场化的土地开发运作，吸引多方投资，

以大型公建、高档写字楼和商业设施的开发为始，逐步完成整个规划区的土地开发和建设（见图7.1.4-8）。

(3) 规划布局

在规划布局上，本方案有以下特点（见彩图60，图7.1.4-5，图7.1.4-6)

A. 微观生态基础设施

(a) 微观EI

由以下四个部分构成：边界、"S"形绿脊、夹层绿廊和水系。

(b) 边界

指保留和延伸场地周边现有的橘林，以清晰地界定这个特殊的区域；

(c) "S"形绿脊

蜿蜒的永宁江，形成了这个区域的绿色脊椎，它是把这个地段同城郊的自然基质、整个永宁江流域的EI相联系的重要廊道，也将是人们假日游憩的休闲走廊；

(d) 夹层绿廊

一系列次级的、建筑夹层间的绿色廊道，各有不同的个性，给人以不同的景观体验，贴近生活，同时也作为生态廊道，联系了整个系统。

(e) 水系

规划场地处于永宁江河曲的半岛上，属于较低洼的地带，现状分布有零星的池塘、小河沟，在常规的开发建设中，它们将被填掉。这种土地划块开发的方式目前已经受到了广泛质疑。在城市建设中过多的填没天然河流水体，导致城市水体面积急剧减少，天然调蓄功能严重萎缩；同时变河流排水为管道排水，以及硬化地面的增加，减

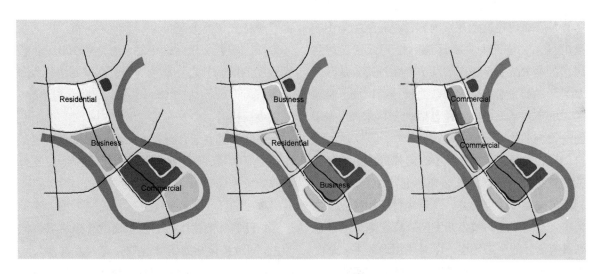

图7.1.4-5 土地利用结构和混合方式 Land use structure & mixed use

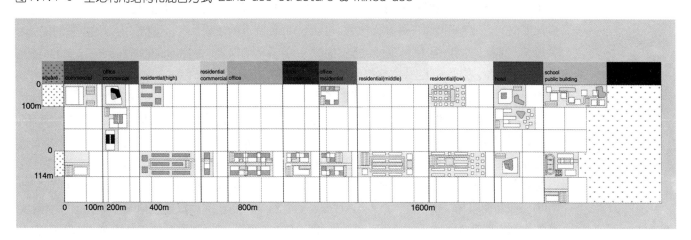

图7.1.4-6 模式单元 Modular unit

少雨水下渗，增加了径流，给城市防洪带来了不利影响（刘晓涛，2001）。因此，应通过规划途径弥补土地在城市开发中所损失的水体面积，减少不透水的硬化表面，利用地形的起伏形成暴雨时的自然排水，少建甚至不建雨水排水的管道系统。为此本方案规划了新的河道和湖泊，可与永宁江水连通或设闸控制，取决于永宁江在未来的水质能否满足要求。同时，在每一条与永宁江相连的绿色通道中，利用地形的起伏，构造暴雨时的自然溪流，成为天然的集水排涝系统，它具有滞流、过滤、减少径流量和补给地下水的综合功能。

B. 功能布局

(a) 总体功能布局

规划为整个扩大了的滨水生态区域提出了土地开发的设想。规划区中心靠近市中心，作为高密度的城市开发区，以大型公共设施、商业和商务设施、居住建筑为开发内容；左右两侧为中密度的城市住宅开发；更远侧则作为低密度居住区。在永宁江上下呼应的两个半岛顶端，是两个公共活动的中心，以大型公共设施、广场、公园为主的文化活动中心，和包括水上高尔夫、娱乐健身设施的休闲游憩中心。

从开发强度上，从市中心向郊野，土地开发的密度和强度逐渐降低。在靠近市中心的部分，利用其交通和区位优势，以公共设施和商业设施为主，是高密度的城市开发区；靠近郊野的部分则具有更好的生态环境，以居住用地为主，是低密度城市开发区；中间的部分以商务和商业设施为主，形成较好的办公业和服务业园区。

以此形成的土地利用类型，是多样化的，包括了公共设施、商业、办公、居住等单纯类型，同时也有多种混合类型。在此基础上，方案提出了适应这多种土地利用方式的模式单元系统，确定了基本的土地格网即100m×100m和100m×114m两种。它可以根据不同的地段特点，构成从0.5～1ha的多种土地开发单元，满足不同功能的建筑布局要求，便于市场化的土地出让和开发。

(b) 中心区功能布局

避免单纯的功能分区造成的单调和乏味，强调土地混合的利用，旨在创造具有多样性的城市景观和生活。规划过程为：在基本的土地利用分区上逐次叠加其他不同的利用方式，使每一个"片"都具有较完整的城市功能，避免了不必要的交通出行，同时也形成了具有凝聚力和丰富多彩的社区生活。

(c) 主要功能体

◆ 文化活动中心

位于规划场地最南端，紧邻现有的城市中心，占地约22hm^2，包括大剧院、展览中心、城市广场、公共绿地和游艇码头，将成为黄岩新的城市文化活动中心；

◆ 休闲游憩中心

位于与文化活动中心遥相呼应的另一半岛顶端，占地约40hm^2，包括标准18洞水上高尔夫球场、康体休闲中心、以及各种室外的公共体育活动场地；

◆ 商业／商务区

该区紧邻文化活动中心，占地约50hm^2，包括大型的购物中心、购物街区、高层写字楼、酒店等；

◆ 商住区

该区紧邻商业／商务区，占地约30hm^2，包括中高层写字楼、商住混合楼、住宅、酒店、以及公共服务设施等；

◆ 居住区

该区紧邻商住区，占地约40hm^2，以多层住宅为主，同时也包括商住楼、酒店、学校和其他公共服务设施。在各个区中，包括了开放空间和绿地系统的建设，主要是永宁江滨河走廊和多条社区间绿色廊道的建设，内容包括：永宁江生态河堤、滨河橘林的保育、各种不同的果树廊道、新的河道开挖以及景观营造。

C. 交通系统

交通规划的基本原则是人车分流，各成体系，同时建立非机动车的绿色廊道体系。机动车交通以南北向两条主要道路为纵轴，辅以鱼骨状的支路；在社区入口处布置足够数量的地面停车和地下停车，商业区内以建筑地下停车和停车楼解决停车问题；同时在商业区保留部分人车混行的生活性道路。非机动车的绿色廊道体系不受机动车的干扰,布置在预先规划的绿色开放空间系统中,联系各个社区广场、花园、滨河绿地、公共广场,为自行车出行和人们的休闲活动提供了场所。

2. 方案之二——网格模式

(1)目标

A. 检验"反规划"与生态基础设施途径与传统网格模式的相容性

格网型城市形态最早出现在3000~4000年前的古埃及和古印度,之后也应用在许多古罗马和中世纪的城镇中。在欧洲殖民者肆虐的16~18世纪的美洲,这种形式的城市布局因为能够提高效率而被广泛运用。从19世纪开始,在亚非的一些殖民城市也开始具有格网型城市的特征,如中国的上海、汉口、青岛和大连等。

格网型城市通常给人的感觉是:布局僵化,空间单调雷同,只考虑平面构图,与自然地形不易结合,城市结构松散。但这些看法的产生多是由于对格网型城市缺乏深入认识和客观分析。事实上,格网型城市具有诸多不可替代的优越性,如,城市规模的弹性化,土地再分的标准化,土地买卖批租的公平性,临界街面比例的增加,交通的可达性,街道界面的连续性,市政施工和规划管理的整齐化一等(梁江等,2003)。格网型城市虽然产生于马车时代,是资本主义应付工业与人口集中的策略(沈玉麟,1989;Yokohari, et al., 2000),但仍然适用于现代化城市发展的需要。

应用"反规划"或"负规划"的城市设计方法(俞孔坚,2001,2003,2004),在宏观区域及中观河流廊道生态基础设施基础上,探讨格网型城市模式在现代城市设计中的新形态。与传统以街道为经纬的城市网格所不同的是,这里将探讨以生态基础设施为经纬的格网系统,使生态服务功能得以高效地进入城市肌体(见彩图61)。

B. 形成有序、高效的并具有场所感的、以居住为主要功能的新城区场地目前存在以下几方面的问题(图7.1.4-7):

第一,生态基础条件较差。设计场地内有丰富的水资源,水质差,不能发挥其正常的生态效益。同时,各自然元素间缺少应有的联系。另外,原规划出于泄洪考虑,提出将流经设计地段的河道进

行截弯取直的做法会增加对现有生态元素的破坏,也会对原有城市意象空间产生消极的影响。

第二,空间结构无序。蜿蜒而过的永宁江本身已形成该地区重要的空间认知要素,但场地内的现有城市结构却极其混乱,这是由于该地区发展历史较早,各时期建筑及其用地之间缺少必要的联系。

第三,缺少人性需要的考虑。场地内缺乏城市居民生活所必须的生态基础设施,永宁江两岸也没有被充分利用起来。区内考虑到防洪的需要,许多地方以硬质堤岸为主,剥夺了城市居民与水体亲近的权力。

第四,缺乏场所感。场所的意义随着城市的混乱无序建设正在一步步消散,事实上许多原来富有意义的场所空间都已经或正在被现在该地区内的城市建设所破坏。原有的池塘在房地产开发中逐渐被蚕食,场地内幸存的文化遗迹已彻底失去了往日的意义,成为城市中一个个被混凝土与玻璃所包围着的孤岛,就连对场地场所感有重要影响的永宁江也面临着被襄渎的危机。

面对上述问题,本方案重点从以下几方面形成特色:

第一,关注与旧中心的关系。与黄岩原有市政文化中心隔江相对是本场地的又一大特点。在规划中可充分利用这一特点,加强中心区的集聚效应,增强此地区的总体城市空间意象。原有旧城市区有明显的格网型城市结构,因此,如何延伸原有的城市结构并在该区域营造富有特色的城市空间

图7.1.4-7 数学上的经典图形 Geometric model: 图中每两个正方形组成的条带的面积都等于中间正方形的面积,我们可依此在格网地块外围布置建筑物

"反规划"途径

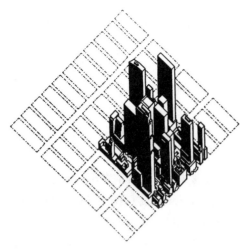

图7.1.4-8 曼哈顿地区的建筑布局形式 Buildings pattern of Manhattan

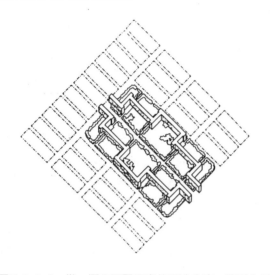

图7.1.4-9 勒·柯布西耶提出的解决方案：将多个格网单元组合成一个更大的格网单元，建筑物沿格网外侧布局，内部步行 le Corbusier's Solution（引自 Martin, L., 2000）

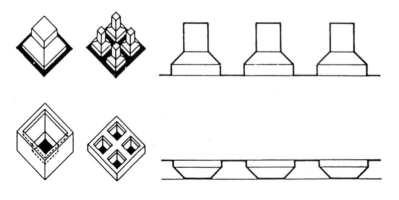

图7.1.4-10 等用地面积和建筑面积塔式楼与围合式楼的形式比较，后者建筑高度下降且有更大面积的绿化空间 Comparision of two patterns

是本方案首先考虑的问题，也是方案构思的来源。

第二，关注原有的文化遗迹、街道、大片的橘林。黄岩地区有着悠久的文化历史，虽然近些年城市建设发展速度很快，对文化遗迹等产生了很大的影响，但目前在设计地块范围内仍存在较多的文化遗迹和古街。另外，代表黄岩区农业文化的大片橘林仍然成片出现在设计地块内。因此，如何充分认识、理解场地原有的文化景观，在设计中加以提炼、利用则是设计师在设计中需要考虑的。

第三，关注与郊外自然山体的联系。设计地块在整个城市大环境中背山面水，区域生态基础条件好。如何在方案中加强设计地块的生态要素与郊外自然景观基质的联系也是本方案的重点。

第四，关注自然水体及原有的水渠、池塘等。台州市具有典型江南城市的特点，滨水区成为城市中重要的开放空间。因此，对场地内现有的水体进行利用开发是增强城市意象，发扬城市水文化的重要基础。防洪功能与景观的功能并不矛盾，处理得当的滨水景观既能很好的解决河流的防洪与美化功能，也能满足滨水区自然过程的需要。

(2) 方案特色

A."负"格网结构

本方案以"反规划"或"负规划"的思想以及生态基础设施的理论和战略为核心指导，以绿地和步行空间作为经纬来形成网格系统。与传统以街道和道路为经纬形成格网结构的作法不同。是一种"负"网格系统（图7.1.4-8～图7.1.4-15）。

B.原有城市结构的延伸

本方案的道路系统和建筑空间结构设计为网络结构，呼应了黄岩旧城区原有格网型城市结构。整个规划地段由单元格为150m×150m的用地模块与模数化的建筑组合构成网络结构与模数系统。格网单元尺寸参考国外城市街区尺寸及格网尺度，但比一般一个街区尺度略大（国外一般作法为60m至150m不等）。这样一方面可与该区作为中小城市中心区的用地性质相适应，另外也可以降低区内机动车交通的干扰并为居民提供更多的院落式绿色开放空间。

C.条理清晰

现代城市中心区的发展应该依赖于一个有条

理的空间结构。在每个建筑单体及地块和整个地区中建立起一种关联性。其组织原则必须能将各个建筑单体和地理分区并调整好其功能布局。

D. 制约和自由的平衡

制约来源于植根于城市空间结构构成的"规矩"系统，这个系统制约着道路，室外空间，建筑用地和建筑高度等，而令它们符合一个统一的模数系统。在这个规范的空间组织结构系统中，各个建筑和地块之间又应拥有足够的自由度，而发展出富有特征的个性空间。

E. 模数化系统，简洁而不失多样性

整个用地地块划分以150m为模数，在此基础上所有的用地类型和功能分区都以其为基本单位进行划分。同时，每一模块内的建筑物组合也构成一定的模块化单元，通过改变组合的方式，从而产生多样化的建筑空间。

模数系统的规划结构具有简洁的特征，增强了设计地段的可识别性与场所感。绿色廊道与绿色斑块的引入使得格网结构中容易产生的单调、呆板的弱点不复存在，而产生统一结构下的多样性和变化：格网方向的变化，格网与自然元素如滨水区的结合形成的丰富景观，格网内建筑组合的变化。

(3) 规划布局

A. 微观生态基础设施

永宁江生态廊道-绿色廊道-绿色格网系统-绿色斑块，四大元素从点线面三个方面构成了整个地区的完整的生态基础设施。

(a) 永宁江生态廊道　本方案的规划结构本身就是宏观区域及中观永宁江生态基础设施在城市结构层面的反映。

(b) 绿色廊道　五条平均宽度为120m左右的绿色廊道和单侧平均宽度为150m左右的滨水生态绿带从城市中心区向郊外延伸，将城市内部生态基础设施与郊野景观基质联系起来。五条绿色廊道每一条都设计成反映台州文化的带状主题公园，如，柳廊以杨、柳及其他水生植物结合各种形式的水体，反映台州的水文化特色；橘廊以台州特产的橘树品种为主，结合柿树、杨梅等当地主要果树品种，反映橘乡这一主题；还有松廊以当地山地的

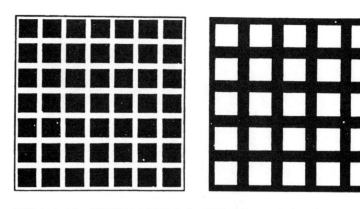

图7.1.4-11　格网系统中两种完全不同的建筑布局方案（图中黑色部分为建筑用地，白色为交通或绿地）Two different buildings pattern

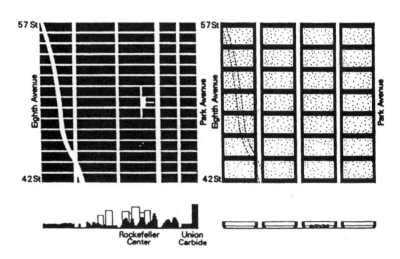

图7.1.4-12　同样的建筑布局手法在曼哈顿地区的应用 Application in Manhattan (Martin, 2000)

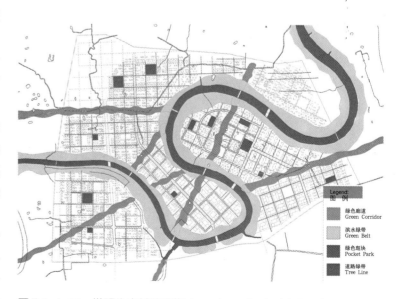

图7.1.4-13　微观生态基础设施 Local ecological infrastructure

"反规划"途径

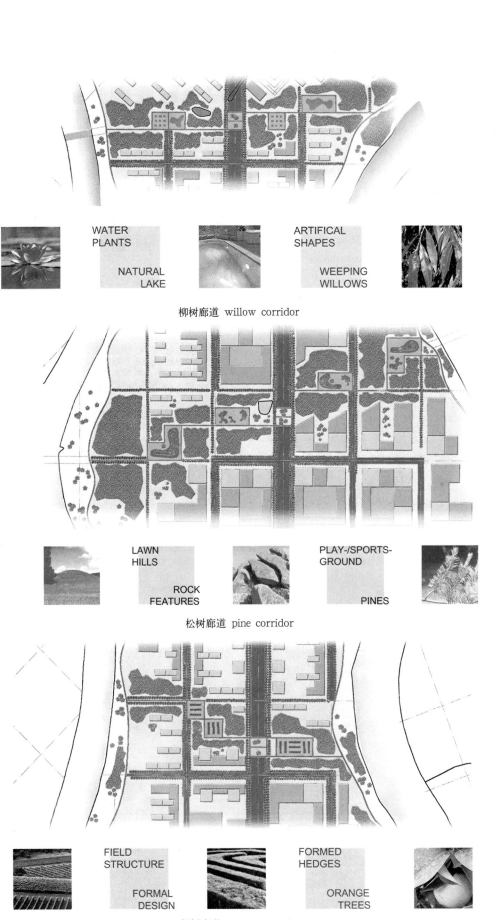

图 7.1.4-14 主题绿色廊道示意 Theme green corridor

松、杉、柏等山地植物为主，结合微地形的营造，反应台州市的区域背景与山地文化等。另外，为保证绿色廊道的连续性，在绿廊与主要道路交汇处设计步行桥，桥上作自然式绿化配置。

(c) 绿色格网　整个规划地段的格网形结构是由绿带强化与限定的。

(d) 绿色斑块　在上述绿色格网系统基础上，将若干个以75m为模数的绿色斑块直接嵌入商业区或居住区等人口密度较高的中心地带，有利于城市居民与自然的亲密接触。

城市中绿色元素的出现不仅仅是作为生态功能的载体，还是所在地段及整个城市文化、社会功能的象征以及市民娱乐、休闲与体育锻炼的好去处。本方案中出现的每一种绿色元素都有其特定的设计主题。

B. 功能布局

总体规划中规定此块用地性质为居住和公共建筑用地。本方案将其定位为整个黄岩区的新商业中心以及高品质居住社区所在地。靠近原有旧区中心的部分集中作为高密度的商业、商务区，新商业中心区被永宁江分为东西两个部分。新商业中心区与旧中心在永宁江两岸呈三足鼎立之势，并通过环路将这三个部分紧密地联系在一起，加强了中心区的核心地位。

居住用地分为高密度与低密度两种类型，其中低密度主要为别墅等高尚住宅，主要集中在沿永宁江的滨水区附近，由滨水区向外建筑高度逐渐递增。在规划地段西北角一块预留为工业用地，主要用作低污染工业的用途，如民间手工业等。

C. 交通系统

在规划地段总共有五种类型与等级的机动车交通系统，原城市过境快速交通从规划地段西部边界通过。为减少规划地段内的过境交通负荷，在原有道路系统的基础上规划一条环绕此地区的环路系统。在规划地段内另外有三级道系统供内部交通使用，其中棕色代表的道路等级最高，用来规划地段内各主要功能区之间以及与外部的联系。黄色表示的道路为区内二级路，主要用来解决规划地段内各功能区内部及各功能区与区外的联系。第三级路主要用来解决各居住小区的内部交通联

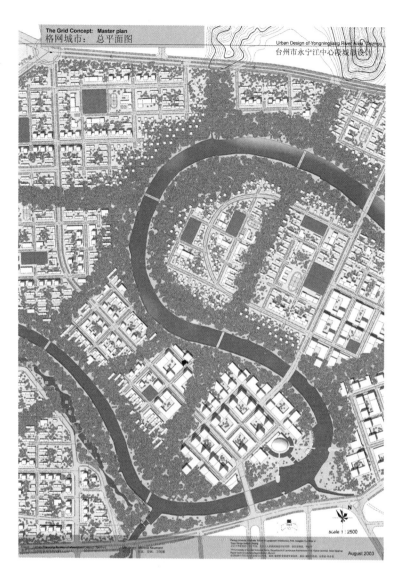

图7.1.4-15　中心部分放大　The detail of central area

系。本方案的机动车道路交通系统尽量使用环路和尽端路系统。

本规划在整个地段建立起完善的步行与非机动车交通系统，滨水绿带内设滨水步道与非机动车道，绿廊内步道与自行车道混用，再加上各功能区内设计的人车分流系统，在整个规划地段形成了完全适合人们需要的步行林荫道网络。同时，结合道路系统的规划，在永宁江上发展水上旅游观光交通设施，一方面可以适当缓解道路交通的压力，同时也可以充分利用水上旅游资源，发展水上观光旅游。

3. 方案之三——水巷模式

(1) 目标

A. 检验在城市地段上"反规划"和生态基础

设施途径与防洪功能要求、江南水乡城市格局的兼容性；

作为本次规划的一大挑战，防洪问题的解决应当是本次规划设计的首要任务。在区域尺度综合性流域管理的基础上，我们应当在场地尺度采取相应的措施，促进防洪问题的解决。事实上，防洪问题不应当也没有必要以牺牲河道和所在流域的生态服务功能作为代价。设计应以防洪、生态和亲水的多赢为目标。大量的实例证明简单地采取渠化河流的防洪工程技术只会给城市带来无法挽回的巨大损失，河流的渠化虽然能满足大量的快速泄洪需要，但却是以破坏自然水环境和湿地栖息地为代价的，其结果必然是下游更大的洪水。经验表明，洪水的治理完全可以和营造流域良好生态环境以及恢复流域文化景观功能和遗产廊道功能结合在一起。

由于规划场地位于台州这样一座历史悠久的水乡城市里，其依托于水网的城市格局是城市最珍贵的财富之一，是台州城市精神的重要体现。因此，这样一种典型的水乡城市格局在我们进行"反规划"和生态基础设施建设过程中得到充分的尊重。

B.设计一个在现代城市开发强度和生活方式下的新江南城市形态。

一定的城市空间形态都产生于一定的生产方式和生活方式。传统的江南水乡城市固然有发达的水上交通系统和优美的城市环境。但是在强调土地集约开发和不再依赖水上交通运输的今天，这种城市形态已经不再适应当前的发展需要。我们需要的城市不是一种凝固的景观，而是一个能够随着社会的发展而发展的生命体。因此，我们不能抱残守缺，沉迷于怀旧的迷梦，而必须在继承传统江南水乡城市的优点的基础上，探索出一种既能体现地域场所精神，又能适应当前城市开发强度和人民生活方式的新江南城市形态。

(2)方案特色

基于以上分析，形成水乡城市特色（见彩图62，图7.1.4-16～图7.1.4-18）。

A.化整为零的过洪断面

出于泻洪考虑，水利部门规划在场地中对河道进行裁弯取直并进行硬化，这一做法将破坏永宁江河道自然蜿蜒的优美形态，也将极大地破坏其生态功能。本设计改变原有规划方案，沿原水利部门规划的泻洪方向上设计了一系列平行的小水道，化整为零，既满足了总体泻洪截面的要求，又通过水道联系了半岛两侧的生态廊道，为在场地内建设一个水巷城市，创造了条件。

B.新江南水巷

台州地区属于水网地带，旧有城镇多以水道为经纬，缓缓的水流、临水石埠、石桥石栏，构成了亲切而生动的水巷城市景观。而在现代高强度的城市开发中，遍布的水网遭到了毁灭性的破坏，池塘水渠被埋被断者不计其数。不但因此丧失了水乡的特色，也使城镇的防洪御洪能力大大减弱。本方案则通过微观尺度上的生态基础设施设计，在现代城市的高密度和高强度开发条件下和现代生活方式下，重现水乡景观和生活，故名新江南水巷。

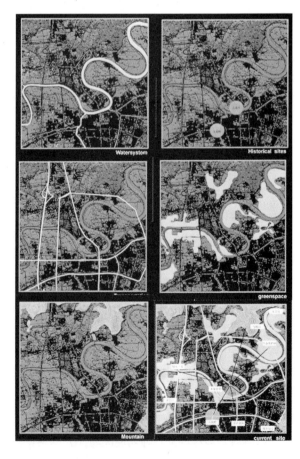

图7.1.4-16 场地现状分析图 Analysis of the site

图 7.1.4-17 水乡文化意象 Culture of watertown

C. 城市模块设计

本方案采取模块为基本空间单位，通过一定模数为单位的建筑体块在场地内拼合为不同的建筑组群，并由此创造出以相同模数为单位的城市空间。这种做法基于对中国传统城市空间的研究，无论是北京四合院还是江南水乡民居都基本由尺度相近的模块组合构成，并由此形成模数制的城市空间（台州的传统建筑形式"通天房"亦体现了模块组合的原则），正因为如此，中国传统城市往往呈现均质和细密的城市肌理。这种城市肌理反映了传统中国人的社会意识和行为习惯，值得我们借鉴。值得指出的是，模块开发的方式亦有利于城市的分期开发和减少城市更新的成本。

第一种模块是沿水形成连续布局的线形模式，第二种则在线形空间的基础上结合了庭院空间。两者都以水道为核心，每一栋建筑的居民都可以方便的使用滨水空间。

住宅建筑的模块为15×15（m），并由此构成两种不同的街区模式，第一种模式是沿水形成连续布局的线形模式，其垂直河道方向截面宽度为140m。第二种则在线形空间的基础上结合了庭院空间，其垂直河道方向截面宽度为200m。两者都以水道为核心，每一栋建筑的居民都可以方便地使用连续的滨水空间。模块中混合了居住、居住区商业和教育建筑，形成丰富的滨水生活。

商业金融建筑模块为45×45（m）。通过模块的有机组合，能够形成既具有类型丰富又相互协调的城市空间，并满足不同建筑的布局需要。

(3) 规划布局

A. 微观生态基础设施

总的来说，将形成不同尺度上的以水为核心

图 7.1.4-18 台州人与水的关系 Relationship between river and people

的生态基础设施，在场地尺度上，将形成以水为骨架的富有特色的城市空间结构；在社区组团层次上，将形成以水为特色和核心的社区活动空间；在建筑层次上，将产生建筑和水的丰富的空间联系。使人们能够感受到水并且亲近水。

永宁河廊道-水巷-水埠广场三个元素构成了微观EI，是城市建设的基础。

(a) 永宁江廊道 沿河控制60m绿化带，形成连续的绿色走廊，尽量保留现有的成片植被。同时在城市内部，与水体廊道相呼应，构建多条连续的绿色走廊。在植被物种选择上保证乡土物种，并结合富有地方特色的橘林等经济植物,以弘扬历史文化。

(b)水巷 作为调洪蓄洪的通道,同时是市民日常生活的界面,也是休闲廊道。多条平行贯穿于城区的水巷,将永宁江生态廊道的服务功能,导入城市肌体,如同人体上的毛细血管,将来自主动脉的新鲜血液和其携带的氧气,输送到生命集体的每个角落。

设计水巷控制了几种尺度,最宽处为30m,中等宽度为20m,最窄处为10m。通过不同的河道截面设计,形成丰富多变的特色城市开放空间。

总的来说,将形成不同尺度上的以水为核心的空间层次,在场地尺度上,将形成以水为骨架的富有特色的城市空间结构;在社区组团层次上,将形成以水为特色和核心的社区中心活动空间;在建筑层次上,将产生建筑和水丰富的空间联系。使人们能够感受到水并且亲近水。居住区空间构成以水街、水廊和水院为主要结构。同时考虑了消防车系统的连续性。

(c)水埠广场 在水巷的一些人流交汇点,布局亲水临水的水埠广场,成为人与人,人与水的交流场所,也是社区生活的中心和生动点缀。细节处理上,强调生态设计方法的运用,如减少场地的非渗透性地面,在水埠广场周围恢复乡土植被和湿地,采用地方材料和对自然环境破坏和干扰较小的结构类型。

B.功能分区

根据总规要求和区位分析,把该区域划分为居住、商业和文化几大功能。

商业金融和文化娱乐用地靠近现城区,与永宁江南岸城市中心区有着较为便捷的交通联系,较易形成集聚效应和形象鲜明的城市滨河界面。

居住用地为一类居住用地,位置较为远离旧城中心区。住宅形式以低层高密度住宅为主,结合少量的点状高层住宅。低层高密度住宅主要沿横向河流廊道布置,形成具有水乡聚落特色的滨水居住街区。少量高层点状住宅布置永宁江滨江带上。居住区内部以规模级别布置中小型商业、文化设施,形成合理的功能布局。

在天际线的考虑上,临近现城区对岸部分,由于考虑到河岸视觉效果的均衡,以高层为主。由近及远则相对逐渐降低。在永宁江水滨的天际线设计上,则沿河弯曲处点缀以点式高层建筑。通过整体性的天际线的设计,在城市景观上可以形成参差有致的效果。

C.交通

交通设计在力求便捷、通畅的同时,尽量做到人车分流,做到步行系统和车行系统的完整,并互不干扰。

在原有城市道路的基础上,本方案在场地内规划了三条联结场地西侧甬台温高速公路和104国道与北侧黄岩外环线(规划中)的城市支路。城市支路与原104国道延伸线交会于场地内部,由此将场地与周边地块紧密的联系在一起,同时使得过境交通不必穿过场地中央,而在场地外围得以解决。

本方案还着重设计了与机动车道基本分离的完善的绿色步道系统。步行道路由两级道路构成,沿永宁江为主要步行道路,兼做自行车道。二级道路主要沿场地横向的河流廊道布置,两级步行道路的交叉点即为城市滨河绿地和广场,由此在场地形成与开放空间系统结合为一体的,基本不受机动车干扰的步行系统,为人们休闲游憩提供安全、高效、便捷的步行路线,增强了场地开放空间的可达性,有助于实现公共空间的平等分享。此外,沿场地内南北向的城市次干道每隔500~700m布置公交车站,鼓励公共交通,居民在下车后可通过绿色步道系统进入自己的住宅。

4.方案之四——串珠模式

(1)目标

A.检验"反规划"和生态基础设施途径与多中心、组团式城市开发过程的兼容性

组团型城市形态一直以其较高的效率和对自然生态环境的保护作用而被城市规划界认同为一种较为理想的城市结构。然而组团完善和扩大过程中,往往由于单纯经济利益的驱使,导致组团界限变化、隔离绿地受到侵蚀,而组团之外则出现沿交通干线蔓延的无中心发展趋势(易峥,2004,p33),最终粘连形成困扰组团式城市结构已久的"摊大饼"形态。究其原因,一方面固然是由于规

划缺乏对组团隔离带的强制性保护措施；而更深层的弊病则在于，对于人类社会具有多方面重大意义的生态基础设施仅仅以"隔离绿地"这一薄弱形式存在，其生态服务功能未能被纳入城市经济系统，使得人与自然、"开发"与"保护"之间的矛盾日益突出。

基于"反规划"理念的串珠城市模式，不仅将生态基础设施作为城市建成区之间的隔离廊道，更采用多核心触媒反应的开发模式，在城市发展初期，便将其作为经济发展建设的主要"触媒"元素之一，以战略性和前瞻性的手法置入城市组团内部。这就使"绿色"成为某些城市组团经济建设的效益来源，使生态基础设施的保护成为该地区经济发展的重要前提和特色理念。在这种城市模式之下，生态基础设施的效益为人与自然所共享，人与自然的利益趋于一致，从而切实形成一个保护与开发并重的框架（Benedict and McMahon, 2002），弥补了传统组团式城市结构的缺憾，在保障城市生态安全的同时，更好地发挥组团式结构在营造城市多样性空间方面的优势。

B. 利用永宁江生态廊道的蛇形蜿蜒的特点，建设一个富有地域特色的、生态健全的新城区。

永宁江穿黄岩而过，其支流水网密布于村落垄亩，滋润着黄岩的每一寸土地，它是这片土地上橘林文化之源，更是当地居民对城市记忆和归属感的寄托，就连黄岩古城本身，也曾取江之名而称"永宁"。可以毫不夸张地说，黄岩的文化便是永宁江的文化。永宁江绵长的沿河岸线、回转盘旋的独特形状及由此形成的多个半岛的"联珠"组合，是河流城市所特有的典型特征，在美学及生态方面都具有极高的价值，在设计中应注意妥善利用，并加以强化。

同时，作为城市中的主要河流，永宁江是黄岩城市最重要的生态基础设施，应该保持其自然泄洪、生物栖息地等功能。但遗憾的是，永宁江上已有一处裁弯取直工程，河道堤岸和江闸也已修建。这些设施虽在短期的防洪治涝方面起了一定作用，但带来的水体交换功能的丧失，洪水资源的流失以及对永宁江美学资源的破坏等甚为可惜。

永宁江的蜿蜒形态不仅在生态、美学等多方面具有较高价值，更是黄岩城市个性的重要载体。针对目前不当的防洪治涝手段对永宁江形态造成的破坏，串珠城市模式提出：保护、强化、突出这一得天独厚的优势，建设一个富有地域特色的、生态健全的新城区。

(2) 方案特色

本设计以保护永宁江生态基础设施为指导思想，充分利用永宁江回转盘旋的独特形状及由此形成的多个半岛串珠组合的独特景观，维护场地生态过程为目标，提出串珠城市设计模式（见彩图63和图7.1.4-19～图7.1.4-29）。其要点如下：

A. 城市建设形态反映生态廊道形态

串珠式的城市建设形态是对回转盘旋的永宁江独特形态的回应。作为流淌在富饶平原上的母亲河，永宁江环顾多情，在规划地段上留下了一连串的半岛，它们三面环水，一侧与陆地相连。母亲河已经明示了城市设计师所应采取的对策：利用这些半岛，形成一个个城市建设的主题区。

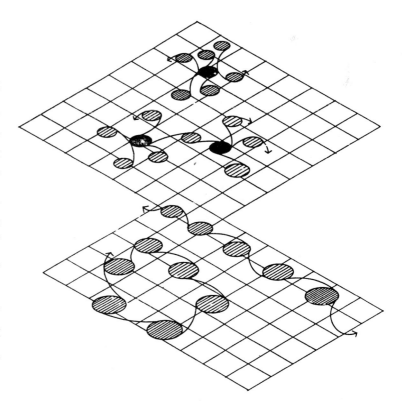

图7.1.4-19 触媒反应可以采用多种形式：单核式（上图）、多核心、连续的"串珠"式、项链式（下图）A conceptual diagram (from Logan and Attoe,1989)

"反规划"途径

图7.1.4-20 现状蜿蜒河道及橘林 The excisting winding river and oranges

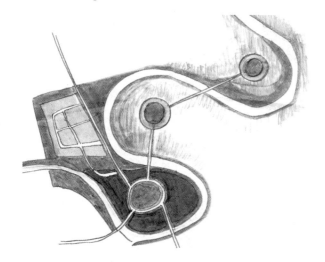

图7.1.4-21 设计意向 The concept

图7.1.4-22 多主题概念——触媒元素的引入 Multi themes concept: introduction of urban catalysts

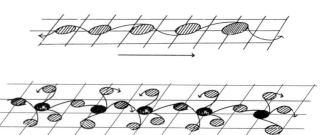

图7.1.4-23 从梯度开发到多核心的反应模式 From gradient development to multi-nucleur pattern

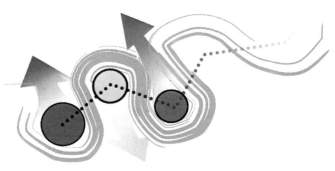

图7.1.4-24 多极辐射 "Radiation" of multi nucleus

connection between

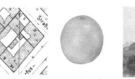 

urbanity agriculture nature industry

图7.1.4-25 本土文化景观意象 Local landscape images

176

7 微观——EI修建性规划及基于EI的城市地段开发模式

B. 多主题概念

从永宁江的"串珠"组合出发，依照城市发展方向和各部分在当前城市建设中的角色定位，为永宁江每一个半岛设定切合自身条件和需求的功能主题，并形成自西向东递减的开发强度阶梯，选取战略性节点和地段作为城市发展的启动元素。多个功能主题可以形成多个富有特色的城市活力中心。

C. 从梯度开发到多核心的"触媒"反应模式

串珠城市模式强调通过保护EI设定开发的边界，在此范围内依据场地个性的分析，进行主题定位，并加入相应的"触媒"元素，即城市发展的核心功能主题，以使场地个性得以维系，保证

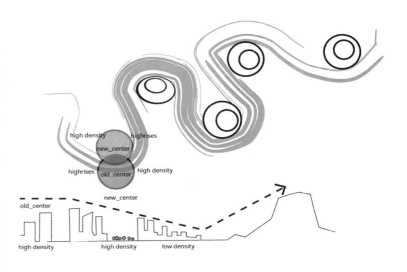

图 7.1.4-26　新老中心 New and old centers

图 7.1.4-27　生态基础设施格局 Ecological infrastructure system

177

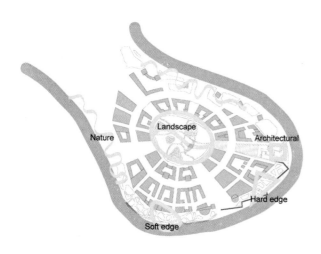
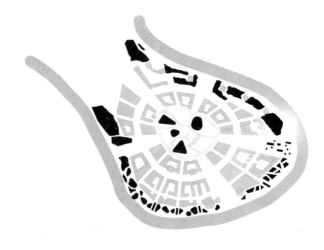

图7.1.4-28 景观元素分析 Analysis of landscape elements

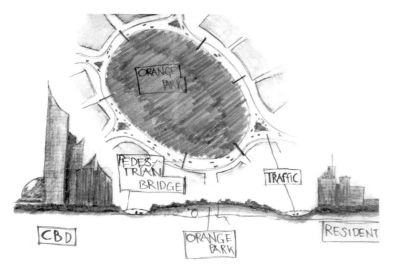

图7.1.4-29 中央公园天际线 Skylines of the central park

积极的发展方向,并向周边延续,逐渐形成多核心的触媒反应模式。它以多极辐射的方式带动周边地区的发展。与城市"摊大饼"发展模式不同,"触媒"元素不是在城市发展的"反应过程"中被消耗掉,而是保持并发展其特性,并维系其所在局部的个性(Donn Logan and Wayne Attoe, 1989,p5.9-1)。这样可以保证城市空间的多样性和独特的串珠状肌理。同时,"触媒"元素从一开始就作为生态基础设施网络不可分割的有机组成部分,被前瞻性和战略性地置入城市之中,在满足人类休闲娱乐、身心恢复需求的同时,确保EI网络的连续性。同时,该模式关注新元素与现有元素的相互作用以及它们对未来城市形态的影响,致力于在维护河流的自然过程基础上保证城市各

部分的积极发展方向与发展过程中的多样性,利于分期建设,并为下一层面更为丰富的可能性预留出弹性空间。

D.传承地方文脉,彰显城市个性

除永宁江及其半岛的独特大地景观外,黄岩之魂还体现在橘林、山体、传统戏院建筑、旧城遗址等乡土文化景观上,这些要素共同构成一幅传统文化的画卷,不仅是当地居民对城市历史记忆的重要载体,也是外来游客借以解读黄岩文化个性的重要感知点。延续地方文脉的宗旨贯穿整个方案,譬如大量选用本土柑橘作为绿化植物,在中心公园引入山丘、河流、堤坝等乡土景观意象等。新旧城区交接处是方案设计的重点之一,整个新城最高的建筑设于此处作为地标。同时,鉴于此处极富传统特色的旧有戏院位置紧邻大桥,为保护其免受城市交通带来的噪声尾气等污染,以透明玻璃墙体隔离戏院和道路,并在视觉上进一步加以强调,突出传统文化建筑的重要地位。在旧式戏院旁边布置富于现代化气息的新型剧场,营造地方传统文化与新时代文化并置、对比、交融、共进的戏剧性氛围,成为新旧城区交接处开放空间的主题,也暗示着城市文化中心与现代化商业中心的过渡。

(3)规划布局

为方便叙述,将永宁江沿岸各半岛命名如下即旧城北部半岛称为"中心半岛",由此向东各岛依次称为"东一半岛"、"东二半岛",如图7.1.4-27所示。

• 微观生态基础设施

绿带与城市绿心、绿廊共同组成绿色网络体系，是城市绿化系统中重要的有机组成部分。同时规划高速公路沿线绿带宽度为100m，以保证环境保护的需要。

另外，"绿色"作为主题"触媒"元素，在某些半岛组团中占据核心地位。

绿带——在区域防洪安全格局的基础上首先规划永宁江沿岸绿地系统。基本宽度定位在50~80m之间，依据地段特性调整。同时与中央公园和建筑开放空间相联系。沿河绿带结合步行道路系统，设计多处放大节点空间，产生行进间的节奏感。沿江设有多主题、多形式的开放空间节点，以控制游人行进的节奏，丰富游线视觉信息，营造可达性良好的、连续的沿江亲水空间，创造从各种角度观察城市景观、同时欣赏河流自然形态的机会；沿江绿带中等距布置稀疏的点式高层建筑，建筑角度随永宁江岸线回转而改变，勾勒出岸线形状，扩大永宁江独特曲水造型的可感知范围，再次强调黄岩独有的景观特色。

绿心——新区中心（中心半岛）大面积集中绿化，作为城市中心公园，是绿化系统的核心，直径约200m。从绿心出发，沿主要城市干道均有放射状绿带，以保证整体绿色系统的连续性。

绿廊——为保证绿化系统的完整性和连续性，整个场地每隔500m左右设有宽度50m左右的绿色廊道。通过绿色廊道，新旧城区隔江相望，在交接处设计开放广场，以使两岸视线连通，互为呼应。同时，作为临水的游憩场所，也增加游人亲水的机会，改善河流的可达性。

绿块——居住用地的每个组团中心均有集中绿化，这些绿块通过绿色彼此联系。

绿岛——东二半岛作为自然生态保护用地和低密度开发区，是黄岩生态基础设施系统的重要组成部分，其触媒主题定位为"橘林体验"，使"绿色"成为该组团未来发展特色经济的重要前提和核心理念。

◆ 功能布局

基于串珠式和多主题的城市形态理念，利用永宁江两岸的多个半岛，进行土地利用和功能布局。

中心半岛：新城中心、高密度商业中心——中央公园

中心半岛位于旧城北部，交通便利，与旧城联系紧密，因而定位为新城中心，以高密度现代化商业为主，作为未来黄岩的商业中心，是整个城市开发链的开端，对未来城市发展的前景将产生举足轻重的影响。同时也是新旧交替的战略性地段，是地方文脉得以延续的关键所在，应进行重点设计。以集中、向心的建筑和绿化组织形式来突出其作为新城中心的重要地位。

中心半岛作为核心触媒，开发为高密度现代化商业还存在许多困难。首先是交通的干扰。目前，两条城市主干道在半岛中心交叉，引入大量穿过性交通，势必对未来新城区中心造成严重干扰。为缓解城市中心交通压力，方案以一条直径达300m的环道联结各向来路，避免大量穿过性交通在新区中心汇合聚集，从而营造出城市中心一片完整的、无机动交通干扰的城市中心公园。其次，作为城市绿化系统的核心部分，中央公园是新城的绿心，同时负有疏散交通、调节城市微气候、提供市民身心再生场所、形成新城标志等重要任务。设计引入本土特色景观元素，体现黄岩城市个性的景观意象——山丘、河流、堤坝，再现于中央公园之中。园中虽有多处人造景观，但仍以大面积的柑橘等本土特色植物作为基调，形成大面积绿化。亲切熟悉的景观要素，与外围高层建筑的对比，形成一种乡土与现代的多样并置，从而提醒世人这里是在现代化进程中独具个性的——黄岩。

东一半岛：新城中密度居住区——绿色中的家居

与中心半岛紧邻的东一半岛则采取较为柔和的处理手法，虽在临水空间也有围合向心性的布置，但向南则逐步扩散，建筑与橘林均随机分布于自然绿地基质之中，强调人居空间与自然的充分融合。

东二半岛：自然生态保护用地和低密度开发区——橘林体验

东二半岛定位为自然生态保护用地，在现阶段严格控制其开发强度。远期可适度开发，作为城

市旅游休闲和高档低密度居住用地。

城市发展初期，新城中心商业金融区作为整个永宁江段城市发展最重要的核心触媒，将带动周边经济建设迅速启动，并以其本身在居住和旅游休憩方面的需求，向东依次触发东一半岛、东二半岛的居住产业和旅游业，起到加速催化作用，形成链式触媒反应模式；而东部各半岛上的主题定位，则在一定时期内起控制该地区城市开发速度的延缓催化作用，维持城市开发梯度模式。随着城市进一步发展，东部各半岛的经济建设也将在中心区的带动下全面展开，但从设计伊始就设定的"绿色中的家居"与"生态环境保护、展示、教育"等主题，将使"绿色"成为这些半岛经济建设的效益来源，使生态基础设施的保护成为该地区经济发展的重要前提和特色理念。这就使生态基础设施的效益为人与自然所共享，使人与自然的利益趋于一致，切实形成一个保护与开发并重的框架(Benedict, M., and E. McMahon. 2002)。

◆道路交通

道路基础设施设计的特点主要体现在连通场地外围快速路，尽量避免穿越性交通干扰市区。

在中心半岛中，以直径300m的环形城市干道分散新区中心交通压力，中心半岛机动交通均由中心公园外部的环形干道中转、分散往东南西北各个方向，因此内部仅有宁静纯粹的非机动车道路系统，这个系统由贴近公园外缘的环形自行车道和公园内部蜿蜒密布的步行小道组成。

加大支路网密度，以50m×50m的均匀支路网格形成便利的生活性交通系统。建立连续的而自成体系的步行道系统，实现人车分流，创造安静无干扰的步行环境。

7.1.5 影响评估——对方案的影响评价

根据各个方案的特点，针对其对自然过程、生物过程和人文过程的影响进行评估，以便决策人和开发商作出选择。本案例研究并不是最终的设计成果，而是重点检验如何在城市地段开发过程中使"反规划"思想和生态基础设施途径与各种城市建设和土地开发相结合。旨在说明，优先考虑城市EI设计和将区域EI的服务功能导入城市肌体，不但可能，而且完全可以把城市的社会和经济功能发挥得更好，也使城市更富有特色。

方案的影响评价 表7-1
Impact Assessment of plans projects Table 7-1

	片层方案	格网方案	水巷方案	串珠方案
对自然过程的影响评估	为永宁江防洪需要留下足够的宽度；保护河道的自然形态。通畅的平行廊道对城市通风有好处	为永宁江防洪需要留下足够的宽度；对抵抗台风有一定作用，也有利于防止地表径流带来的水土流失	连接永宁江两端的多条小型水道，既改善了水生态过程的连续性，同时又解决了防洪问题。通畅的平行廊道对城市通风有好处	为永宁江防洪需要留下足够的宽度；保护河道的自然形态
对生物过程的影响评估	保护区域EI，片层绿廊对动物迁徙和当地动植物的栖息有一定好处	保护区域EI，网格化的绿网和绿廊对动物迁徙和当地动植物的栖息有一定好处	平行的水道及与水道呼应的绿色通廊则使得区域EI形成一个连续的整体，对水生动植物的栖息和迁移尤其有益	保护区域EI，城市绿心可以成为生物迁徙的跳板；但交通的阻隔不利于动物的空间运动
对人文过程的影响评估	方便市场化开发，便于形成混合型的城市社区；居民可以便捷使用城市与区域EI；形成居住—工作—休闲为一体的地域综合体；有通畅的视觉廊道，与自然景观相对话	简洁的土地开发利用模式；形成网络化的微观EI，方便居民使用；有通畅的视觉廊道，与自然景观相对话	形成独具特色的新江南水乡景观；有良好的可居性和休闲价值；有通畅的视觉廊道，与自然景观相对话；但建设难度相对较大	可以形成多个富有特色的城市活力中心；城市空间具有更多的异质性。集中型的绿心对市民的可达性较差；城市的功能混合性相对薄弱

7 微观——EI修建性规划及基于EI的城市地段开发模式

7.2 局部EI的详细设计——永宁公园案例

永宁公园位于永宁江之右岸，黄岩城市之西侧边缘，为城市主要出入口（温台高速出口）(图7.2-1)。东起西江闸，西临新开的104国道，总用地面积约为21.3ha，其中，河滩地（防洪堤外侧）占地面积约为4.3ha。是城市滨水绿地系统的重要组成部分，也是区域生态基础设施的关键性廊道。作为永宁江生态廊道的一个示范工程，永宁公园将同时承载作为生态基础设施的关键节点，和作为传播生态环境伦理与先进的滨河设计理念的双重意义。

7.2.1 景观表述

场地上原有一条蜿蜒的土堤将整个场地分成两个部分，堤外为大面积河滩地，各种野草、芦苇长势良好；堤内地形较平坦，有菜畦和湿地（图7.2-2，图7.2-3，图7.2-4）。而就在当时（受委托进行设计的时候），该地段永宁江的防洪堤已

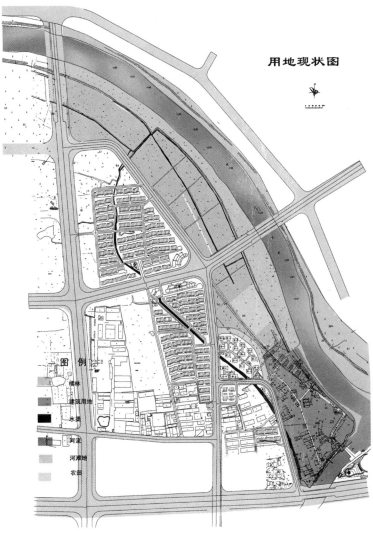

图7.2-2 永宁公园现状图 Existing land use

图7.2-1 永宁公园区位图 Location map

图7.2-3 场地原有的乡土植被、荒野，但很生态，为设计提供了启示 Existing site

图7.2-4 民国22年所立的"魂兮归来",在后来的设计中被保留在场地内 Existing landmark

图7.2-5,图7.2-6 已经和正在延伸的水泥防洪堤,践踏了所有自然和生物过程。在公园设计之初,得到了有效的制止 The river channellizing project underway

经开始修筑,为混凝土高堤,大片自然湿地和野草眼看就要消失在推土机下。值得庆幸的是,当局采纳了设计师的强烈建议,立即停下了这一裁弯取直和防洪堤硬化工程。并决定同时委托进行防洪堤的生态化设计方案,这才有了以后的生态堤岸工程(图7.2-5,图7.2-6)。

西江与永宁江交汇处设有西江闸,为1933年遗产,闸上建有闸房6间。通过西江闸可以从滨江世纪公园(已建成的另一个城市公园)直接进入本公园。此外,在西江岸边,有一处西洋建筑风格的小型纪念碑"魂兮归来",为民国22年(1933)所立,为纪念夭折的孩童而设立。这两处场地中的文化遗产在设计中都予以保留,并再利用后成为公园的景物。

7.2.2 过程分析

作为永宁江廊道的一个典型地段,永宁江的自然过程、生物过程和人文过程和格局注定了永宁公园的个性和所要承担的角色。

永宁江又名澄江,为黄岩的母亲河,发源于西部括苍山,干流全长77km,如一条多情的青龙,蜿蜒盘曲在丰饶的而并不宽广的平原上,自西南向东北汇入椒江入海。千百年来,它徊缭于山海之间,将绵绵山林的丰沛的雨水和营养及丰富的生物,导引上平原,来滋育着堪称鱼米之乡的水网平原;它与大海相呼吸,潮起潮落,不时将大海的盐份和独特的营养,恰到好处地滋润着台风和雨水飘洗的土壤,于是有了独特的果中珍品——黄岩蜜橘;也因为永宁江作为山与海之间的联系廊道的意义,使黄岩这一山海角隅之地得以与外界相联系,从西周开始,中原和吴越文化便随人口的东迁,而带到黄岩,特别是宋室南迁,经济崛起,商业发达,文风蔚然,素有"小邹鲁"之称;尤其是道教文化给黄岩增添了几分神秘的色彩，不但有号称道教第二大洞天的委羽山，就连"黄岩"二字也因为唐代道士王远隐居之山顶有黄石而命名。与频繁的台风、涝灾相抗争、与海争地和人多地少的自然条件，孕育了黄岩人吃苦耐劳的品格和崇尚个人奋斗、竞争、协作的社会伦理，这可以理解为当今台州和黄岩地区"小狗经济"和"温台模式"的社会资源，这也使黄岩成为国际著名的模具之乡；在这永宁江与海孕育的平原上，从明代中叶的倭寇抢掠、清初的迁海与兵灾、到抗倭和抗元等义举，孕育了黄岩人尚武的社会风气。

简而言之，永宁江的自然过程孕育了黄岩的自然与人文特色，堪称山水灵秀，自古以来为道教胜地，有鱼米之丰饶，又有蜜橘和武术大行天下；现代则有"小狗经济"之源，模具之乡等美誉。这些都构成了场地的自然与人文精神，是设计所要

图7.2-7 温黄平原上的黄岩蜜橘，独特的海潮和河流过程滋育了其独特的品质。橘园与村舍的图底关系成为本设计关于如何处理人与自然空间关系的一个灵感来源 Orange forest and villages of Huangyan

图7.2-8～图7.2-10 个体的勤劳、竞争与合作，是黄岩成为享誉世界的模具之乡，也是"小狗经济"的发源地。它告诉我们一个道理——普通的个体经过组织而可以形成非凡的力量。这一道理也成为本设计的一个灵感来源 The vernacular economic model

显现的（图7.2-7～图7.2-10）。

在维护和显现上述自然过程与历史文化过程基础上，市民的休闲活动是永宁公园所要考虑的新的功能和过程。场地的西侧是新的城市居民区，南端与城市中心和商业区相毗连。公园因此考虑将商业设施和人流集中的广场设置在公园的南端，并将西侧的居民通过便捷道导引到公园内。另外，场地东北向为连绵的秀丽山岭，可成为公园的借景。

7.2.3 现状评价

永宁江和永宁公园所在的场地显然具有重要的生态价值、历史文化含义和作为游憩公园的潜质。然而，几十年来，人们并没有善待这条母亲河。这些改变和带来的后果在中观尺度的永宁江廊道规划内容中已做全面的讨论，下面就与本地段相关内容归纳为以下几点（图7.2-11，图7.2-12）：

(1)河流动力过程的改变和恶化。最大影响是1958年开始兴建的长潭水库。在没有长潭水库之前，永宁江在山水和潮汐的共同作用下，河床稳定，城关以下，河深可达6.5m以上，700t级的海轮可直接到达城关，也就是公园所在地段。1960年水库建成后，拦蓄了上游50%的水量，造床动力减弱，江道逐年淤积，加上两岸围田造地，到1983年，平均中水位下过水面积由1958年的839m²减到230m²，只剩27%，平均河床标高从-1.87m抬高到+1.8m。

(2)水质的严重恶化。由于水源、排污和交通的便利，永宁江两岸分布了大量包括化工厂和各种小型作坊在内的大量污染源，致使永宁江已成为一条排污河。

(3)河流形态的改变。近年来大规模的以水利和防洪为名义的河道渠化工程、水泥防洪堤和裁弯取直，使优美的永宁江变得面目全非，同时深刻地改变了延续了千百年的永宁江的自然水文地貌过程。

(4)两岸植被和生物栖息地的破坏。伴随自然

图7.2-11 生态恢复前的永宁江——几十年来，人们没有善待这条母亲河 The channelizing project of the Yongning Jiang River was underway

7 微观——EI 修建性规划及基于 EI 的城市地段开发模式

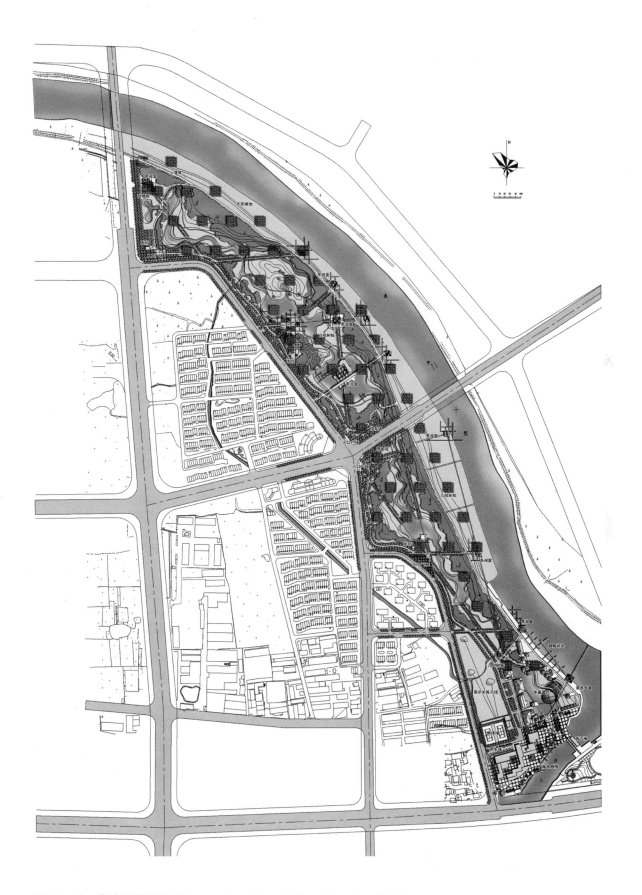

图 7.2-12 永宁公园总图 The master plan of the Yongning Park

河流动力过程的衰退、江水的严重污染、河道的硬化和渠化，以及自然湿地和乡土生境被开垦和城市化，水滨的生物过程退化、栖息地大量消失。

(5)乡土文化景观的消失。农田、果园、水塘大量被转为城市建设用地，乡土建筑被缺乏地域特色的新建筑取代，"化妆式"的"园林"工程已随城市的蔓延而使永宁江两岸最富特色的景观消逝殆尽。

(6)休闲价值损毁。河流廊道的休闲价值取决于它的生态价值、历史文化价值、可达性、健康性和安全性等。而永宁江廊道的上述自然过程、生物过程和历史文化过程都已受到严重损害，因而导致其休闲价值的损毁。

所以，永宁江公园对黄岩的自然、社会和文化有太多的意味。如何延续其自然和人文过程，让生态服务功能与历史文化的信息继续随河水流淌，便成为设计的主要目标。

7.2.4 改变：永宁江公园设计

永宁江公园设计的总体设计目标是完善和提高永宁江生态廊道的生态服务功能，并使城市居民能更方便地获得这些生态服务。这些生态服务包括：

自然过程，包括水流动力过程，提高洪涝的自我调节功能。

生物过程，包括形成多样化的乡土生境，增强水系的自净能力；

人文过程，提供休闲、历史文化体验、环境教育与审美启智场所。

为此三大目标，永宁江公园方案提出以下7大景观战略，核心思想是用现代生态设计理念来形成一个自然的、"野"的底，然后在此基底上，设计体现人文的"图"；基底是大量的、粗野的，它因为自然过程而存在，并提供自然的服务，而"图"是最少量的、精致的，它因为人的体验、和对自然服务的接受而存在。

(1)保护和恢复河流的自然形态，停止河道渠化工程

设计开展之初，永宁江河道正在进行裁弯取直和水泥护堤工程，高直生硬的防洪堤及水泥河道已吞噬了场地1/3的滨江岸线。本公园目标能否实现的关键是立即停止正在进行的河道渠化工程。考察完场地后，设计组即向当局最高领导提出了停止工程的建议，并向有关人员进行了一次系统的生态防洪和生物护堤的介绍，列数河道渠化的害处。最终使当局认同了生态设计的理念，并停止了"水利工程"(图7.2-13~图7.2-16)。

在此前提条件下，用三种方式改造已经硬化的防洪堤：

江堤改造方式之一，保留原有水泥防洪堤基

图7.2-13 建设过程中永宁公园江堤的生态恢复 Ecological restoration project is underway

图7.2-14 建成后的永宁公园鸟瞰 The bird eye view of the Yongning Jiang Park after the construction

7 微观——EI 修建性规划及基于 EI 的城市地段开发模式

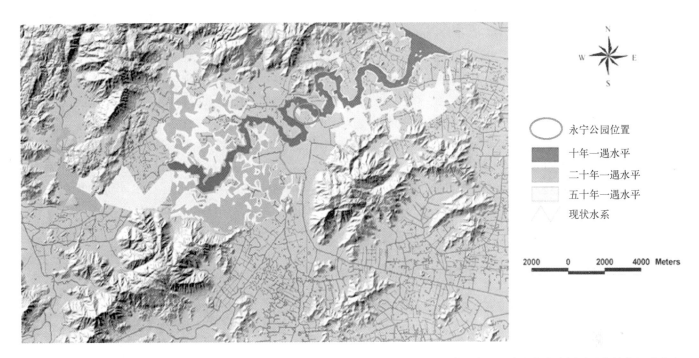

图 7.2-15 公园所在地是区域和城市防洪安全格局的组成部分。公园规划设计因此遵循中观尺度上的生态基础设施控制要求和生态策略 Flood control and storm management using wetland system insteady of concrete dams

图 7.2-16 正在进行的河道渠化工程被停止，同时，已经被渠化和硬化的河段得到了生态恢复，并满足城市居民的游憩需要 A comparison between the ecologically restored and unrestored river banks

础，在保证河道过水量不变的前提下，退后防洪堤顶路面，将原来的垂直堤岸护坡改造成种植池，并在堤脚面将一侧铺设亲水木板平台；

江堤改造方式之二，保留原有水泥防洪堤基础，在保证河道过水量不变的前提下，放缓堤岸护坡，退后防洪堤顶路面，将原来的垂直堤岸护坡堆土，改造成种植区，并将堤脚铺设卵石，形成亲水界面；

江堤改造方式之三，保留原有水泥防洪堤基础，在保证河道过水量不变的前提下，放缓堤岸护坡，退后防洪堤顶路面，全部恢复土堤，并进行种植；

三种硬化江堤的改造方式由东向西逐渐推进，与人的使用强度和城市化强度的渐变趋势相一致。

剩余的西部江堤设计是在没有经过渠化的江堤上进行的，方式如下：

江堤改造方式之四：根据新的防洪过水量要求，保留江岸的沙洲和苇丛以作为防风浪的障物，并保留和恢复滨水带的湿地；完全用土来作堤，并放缓堤岸护坡至1:3以下；部分地段扩大浅水滩地形成滞流区或人工湿地、浅潭，为鱼类和多种水生生物提供栖息地、繁育环境和洪水期间的庇护所；进行河床处理，造成深槽和浅滩，形成鱼礁；坡上种植乡土物种，形成人可以接近江水的界面。

江堤的设计改变了通常的单一标高和横断面的做法，而是结合起伏多变的地形，形成亦堤亦丘的多标高和多种断面的设计，形成丰富的景观感

图7.2-17～图7.2-19 江堤设计——改造和重建生态河堤，并使之满足现代城市人的休闲游憩需要 Design for ecology as well as for the people

7 微观——EI修建性规划及基于EI的城市地段开发模式

图7.2-20~图7.2-22 改造和生态重建后河堤，满足现代城市人的休闲游憩需要同时满足城市防洪安全要求 The ecologically restored river bank

"反规划"途径

图 7.2-23~图 7.2-25 改造和生态重建后河堤，满足现代城市人的休闲游憩需要同时满足城市防洪安全要求 The ecologically restored river bank

受（图7.2-17～图7.2-25）。

(2)一个内河湿地，形成生态化的旱涝调节系统和乡土生境

本公园设计的第二大特点，是在防洪堤的外侧营建了一条带状的内河湿地。它平行于江面，而水位标高在江面之上，旱季则利用公园东端的西江闸，补充来自西江的清水，雨季可关闭西江闸，使内河湿地成为滞洪区。尽管公园的内河湿地只有2ha左右，相对于永宁流域的防洪滞洪来说，无异于杯水车薪，但如果沿江都能形成连续的湿地系统，则如宏观生态基础设施研究所讨论的，必将形成一个区域性的、生态化的旱涝调节系统。

这样一个内河湿地系统同时为乡土物种提供了一个栖息地，同时创造丰富的生物景观，为休闲活动提供场所（图7.2-26～图7.2-32）。

(3)一个由大量乡土物种构成的景观基底

应用乡土物种形成绿化基底，整个绿地系统平行于永宁江分布如下几种植被类型：

第一带，河漫滩湿地。在一年一遇的水位线以下，由丰富多样的乡土水生和湿生植物构成，包括芦苇、昌蒲、千屈菜等。

第二带，河滨芒草种群。在一年一遇的水位线与五年一遇的水位线之间，用当地的九节芒构成单优势种群，是巩固土堤的优良草本，场地内原有大量分布，只是分布杂乱无章，可进入性较差。经过设计的芒草种群疏密有致，形成安全而充满野趣的空间。

第三带，江堤疏树草地。在5年一遇的水位线和二十年一遇的水位线之间，用当地的狗牙根作为地被草种，上面点缀乌桕等乡土乔木，形成一条观景和驻停休憩的边界场所，一些凳椅和平台广场在其间分布。

第四带，堤顶行道树。结合堤顶道路，种植行道树。

第五带，堤内密林带。结合地形，由竹林、乌桕、无患子、桂花等乡土树种，构成密林，分割出堤内和堤外两个体验空间：堤外面向永宁江，是个外向型的空间，堤内是一个内敛式的半封闭空间，围绕内河湿地形成。

第六带，内河湿地。由观赏性较好的乡土湿生

图7.2-26～图7.2-29 内河湿地设计 Design for an inner wetland

"反规划"途径

图 7.2-30~图 7.2-32 内河湿地建成效果，在满足暴雨管理、滞洪、建立乡土生境的同时，为市民提供一个游憩场所 The inner wetland built

7 微观——EI修建性规划及基于EI的城市地段开发模式

植物构成,如睡莲、荷花、菖蒲、千屈菜等。

第七带,滨河疏树草地。沿内河两侧分布,给公园使用者一个观赏内湖湿地和驻停休憩的边界场所。一些凳椅和平台广场在其间分布。

第八带,公园边界。在公园的西边界和北边界,繁忙的公路给公园环境带来不利的影响,为减少干扰,设计了浓密的边界林带,用香樟等树种构成,使公园有一个安静的环境。

(4) 水杉方阵,平凡的纪念

水杉是一种非常普通而不被当地人关注的树种,它们或孤独地伫立在水稻田埂之上,或排列在泥泞不堪的乡间机耕旁,或成片分布于沼泽湿地和污水横流的垃圾粪坑边。它们的高贵和雍容挺拔的本质因为它们的谦逊随和而被势利的世人所漠视,甚至被贬为贫贱。本设计则通过方格网状分布的树阵,在一个自然的乡土植被景观背景之上,将这种平凡的树按5×5棵种在一个方台上,给它们一个纪念性的场所,重显高贵典雅。树阵或漂于水上、或落入繁茂的湿生植物之中、或嵌入草地,无论身处何地,独特的水杉个性都会显露无疑。这便是平凡而伟大的气质图(见图7.2-33,图7.2-34)。

(5) 景观盒,最少量的设计

在自然化的地形和林地、以及乡土植物所构成的基底之上,分布了八个5m见方的景观盒。它们是公园绿色背景上的方格点阵体系。作为点,它是融合在自然之中,构成了"自然中的城市"肌理。同时,野生的芦苇、水草、茅草等自然元素也渗透进入盒子,使体现人文和城市的盒子与自然达到一种交融互含的状态。这些盒子由墙、网或柱所构成,以最简单方式,给人以三维空间的体验(图7.2-35~图7.2-39)。

相对于中国古典园林中的亭子,景观盒同样具有借景、观景、点景等功能,但亭子的符号意义是外向的,而盒子的符号意义是内敛的。因此,通过景观盒,体验的是"大中见小"和"粗中见细",相悖于传统中国园林中的小中见大。现代城市公园和自然地的大尺度和非精致,要求用对比的手法来营造小空间和精致感,这就是采用景观盒的主要原因。

图7.2-33,图7.2-34 水杉方阵,平凡的纪念 The monumentality of the common trees

"反规划"途径

图7.2-35，图7.2-36 景观盒，最少量的设计 Minimum design of boxes

空间本身是带有含意的，盒子的尺度、色彩和材料，以及盒子中的微景观设计，都传达了这种含意。它在两个层面上被赋予含意，第一的层面是直觉的、是建立在人类生物基因上的、是先天的，是通过空间和构成空间的物理刺激所传达的；第二个是文化的，是可以通过文字和文化的符号所传达的。这两层含意都是本公园的设计者想通过盒子来传达的。

在第一个层面上，盒子给人一种穿越感和在自然背景中对"人"的定义和定位。面对盒子，挑战和危险同时存在，由此产生美感：远望盒子时，它具有招引前往的诱惑力，因为里面潜藏着一个未知的世界，即所谓的可探索性(involvement)或神秘性，这被认为是影响景观美学质量的两个关键维量之一，另一个指标是可解性(Making sense) (Kapplan, 1975; Ulrich, 1977; 俞孔坚, 1988, 2000)。而当人可迫近盒子时，这种可探索性和神秘性会急剧增强，并伴随着产生危险感，因而唤起紧张和不安的情绪；而当突然跨入只有一墙之隔的盒子内的时候，一个外在者变成了内在者，探索者变成了盒子的拥有者和捍卫者，盒子变成了"领地"。这种"神秘—危险—安宁"的变化，是盒子的穿越美感的本源。当然，作为一种公共场所，"危险"感的创造是以实际上的安全保障为基础的。所以，盒子的选址都在主要人流交通道路边或由道路穿越。

在第二个层面上，作为一种尝试，设计者希望通过盒子来传达地域特色和文化精神。因此，八个盒子被赋予八个主题，它们是分别称为：山水间、石之容、稻之孚、橘之方、渔之纲、道之羽、武之林、金之坊。

实际上，这种文化含义是否能被理解并不重要，重要的是各个盒子因此而有不同的形式和产生不同的体验，并显示了设计和文化的存在。从这个意义上说，盒子就像黄岩盛产的模具，人一旦穿越了一个盒子，就被迫接受了某中塑造人的信息或符号，它将永远地附着在人的脑中，成为塑造其未来状态的一种元素。

(6) 延续城市的道路肌理，最便捷地输出公园的服务功能

公园是为市民提供生态服务的，因此，公园不应该是封闭式的，而应该为居民提供最便捷的进入方式。为此，公园的路网设计是城市路网的延伸，当然进入公园的边界后，机动车是不得进入的。直线式的便捷通道穿密林而成为甬道，过湖面湿地而成为栈桥，穿越水杉树阵而成为虚门，穿越盒子则成为实门，并一直延伸到永宁江边，无论是游玩者还是穿越者，都可以获得穿越空间的畅快和丰富的景观体验。

7.2.5 结语：效果评价

永宁公园于2003年5月正式建成开园，由于大量应用乡土植物，在短短的一年多时间内，公园

7 微观——EI修建性规划及基于EI的城市地段开发模式

图7.2-37～图7.2-39 景观盒，最少量的设计，通过与当地植物和材料及历史故事相结合，使盒子成为一种富有含义的体验空间 The boxes built

图7.2-40~图7.2-42 作为生态基础设施的一个重要节点和示范地，永宁公园提供了多种生态服务功能，包括滞洪、生物栖息、审美启智和游憩 Natural services of various kind are provided by the park

呈现出生机勃勃的景象。设计之初的设想和目标已基本实现，2004年夏天还经历了25年来最严重的台风破坏，但也很快得到了恢复。作为生态基础设施的一个重要节点和示范地，永宁公园的生态服务功能在以下几个方面得到了充分的体现（见图7.2-40~图7.2-42）：

(1) 自然过程的保护和恢复 长达2km的永宁江水岸恢复了自然形态，沿岸湿地系统得到了恢复并完善；形成了一条内河湿地系统，对流域的防洪滞洪起到积极作用。

(2) 生物过程的保护和促进 保留滨水带的芦苇、菖莆等种群，大量应用乡土物种进行河堤的防护，在滨江地带形成了多样化的生境系统。整个公园的绿地面积达到75%，初步形成了物种丰富多样的生物群落。

(3) 人文过程 为广大市民提供了一个富有特色的休闲环境。无论是江滨的芒草丛中，还是在横垮在内河湿地的栈桥之上，也或是野草掩映的景观盒中，我们都可以看到青年男女，老人和小孩在快乐地享受着公园的美景和自然的服务：远山被招引入公园中的美术馆，黄岩的历史和故事不经意间在公园的使用者中传咏着、解释着，对家乡的归属感和认同感由此而生。不曾被注意的乡土野草突然间显示出无比的魅力，一种关于自然和环境的新的伦理犹如润物无声的春风细雨，在参观者的心中孕育：爱护脚下的每一种野草，它们是美的。借着共同的自然和乡土的事与物，人和人之间的交流也因此在这里发生：青年男女之间，家庭成员之间，同事和同游之间。

永宁公园通过对生态基础设施关键地段的设计，改善和促进自然系统的生态服务功能，同时让城市居民能充分享受到这些服务。

参考文献

1 地方基础资料和相关规划与研究

2002 台州市地面水水质评价图
黄岩道教志. 香港：天马图书有限公司出版，2002
黄岩建成区公共绿地一览表
黄岩区苗圃一览表
黄岩市城市绿地系统说明书
黄岩水利志. 黄岩水利志编纂委员会. 上海：上海三联书店，1991
黄岩文史资料（第二、十一、十三、十七、二十一、二十二期）. 中国人民政治协商会议浙江省台州市黄岩区委员会学习、文史委员会编，2001(10)
椒江水利志. 椒江市水利志编纂委员会，1993
路桥年鉴. 路桥年鉴编辑部. 台州市路桥区档案局，2002
路桥文物. 路桥年鉴编辑部. 台州市路桥区档案馆，2002
台州地区农业区划地图集
台州地区农业资源数据集
台州地区志. 台州地区地方志编纂委员会. 杭州：浙江人民出版社，1995
台州地区志志余辑要. 台州地区地方志编纂委员会办公室. 杭州：浙江人民出版社，1996
台州交通志. 顾恺主. 北京：团结出版社，1993.8
台州森林资源. 台州市林业局，浙江省森林资源监测中心，2000.12
台州史迹——文物保护单位专辑. 台州地区文物管理委员会编，1983
台州市百万亩阔叶林发展规划. 台州林业局，浙江省林业勘察设计院，2002
台州市城市环境综合整治规划. 中国科学院生态环境研究中心，2003
台州市城市总体规划说明书（1994—2020）
台州市防汛工作手册. 台州市人民政府防汛防旱指挥部，台州市水利局，2001
台州市航道图
台州市河道疏浚整治规划报告. 台州市水利水电勘测设计院，2002
台州市洪水风险图编制规划. 台州市水利局，2002
台州市环境状况公报，2002
台州市黄岩区古树名木清册

台州市黄岩区农业综合开发规划.台州市黄岩区农业综合开发规划领导小组办公室，2002

台州市路桥区旧城更新详细规划

台州市农产品"358绿色行动"总体规划（2001—2008）

台州市农业资源综合分析评价

台州市优势农产品区域布局规划意见（草案）

台州永宁江治理二期工程设计报告.浙江省水利水电勘察设计院，2000

台州宗教资料汇编（二、三、四、六、七）

浙江省黄岩县农业区划图集

浙江省黄岩县农业自然资源数据集.黄岩县农业区划办公室，1985

浙江省黄岩县综合农业区划

浙江省椒江市农业区划数据集.椒江市农业区划委员会办公室，1985

浙江省椒江市农业区划图件集

浙江省椒江市综合农业区划

浙江省林业自然资源——野生动物卷.浙江省林业局编.北京：中国农业科学技术出版社，2002

浙江省湿地资源调查研究总报告.浙江省湿地资源调查研究课题组，2000.12

浙江省市（地）级综合农业区划简编.浙江省农业区划委员会办公室，1989

浙江省台州市古树名木普查建档报告

浙江省台州市国际化文明生态城市——生态建设规划大纲.中国科学院生态环境研究中心，北京林业大学，浙江大学，浙江省台州市环境科学设计研究院，2003

浙江省台州市市域城镇体系规划（1999—2020）.浙江省城乡规划设计研究院，2002

2 文献

Arentze, T.A., Borgers, A.W., Timmermans, H.J.P., 1994. Multistop-based measurement of accessibility in GIS environment. Int. J. Geographical Information Systems, 8 (4): 343~356

Arthur, E., Stamps, F., 2002. Skylines, nature and beauty[J]. Landscape and Urban Planning, 60

Bartlett, M.S., 1975. The Statistic Analysis of Spatial Pattern (1st editor). Chapman and Hall, London

Beatly, T., 2000. Green Urbanism, Learning from European Cities, Island Press, Washington, 32~33

Benedict, M., and E. McMahon, 2002. Green Infrastructure: Smart Conservation for the 21st Century. The Conservation Fund. Washington, DC: Sprawl Watch Clearinghouse

Bishop, R.C., 1978. Endangered species and uncertainty: the economics of a safe minimum standard. American Journal of Agricultural Economics, 60: 10~18

Boerschmann, E ,1906 , (trans. L. Hamilton), Picturesque China, Architecture and Landscape, Based on travels in China

Bohemen, H., 2002. Infrastructure, ecology and art, Landscape and Urban Planning, (59): 187~201

Boon, P. J., Callow, P., Petts, G.E.(Edited)，宁远，沈承珠，谭炳卿等译，金光炎等校，River Conservation and Management 河流保护与管理.北京：中国科学技术出版社，1997

Boone, R.B., Hunter, M.L.J., 1996. Using diffusion models to simulate the effects of land use on grizzly bear dispersal in the Rocky Mountains. Landscape Ecology, 11 (1): 51~64

Bracken, I., 1991. A surface model approach to small area population estimation. Town Planning Review, 62 (2): 225~237

Brown. M.T., Schaefer, J.M., Brandt, K.H., 1990. Buffer zones for water, wetlands and wildlife in east central Florida. Center for Wetlands. University of Florida, Gainesville, FL, 71~77

Budd, W.W., Cohen, P.L., Saunders, P.R., Steiner, F.R., 1987. Stream corridor management in the Pacific Northwest: determination of stream-corridor widths. Environmental Management, 11 (5): 587~597

Carson, R., Silent Spring,1962,Boston Houghton Mifflin, USA

Charles, F.L., 1959. the Science of "muddling through," 1959年, Public Administration Review, 19: 79~88

Chorley, R.J., Haggett, P., 1968. Trend-surface mapping in geographical research. In: (Berry, B.J.L. and Marble, D.F.), Spatial Analysis: A reader In Statistical Geography. Prentice Hall. Inc., Englewood Cliffs, New Jersey, pp. 195~217

Chou, G., Liebhold, A.M., 1995. Forecasting the spatial dynamics of gypsy moth outbreaks using cellular transition models. Landscape Ecology, 10 (3): 177~189

CIIC, 2003, 3rd Draft Annotated Revised Operational Guidelines for the Implementation of the World Heritage Convention, Madrid, Spain

Ciriacy-Wantrup, S.V., 1968. Resource Conservation: Economics and Policies. Berkeley

Cooper J.R., Gilliam, J.W., Daniels, R.B., Robarge, W.P., 1987. Riparian areas as filters for agricultural sediment. Soil Science Society of America Journal, 51: 416~420

Cooper J.R., Gilliam, J.W., Jacobs T.C., 1986. Riparian areas as a control of nonpoint pollutant. In: Correll D. L. Watershed Research Perspectives. Smithsonian Institution Press. Washington, DC, 166~192

Corbett E.S., Lynch, J.A., Sopper, W.E., 1978.Timber harvesting practices and water quality in the eastern Untied States. Journal of Forestry, 76: 484~488

Csuti C., Canty, D., Steiner F., Mack N., 1989. A path for the Palouse: an example of conservation and recreation planning. Landscape and Urban Planning, (17): 1~9

Daily, G., 1997. Nature's Services: Society Dependence on Natural Ecosystems. Island Press, Washington, D.C

Davidoff, P., 1965. Advocacy and pluralism in planning. Journal of the American Institute of Planners, 31: 331~338

Dramstad, W.E., Olson, J.D., Forman, R.T.T., 1996. Landscacape Ecological Principles in Landscape Architecture and Land-use Planning. Washington D.C., Island Press

Erwin, T.L., 1991. An evolutionary basis for conservation strategies. Science, Vol.253: 750~752

Fabos, J.G., 2004. Greenway planning in the United States: its origins and recent case studies, Landscape and Urban Planning, (68) 321~342

Fleury, A M., Brown, R.D., 1997. A framework for the design fo wildlife conservation corridors with specific application to southwestern Ontario. Landscape Ecology and Urban Planning, 37: 163~186

Forman, R.T.T., Sperling, D., Bissonette, J.A., 2002. et al. Road Ecology: Science & Solutions. Inland Press

Forman, R.T.T., 1983. Corridors in landscape: their structure and function. Ekologia (CSSR) (2): 375~380

Forman, R.T.T., 1991.Landscape coridors: from theoretical foundations to public policy. In: Nature conservation 2: The role of corridors ed by Saunder, D, A. And Hobbs R. J., Surrey Beatty & Sons., 71~84

Forman, R.T.T., 1995. Land Mosaics: The Ecology of Landscapes and Regions. Cambridge University Press

Forman, R.T.T., Godron, M., 1986. Landscape Ecology. John Wiley, New York

Frankel, O.H., Soule', M.E., 1981. Conservation and Evolution. Cambridge University Press

Frelich, L.E., Calcote, R.R., Davis, M.B., 1993. Patch formation and maintenance in an oldgrowth hemlock-hardwood forest. Ecology, 74 (2): 513~527

Fromm, O., 1999. Ecological Structure and Functions of Biodiversity as Elements of Its Total Economic Value, Environmental and Resource Economics 16: 303~328, 2000

Gardiner, J.L., Cole, L., 1992. 流域规划：英国今后河流保护的方法. 河流保护与管理. 北京：中国科学技术出版社，1997. 260~266

George R.H., Richard, A.F., 2001.Communicating clearly about conservation corridors [J]. Landscape and Urban Planning, (55)

Hardt, R.A., Forman, R.T.T., 1989. Boundary form effects on woody colonization of reclaimed surface mines. Ecology (70): 1252~1260

Harris, L.D., 1984. The Fragmented Forest: Island Biogeography Theory and Preservation of Biotic Diversity. Chicago, IL, University of Chicago Press

Harris, L.D., Scheck, J., 1991. From implications to applications: The dispersal corridor principle applied to the conservation of biological diversity. In: D A Saunders and R J Hobbs, eds., Nature Conservation: The Role of Corridors. Surrey Beatty and Sons, Chipping Norton, NSW, Australia., 189~200

Hashiba, H., Kameda, K., Sugimura, T., Takasaki, K., 1999. Analysis of landuse change in periphery of Tokyo during last twenty years using the same seasanal landsat data. Advanced Space research, 22 (5): 681~684

Heijligers, M., 2001. The ecological network as a cultural challenge Theoretical framework and some practical case-studies, from http://www.bk.tudelft.nl/afstudeerateliers/networkcity/agenda.html

Hough, M., 1989, City Form and Natural Process. Routledge

Howard, E., 1965. Garden Cities of To-morrow. Edited by F. J. Osborn. MIT Press. Cambridge, MA

Johnson, W.C., 1988. Estimating dispersibility of Acer, Fraxinus and Tilia in fragmented landscapes from patterns of seedling establishment. Landscape Ecology, 1 (3): 178~187

Jongman, R.H.G., 1995. Nature conservation planning in Europe: developing ecological networks. Landscape and urban planning, (32): 169~183

Juan, A., Vassilias, A.T., Leonardo, A., 1995. South Forida greenways: a conceptual framework for the ecological reconnectivity of the region. Landscape and Urban Planning, (33): 247~266

Knaapen, J.P., Scheffer, M., Harms, B., 1992. Estimating habitat isolation in landscape planning. Landscape and Urban Plann. 23: 1016

Large, A.R.G., Petts, G.E., 1996. Rehabilitation of river margins. River Restoration, 71: 106~123

Little, C., 1990. Greenways for America. John Hopkins University Press, Baltimore, MD, 207

Litton, R.B.Jr., Kieiger, M., 1971.(A Review on) Design With Nature. Journal of the American Institute of Planners. Vol. 37 (1) 50~52

Logan, D. and Attoe, W., 1989, The concept of urban catalysts, Time-Saver Standard for Urban Design. McGraw-Hill

Lovelock, J., 1979. Gaia: A New Look at Life on Earth. Oxford University Press. Oxford

Lovelock, J., 2000. Gaia: A New Look at Life on Earth.Oxford Univ Press, 3rd edition

Lowrance, R., McIntyre, S., Lance, C., 1988. Erosion adn deposition in a field/forest system estimated using cesium-137 activity. Journal of Soil and Water Conservation, 43: 195~199

MacArthur, R.H. and Wilson, E.O., 1967. The Theory of Island Biogeography. Princeton University Press: Princeton, NJ

Mack, A. L., 1995. Distance and non-randomness of seed dispersal by dwarf casspwary Casurarius bennetti. Ecography, 18 (3): 286~295

Mander, U.E., Jagonaegi, J. and Kuelvik, M., 1988, Network of compensative areas as an ecological infrastructure of territories. In, Schrieiber, K.-F. (ed.), Connectivity in Landscape Ecology, Proceedings of the 2nd International Seminar of the International Association for Landscape Ecology. Ferdinand Schoningh. Paderborn, 35~38

March, A. L., 1968, An Appreciation of Chinese Geomancy. *Journal of Asian Studies.* XXVII, 253~267, Feb

Martin, L.,2000, The grid as a generator [J]. in Time-saver Standard for Urban Design, Jhoh Wiley & Sons, Inc. , 2000

McHarg, I.L. 1969. Design With Nature. John Wiley & Sons, Inc. (1992 edition)

Miller, E.L., Pardal, S., 1992, The Classic MeHarg, An Interview. Published by CESUR, Technical University of Lisbon

Naveh, Z., Lieberman, A.S., 1984, Landscape Ecology: Theory and Application. Springer-Verlag, New York

Needham, J.1956, Science and Civilization in China. Vol. 2, History of Scientific Thought. Cambridge University Press

Newbold, J.D., Erman, D.C., Roby, K.B., 1980, Effects of logging on macroinvertebrates in streams with and without buffer strips. Canadian Journal of Fisheries and Aquatic Science, 37: 1076~1085

Noss, R.H., Harris, L.D., 1986, Nodes, networks and MUMs: Preserving diversity at all scales. Environmental Management Vol.10, No.3, 299~309

Olsson, G., 1965, Distance and Human Interaction: A Review and Bibliography. Regional Science Research Institute, Philadelphia

Opschoor, J.B., 1997, Special section: Forum on valuation of Ecosystem services: The value of ecosystem services: whose value? Ecological Economics (25): 41~43

Pace. F., 1991, The Klamath Corridors: preserving biodiversity in the Klamath National Forest. In: W. E. Hudson. Landscape Linkages and Biodiversity. Island Press, Washington, DC, 105~116

Peterjohn, W. T., Correl D. L., 1984, Nutrient dynamics in an agricultural watershed: Observations of the role of a riparian forest. Ecology, 65 (5): 1466~1475

Petersen, K. C., et al, 1992. 河流恢复的标准模块模型, 河流保护与管理. 北京: 中国科学技术出版社, 1997. 191~202

Pregill, P., Volkman, N., 1993, Landscape in History. Van Nostrand Reinhold. New York

Randolph, J., 2004, Environmental Land Use Planning and Management, Island Press, 95~105

Ranney, J.W., Bruner, M.C., Levenson, J.B., 1981. The importance of edge in the structure and dynamics of forest islands. In R L burgess and D. M. Sharpe, eds., Forest Island Dynamics in Man-Dominated Landscape. Springer-Verlag, New York., 67~95

Rohling. J., 1998, Corridors of Green. Wildl. N. C.(5): 22~27

Schiemer, F., Waidbacher, H., 1992, 多瑙河鱼种的保护对策, 河流保护与管理. 北京: 中国科学技术出版社, 1997. 238~250

Schneekloth, L. H., 2001, Urgan green infrastructure, Time-Saver Standard for Urban Design. McGraw-Hill

Schreiber, K-F.(Editor), 1988, Connectivity in Landscape Ecology, Proceedings of the 2nd International Seminar of the International Association for Landscape Ecology. Ferdinard Schoningh, Paderborn

Selm, A, J. Van., 1988, Ecological infrastructure: a conceptual framework for designing habitat networks. In Schrieiber, K. F.(Editor), Connectivity in Landscape Ecology, Proceedings of the 2nd International Seminar of the International Association for Landscape Eclogy. Ferdinand Schoningh. Paderborn, 63~66

Serrano, M., Sanz, L., Puig, J., Pons, J., 2002, Landscape fragmentation caused by the transport network in Navarra (Spain) Two-scale analysis and landscape integration assessment. Landscape and Urban Planning (58): 113~123

Simberloff, D.S., Wilson, E.O., 1969, Experimental zoogeography of islands: the colonization of empty isl; ands. Ecology, 50: 278~296

Simon, H. A., 1957, Models of Man, Social and Rational. New York, Wiley

Sklar, Costanza, R., 1991, The development of dynamic spatial models for landscape ecology: A review and prognsis. In, Turner, M. G. and Gardner, R. H., (eds.), 1991. Quantitative Methods in Landscape Ecology. Spring-Verlag, New York, 239~288

Smith, D. S., Hellmund, P. C. S.(Editors), 1993, Ecology of Greenways. University of Minnesota Press, Minneapolis, MN, 69~104

Spreiregen, P. D., 1964, Making a visual survey, Time-Saver Standard for Urban Design. McGraw-Hill

Steinitz, C. 1990. A framework for theory applicable to the education of landscape architects (and other design professionals), Landscape Journal, 9 (2): 136~143

Steinitz, C., 黄国平译. 论生态规划原理的教育. 中国园林, 2003 (10): 13~18

Steinitz, C.. 景观规划思想发展史——在北京大学景观规划中心的演讲, Carl steinitz. 中国园林, 2001 (5): 92~95

Steinitz, C., Manuel, A.R.H., Bassett, S., Flexman, M., Goode, T., Maddock, T., Mouat, D., Peiser, R., Shearer, A., 2003. Alternative Futures for Changing Landscapes ——The Upper San

Pedro River Basin in Arizona and Sonora, Island Press

Tassone, J.E., 1981, Utility of hardwood leave strips for breed birds in Virginia's Central Piedmont. Master's thesis. Virginia Polytechinc Institute and State College, Blacksbutg

Tobler, W., 1981, A model of geographic movement. Geographical Analysis, 13 (1): 1~20

Tuan, Y.-F., 1979, Landscape of Fear, Pantheon Books

Turner, T., 1996. City as Landscape: a post-postmodern view of design and planning. Printed in Great Britain at the Alden press, Oxford

van Lier, H.N., 1998, The role of land use planning in sustainable rural systems. Landscape and urban planning, (41): 83~91

Warntz, W., 1966, The topology of a social-economic terrain and spatial flows. In: (Thomas, M. D.s), Papers of The Regional Science Association. University of Washington, Philadelphia, 47~61

Wilcove, D.S., 1985, Forest fragmentation and the decline of migratory songbirds. Ph.D. diss., Princeton University, Princeton

Wildlife and Forest Plants Protection Department under the Ministry of Forestry, 1994, China's National Nature Reserves, Beijing Arts and Photography, Publishing House

Williamson, C.E., 1993, Linking predation risk models with behavioral mechanisms: Identifying population bottlenecks. Ecology, 74 (2): 320~331

Williamson, K.S., 2003, RLA, CPSI, Growing with Green Infrastructure, Heritage Conservancy. from http://www.heritageconservancy.org./growing with green infrastructure.pdf

WRI, IUCN and UNEP, 1992. Global Biodiversity Strategy: Guidelines For Action to Save, Study and Use Earth's Biotic Wealth Sustainably and Equitably

Yokohari, M. Takeuchi, K., etc. 2000, Beyond greenbelts and zoning: A new planning concept for the environment of Asia mega-cities. Landscape and Urban Planning, (3-4):159~171

Yu, K-J, Li, D-H, and Li, N-Y., 2004, The Evolution of Greenways In China. Landscape and Urban Planning, 12

Yu, K-J., 1995, Ecological security patterns of landscapes: concept, method and a case, In Fung, T. and Lin, H (Eds.) The proceedings for the International Symposium of Geoinformatics'95, Hong Kong: The Chinese University of Hong Kong

Yu, K-J., 1995, Security Patterns in Landscape Planning: With a Case In South China', doctoral thesis, Harvard University

Yu, K-J., 1996, Ecological security patterns in landscape and GIS application. Geographic Information Sciences. 1 (2): 88~102

Yu, K-J., 1996, Security patterns and surface model in landscape planning. Landscape and Urban Planning, 36 (5): 1~17

Zacharias, J., 1999, Preferences for view corridors through the urban environment. Landscape and Urban Planning, 43

Zube, E.H., 1986, The advance of ecology. Landscape Architecture, 76 (2): 58~67

蔡伟斌. 从景观生态学的角度看自然风景区旅游资源规划. 国土与自然资源研究, 2003. 1: 62~64

潮洛蒙. 北京湿地变迁研究. 北京大学博士生论文, 2003

潮洛蒙，俞孔坚. 城市湿地的合理开发与利用对策. 规划师，2003.9（7）75~77

车生泉. 城市绿色廊道研究. 城市生态研究，2001.25（11）：44~48

陈秉钊. 城市规划科学性的再认识. 城市规划，2003.2：81

陈锋. 现代化理论视野中的城市规划——写在中国城市规划设计研究院成立50周年的时候，2004.10：13~19

陈立，明宗富编. 河流动力学. 武汉：武汉大学出版社，2001

陈鹏. 从规模控制到制度建设——论中国城市化战略的范式转换，2005.2：41~45

陈岩松，王巍. 关于城市总体规划编制改革的思考. 城市规划，2004.12：15~18

仇保兴. 战略规划要注重城市经济研究. 城市规划，2003.1：6~11

仇保兴. 城市经营、管治和城市规划的变革. 城市规划，2004.2：8~22

仇保兴. 当我国城市规划管理体制改革的若干重点. 中国城镇化——机遇与挑战，2004.95~106

仇保兴. 按照"五个统筹"的要求，强化城镇体系规划的地位和作用. 中国城镇化——机遇与挑战，2004.107~127

仇保兴. 历史文化和自然遗产保护. 中国城镇化——机遇与挑战，2004.421~466

储照源，杨守庄，乔振忠，叶恩琦. 滦河口黑嘴鸥（Larus saundersi）繁殖群的保护. 生物多样性，1999.7（1）：20~23

戴逢，段险峰. 城市总体发展战略规划的前前后后——关于广州战略规划的提出和思考，2003.1：24~27

丁平等. 1997浙江省黑嘴鸥资源研究. 浙江省林业自然资源——野生动物卷：专题4. 浙江省林业局编. 北京：中国农业科学技术出版社，2002

冯丽，齐康. 跨世纪我国城市规划若干问题的思考. 城市规划汇刊，1997.5：14~16

管康林，李涉等. 台州湾海涂发育与农业生态. 海洋科学，2002.26（9），39~41

海得格尔（孙周兴译）. 尼采的话"上帝死了"，孙周兴选编《海得格尔选集》. 763~819. 生活读书新知，上海三联书店，1996

韩曾萃，符宁平，徐有成. 河口河相关系及其受人类活动的影响. 水利水运工程学报，2001.1：30~37

黄华生. 山脊线和海港景观保护. 空间，2001.30（1）：84~85

黄胜主编. 中国河口治理. 北京：海洋出版社，1992

江红星，楚国忠，钱法文，陆军. 江苏盐城黑嘴鸥（Larus saundersi）繁殖微生境的选择. 生物多样性，2002.10（2）：170~174

雷翔. 走向制度化的城市规划决策. 中国建筑工业出版社，2003

李成，王波. 关于新一轮国土规划性质及其理论体系建设的思考. 经济地理，2003.23（3）：289~293

李敏. 论城市绿地系统规划理论与方法的与时俱进. 中国园林，2005.5：17~20

李文华. 可持续发展的生态学思考，四川师范学院学报（自然科学版），2005.21（3）：216~220

李文华. 可持续发展与生态省建设. 科学对社会的影响，2004（1）：14~21

李文华. 生态学与城市建设. 林业科技管理，2004.4：12~15

梁江，沈娜. 方格网城市的重新解读. 国外城市规划，2003.18（4）：26~30

梁留科，曹新向. 景观生态学和自然保护区旅游开发和管理. 热带地理，2003.23（3）：289~293

梁之华，林小涛，杨廷宝，李道汉，王英永，梁惠欣. 黑脸琵鹭，澳门科学技术协进会，2003

林炳尧等. 关于涌潮的研究. 自然杂志，1998.1：28~33

刘树坤. 刘树坤访日报告：河流整治与生态修复（五）. 海河水利，2002.5：64~66

刘晓涛. 城市河流治理若干问题的探讨. 规划师，2001.6：66~69

刘志民. 美国洪水治理的经验与教训. 世界农业，2000.249（1）：45~47

吕新华，刘清. 长江流域的湿地资源及其恢复保护. 地理与地理信息科学，2003.19（1）：70~73

罗仁朝，张帆. 对普通旧城区在城市历史保护与发展中地位的若干思考. 现代城市研究，2003.6：27~30

罗震东，赵民. 试论城市发展的战略研究及战略规划的形成．城市规划，2003.1：19~23

马克明，傅伯杰，黎晓亚，关文彬. 区域生态安全格局：概念与理论基础. 生态学报，2004.24（4）：761~768

茅于轼. 见千龙网北京9月24日讯，记者 蒲红果：茅于轼:北京堵车一年损失60亿，通过收费解决问题，2004

闵希莹，杨宝军. 北京第二道绿化隔离带与城市空间布局. 城市规划，2003.9：17~21，26

倪晋仁等. 论河流生态环境需水. 水利学报，2002.9：14~19

齐康主编. 城市环境规划设计与方法. 北京：中国建筑工业出版社，1997

邱彭华，俞鸣同，曾从盛. 旅游地景观生态规划与设计研究. 旅游学刊，2004.19（1）：51~56

沈国舫. 生态环境建设与水资源的保护和利用. 中国水土保持，2001.1：4~8

沈玉昌，龚国元. 河流地貌学概论. 北京：科学出版社，1986

沈玉麟编. 外国城市建设史. 北京:中国建筑工业出版社，1989

石楠. 城市规划科学性源于科学的规划实践. 城市规划，2003.2：82

孙施文. 试析规划编制与规划实施管理的矛盾. 规划师，2001.7：5~8

唐凯. 新形势催生规划工作新思路——致吴良镛教授的一封信. 城市规划，2004.2：23~24

唐小平. 中国三江源区基本生态特征与自然保护区设计. 林业资源管理，2003.2（1）：38~44

汪光焘. 贯彻落实科学发展观，改进城乡规划编制. 城市规划，2004.10：109~112

汪光焘. 认真研究改进城乡规划工作. 城市规划，2004.11：14~18

汪光焘. 科学修编城市总体规划，促进城市健康持续发展—在全国城市总体规划修编工作会议上的讲话. 城市规划，2003.2：9~14

王富海. 以近期规划为规划改革的突破口. 城市规划，2003.3：16~19，25

王洪. 中国城市规划制度创新试析. 城市规划，2004.12：37~40

王建国，吕志鹏. 世界城市滨水区开发建设的历史进程及其经验. 城市规划，2001.7：41~46

王康林，赵秀珍. 永宁江河道整治工程裁弯取直技术探讨. 浙江水利科技，2002.5：75~77

王欣，梅洪元. 滨水城市天际线浅析. 哈尔滨建筑大学学报，1998.8（4）：91~98

王志芳，孙鹏. 遗产廊道———一种较新的遗产保护方法. 中国园林，2001（5）.85~88

吴晋峰. 旅游生态管理容量初探. 人文地理，2001（16）1：31~34

吴良镛. 从战略规划到行动计划——中国城市规划体制初论. 城市规划，2003.12：13~17

吴良镛. 系统分析统筹的战略——人居环境科学与新发展观. 城市规划，2005.2：15~17

吴之凌. 当前总体规划工作面临的困境与出路——以武汉为例. 城市规划，2004.6：43~48

西蒙兹著，俞孔坚等译. 景观设计学——场地规划与设计手册. 第3版. 北京：中国建筑工业出版社，2000

夏正楷，杨小燕. 青海喇家遗址史前灾害事件的初步研究. 科学通报，2003.48（11）：1200~1204

徐承祥，俞勇强. 浙江省滩涂围垦发展综述. 浙江水利科技，2003.1：8~10

徐天蜀，彭世揆，岳彩荣. 山地流域治理的景观生态规划. 水土保持通报，2002.22（2）：52~54

严振非，朱仙福. 黄岩道教志. 香港：天马图书有限公司，2002

杨保军. 直面现实的变革之途——探讨近期建设规划的理论与实践意义. 城市规划, 2003. 3：5～9

杨芸. 论多自然型河流治理法对河流生态环境的影响. 四川环境, 1999. 1：19～24

姚昭晖. 从目前的问题谈规划管理体制改革. 城市规划, 2004. 7：34～36

易峥. 重庆组团式城市结构的演变和发展. 规划师, 2004. 9：33～36

俞孔坚, 李迪华, 李伟. 论大运河区域生态基础设施战略和实施途径. 地理科学进展, 2004. 23（1）：1～12

俞孔坚. 理想景观探源：风水与理想景观的文化意义. 北京：商务印书馆, 1998

俞孔坚. 规划的理性与权威之谬误. 规划师, 1998. 1：104～107

俞孔坚. 景观生态战略点识别方法与理论地理学的表面模型. 地理学报, 1998. 53：11～20

俞孔坚. 生物保护的景观安全格局. 生态学报, 1999. 19（1）：8～15

俞孔坚. 论建筑与景观的特色. 杨永生. 建筑百家言续编——青年建筑师的声音, 2003. 112～114

俞孔坚. 寻常景观的诗意. 中国园林, 2004. 12：25～28

俞孔坚, Davorin Gazvoda, 李迪华. 多解规划——北京大环案例. 北京：中国建筑工业出版社, 2003

俞孔坚, 李迪华. 城乡和区域规划的景观生态学模式. 国外城市规划, 1997. 3：27～31

俞孔坚, 李迪华. 论反规划与城市生态基础设施建设. 杭州市园林文物局. 杭州城市绿色论坛论文集. 北京：中国美术学院出版社, 2002. 55～68

俞孔坚, 李迪华. 城市景观之路——与市长们交流. 北京：中国建筑工业出版社, 2003

俞孔坚, 李迪华. 景观生态规划发展历程——纪念麦克哈格先生逝世两周年（俞孔坚, 李迪华主编）景观设计：专业、学科与教育. 中国建筑工业出版社, 2003；70～92

俞孔坚, 李迪华, 潮洛濛. 城市生态基础设施建设的十大景观战略. 规划师, 2001. 17（6）：9～17

俞孔坚, 李迪华, 段铁武. 生物多样性保护的景观规划途径. 生物多样性, 1998. 3：205～212

俞孔坚, 李伟. 续唱新文化运动之歌：白话的城市与白话的景观. 建筑学报, 2004. 8：5～8

俞孔坚, 李伟, 李迪华, 李春波, 黄刚, 刘海龙. 快速城市化地区遗产廊道适宜性分析方法探讨——以台州市为例. 地理研究, 2005. 1：69～76

俞孔坚, 周年兴, 李迪华. 不确定目标的多解规划研究——以北京大环文化产业园的预景规划为例. 城市规划, 2004. 3：57～61

俞孔坚, 刘玉杰, 刘东云. 河流再生设计——浙江黄岩永宁公园生态设计. 中国园林, 2005（5）：1～7

袁兴中, 陆健健. 围垦对长江口南岸底栖动物群落结构及多样性的影响. 生态学报, 2001. 21（10）：1642～1647

张惠远, 倪晋仁. 城市景观生态调控的空间途径探讨. 城市规划, 2001. 25（7）

张军, 徐肇忠. 利用ILWIS进行城市生态敏感度分析. 武汉大学学报（工学版）, 2003. 10（5）：101～105

张欧阳, 许炯心, 张红武, 金德生. 洪水的灾害与资源效应及其转化模式. 自然灾害学报, 2003. 12（1）, 2

张庭伟. 政府、非政府组织以及社区在城市建设中的作用——"在全球化的世界中进行放权规划管理的展望"国际讨论会回顾. 城市规划汇刊, 1998. 3：14～21

张庭伟. 市场经济下城市基础设施的建设——芝加哥的经验. 城市规划, 1999. 23（4）：57～60

张庭伟. 城市高速发展中的城市设计问题——关于城市设计原则的讨论. 城市规划汇刊, 2001. 3：5～10

张文, 范文捷. 城市中的绿道及其功能. 国外城市规划, 2000. 3：40～42

张序强, 李华, 董雪旺. 旅游地阻力面理论初探——五大连池风景名胜区为例. 地理科学, 2003. 23（2）：

240~244

赵燕菁. "都是月亮惹的祸"？！——有感于"近期规划"的讨论. 城市规划, 2003. 6: 64~65

赵燕菁. 高速发展与空间演进——深圳城市结构的选择及其评价. 城市规划, 2004. 6: 32~42

赵志民, 宁夕英. 浅议蜿蜒型河道裁弯取直工程. 河北水利水电技术, 2002. 2: 28~29

中国人民共和国濒危物种进出口管理办公室. 中国珍贵濒危动物. 上海科学技术出版社, 2001

周干峙. 城市及区域规划——一个典型的开放的巨系统. 城市规划, 2002. 2: 7~8, 18

周干峙. 为了一个更加美好的春天. 城市规划, 2004. 11: 20~23

周干峙. 统筹城市和区域, 整合城市和乡村. 城市规划, 2005. 2: 18~19

周建军. 从城市规划的"缺陷"与"误区"说开去. 规划师, 2001. 7: 11~15

周冉, 何流. 今日中国规划师的缺憾和误区. 规划师, 2001. 7: 16~18

邹兵, 陈宏军. 敢问路在何方——由一个案例透视深圳法定图则的困境与出路. 城市规划, 2003. 2: 61~67, 96

邹德慈. 论城市规划的科学性与科学的城市规划. 城市规划, 2003. 2: 77~79

邹德慈. 审时度势, 统筹全局, 图谋致远, 开拓进取——谈战略规划的若干问题. 城市规划, 2003. 1: 17~18

邹德慈. 走向主动式的城市规划——对我国城市规划问题的几点思考. 城市规划, 2005. 2: 20~22

邹涛, 栗德祥. 城市设计实践中的生态学方法初探. 建筑学报, 2004. 3: 18~21

土人景观设计著作系列

为推动景观设计学科和实践在中国的发展,北京大学景观设计学研究院,北京土人景观规划设计研究所与中国建筑工业出版社等合作,连续出版理论专著、实践案例和译著,近年来已出版的著作包括:

著作与案例

俞孔坚,李迪华,刘海龙."反规划"途径. 中国建筑工业出版社,2005

俞孔坚,刘向军,李鸿. 田——人民景观叙事南北案例. 中国建筑工业出版社,2005

俞孔坚,王建,黄国平,土呷,李伟. 曼陀罗的世界:乡土景观阅读与城市设计案例. 中国建筑工业出版社,2004

俞孔坚,石颖,Mary Pudua. 人民广场——都江堰广场案例. 中国建筑工业出版社,2004

俞孔坚,庞伟. 足下文化与野草之美——岐江公园案例. 中国建筑工业出版社,2003

俞孔坚,李迪华. 景观设计:专业,学科与教育. 中国建筑工业出版社,2003

俞孔坚,李迪华. 城市景观之路. 中国建筑工业出版社,2003

俞孔坚,Davorin Gazvoda,李迪华. 多解规划——北京大环案例. 中国建筑工业出版社,2003

俞孔坚. 设计时代. 河北美术出版社,2002

俞孔坚. 高科技园区景观设计——从硅谷到中关村. 中国建筑工业出版社,2001

俞孔坚. 景观:文化、生态与感知. 北京:科学出版社,1998,2000

俞孔坚. 景观:文化、生态与感知. 台湾:田园文化出版社,1998

俞孔坚. 理想景观探源:风水与理想景观的文化意义. 北京:商务印书馆,1998,2000

俞孔坚. 生物与文化基于上的图式——风水与理想景观的深层意义. 台湾:田园文化出版社,1998

译著

周年兴,李小凌,俞孔坚,F. Steiner原著. 生命的景观——景观规划的生态学途径(第二版). 中国建筑工业出版社,2004

孟亚凡,俞孔坚等译,C.Birnnaum,R.Karson原著. 美国景观设计先驱. 中国建筑工业出版社,2003

俞孔坚,王志芳,孙鹏等译,J.Simonds原著. 景观设计学——场地规划与设计手册. 中国建筑工业出版社,2000

俞孔坚,王志芳,孙鹏等译,C.Marcus,C. Francis原著. 人性场所. 中国建筑工业出版社,2001

刘玉杰,吉庆萍,俞孔坚等译,N.Nines,K.Brown原著. 景观设计师简易手册. 中国建筑工业出版社,2002